ZHEJIANG SHENG DILI XINXI CHANYE

ZHUANLI DAOHANG FENXI YANJIU BAOGAO

浙江省地理信息产业
专利导航分析研究报告

周国辉　主编

知识产权出版社

全国百佳图书出版单位

图书在版编目（CIP）数据

浙江省地理信息产业专利导航分析研究报告 / 周国辉主编 . —北京：知识产权出版社，2017.11
ISBN 978-7-5130-5248-1

Ⅰ.①浙… Ⅱ.①周… Ⅲ.①地理信息系统－信息产业－产业发展－研究报告－浙江 Ⅳ.①P208
②F426.67

中国版本图书馆CIP数据核字（2017）第261060号

内容提要

地理信息产业是一个战略性新兴产业，专利是伴随地理信息产业发展不可或缺的因素。本书运用专利数据梳理地理信息产业的发展脉络，预测地理信息产业的发展未来，将为地理信息产业创新资源配置顶层设计提供方向。

责任编辑：崔　玲　阴海燕　　　　　　　　责任印制：孙婷婷

浙江省地理信息产业专利导航分析研究报告
周国辉　主编

出版发行：**知识产权出版社** 有限责任公司	网　　址：http://www.ipph.cn
电　话：010－82004826	http://www.laichushu.com
社　　址：北京市海淀区气象路50号院	邮　编：100081
责编电话：010－82000860转8693	责编邮箱：yinhaiyan@cnipr.com
发行电话：010－82000860转8101	发行传真：010－82000893
印　　刷：北京中献拓方科技发展有限公司	经　销：各大网上书店、新华书店及相关专业书店
开　本：720mm×1000mm　1/16	印　张：21.25
版　次：2017年11月第1版	印　次：2017年11月第1次印刷
字　数：343千字	定　价：58.00元

ISBN 978－7－5130－5248－1

编 委 会

主　编：周国辉

副主编：洪积庆　王琴英

编　委：丁峥嵘　单鸿鸣　李宗保　沈方英
　　　　王金生　沈忠平　姚国丽　李超凡

前　言

地理信息产业是一个战略性新兴产业，是全面提高信息化水平的重要条件，是维护国家安全利益的重要保障，开展地理信息产业专利导航分析研究意义重大。本书凝结了所有编委及浙江省知识产权研究与服务中心所有撰写人员等众多同志的智慧和辛勤劳动，希望可以通过专利信息分析为行业政策研究提供有益参考，为行业技术创新提供有效支撑，为专利信息利用提供工作指引。

地理信息产业是以现代测绘技术和信息技术为基础发展起来的综合性高技术产业，是采用地理信息技术对地理信息资源进行数据获取、生产加工、应用服务的全部活动。地理信息是指与空间地理分布有关的信息，它是地表物体和环境固有的数量、质量、分布特征，有联系和规律的数字、文字、图形、图像等的总称。地理信息资源是数据量最大、覆盖面最宽、应用面最广的信息资源之一，是一种具有全局意义、长远影响和持续作用的基础性信息资源。以3S为基础形成的电子地图、卫星导航、遥感影像等地理信息产品，已经广泛应用于政府管理决策、基础设施建设、自然资源管理、公共安全和卫生、交通运输、应急管理、产业规划与布局、生态环境监测评价等人类经济社会活动的许多领域。

地理信息产业的行业主管部门为国家测绘地理信息局。行业自律性组织主要包括中国测绘学会、中国遥感应用协会、中国地理信息产业协会等。

地理信息产业整体上归属于测绘行政管理部门管理，根据《中华人民共和国测绘法》的规定，国家对从事测绘活动的单位实行测绘资质管理制度。

地理信息产业业务经营必须遵守《中华人民共和国测绘法》《测绘资质管理规定》《测绘资质分级标准》《测绘管理工作国家秘密范围的规定》《中华人民共和国测绘成果管理条例》《重要地理信息数据审核公布管理规定》《地图审核管理规定》等法律、法规、规章的有关规定。

专利导航是产业决策的新方法，是运用专利制度的信息功能和专利分析技术系统导引产业发展的有效工具。通过开展地理信息产业专利导航分析：①梳理地理信息产业核心专利技术，引导企业等市场主体实施专利导航产业发展方案，为开展重大经济科技活动知识产权评议提供制度设计；②寻求专利等知识产权分析与产业决策深度融合的方法，支撑产业创新发展，建立专利导航产业发展工作机制，提供产业创新资源配置顶层设计的导航方向；③规避产业发展的知识产权风险，增强专利储备布局能力，强化产业科技竞争力，提升产业创新驱动发展能力；④为政府提高公共财政科技投入使用效率和产出效益，了解行业发展态势，建立竞争优势，提升科学决策水平，有效规避知识产权实施风险提供有力保障；⑤通过政府引导，形成重大经济科技活动知识产权评议工作长效机制。

目　　录

第一部分 研究背景与意义

地理信息产业发展现状研究

纵览地理信息产业的发展历史，专利无论是作为利剑还是盾牌，都是伴随地理信息产业发展不可或缺的因素。运用专利数据梳理地理信息产业的发展脉络，预测地理信息产业的发展未来，将为地理信息产业创新资源配置顶层设计提供导航方向。因而，本书力图借助专利分析为地理信息产业相关企业提供有价值的专利情报数据。本部分作为本书开篇，将概述地理信息产业的发展现状，介绍研究对象和方法，并约定事项以规范报告内容。

地理信息产业是一个战略性新兴产业。地理信息产业是以 3S 或 3S+C（即地理信息系统 GIS、遥感技术 RS、全球定位系统 GPS 和卫星通信技术 C）空间信息技术为基础，从事地理信息资源生产和服务的行业。

其产业链主要包括数据获取、数据处理和数据应用。

（1）数据获取。

数据获取的方式主要分为地面工程测量平台以及航空、航天遥感探测平台采集。地面工程测量平台，主要用于在近距离人工测量地理信息数据；航天平台主要是指各类人造卫星、宇宙飞船、航天飞机等；航空平台包括在大气层内飞行的各类飞机、飞艇、气球等，其中飞机是最主要、最常用的遥感平台。

数据获取的途径主要包括来自各类遥感探测仪器、工程测量仪器以及卫星收发得来的地理信息数据。遥感探测仪器可分为图像类型与非图像类型两大类。工程测量仪器包括经纬仪、水准仪、测距仪等多种设备仪器。

以无人机航空遥感平台为例，无人机遥感系统由飞行平台、便携式地面站、地面遥控设备三部分组成，其中飞行平台包括无人机、机载电子设备、任务荷载，区别无人机与普通航模飞机的关键因素是任务载荷。地面遥控设备一般是指操控飞机飞行以及起降等工作的无线电遥控器。无人机的地面配套设备就是便携式地面站，针对无人机的飞行轨迹实时监控，并实现无人机遥感数据的采集。

（2）数据处理。

通过地面、航天、航空等方式采集的原始影像需要通过数据处理才能生成可用的信息。如对航空（或航天）照片进行数字微分纠正和镶嵌，按一定图幅范围裁剪从而输出数字正射影像图DOM、标识地表建筑物、桥梁和树木等高度从而生成数字表面模型DSM、用一组有序数值阵列形式表示地面高程的实体地面模型DEM。此外，通过数据处理，也可将不同方式的数据采集结果进行融合，从而消除信息之间可能存在的冗余和矛盾，增加影像中信息透明度、改善精度、可靠性以及使用率，以形成对目标清晰、完整、准确的信息描述。

（3）数据应用。

地理信息系统（Geographic Information System， GIS）是一种特定而又十分重要的空间信息系统，它是以采集、贮存、管理、处理分析和描述整个或部分地球表面（包括大气层在内）与空间和地理分布有关的数据的空间信息系统。地理信息产业活动从核心技术研发与数据资源建设，到工程应用，再到销售、咨询和信息服务，形成了较长的产业链。地理信息系统的主要构成包括数据的获取、数据的存储与管理、数据的处理与分析和数据的显示与输出。

以地理信息系统的应用角度来看，可以将地理信息系统分为三个层次，分别是基础软件平台、应用开发平台以及应用系统（图1-1-1）。应用系统即用户特定要求的具

图1-0-1 地理信息系统层次划分

体体现。应用开发平台是在基础软件的平台上结合某一特定的应用领域，抽象出这一类应用领域的一些基本需求，每一个应用领域都可以有它自己的应用开发平台。基础软件平台基础软件平台是指管理、存储、检索以及集中空间信息和属性信息参与计算的基本操作的一个集合，也就是提供向上开发应用系统或专业技术应用平台，提供最基本手段的一些软件的集合。

国外地理信息产业发展现状

国际地理信息产业发展的总体状况是：产值规模大、市场集中度高、技术发展迅速、产业政策比较健全。地理信息产业的世界市场主要分布在北美和西欧，美国在地理信息技术和市场方面居于全球领先地位，拉丁美洲、东欧、中东和亚太地区地理信息产业市场也正在蓬勃兴起。GIS初期发展在北美和西欧，在各国建立地理空间数据集的推动下，它已经在世界很多地方发展起来，并获得了诸多支持。这种支持包括州、省以及地方政府对建立地理信息系统的基金资助。政策基金的作用在于创造了地理信息系统的需求和服务，反过来又创造了一个产业。最初，数据精度低，生产周期达数月，涉及成本高，但是现在，技术的发展使以更低的价格获取到高精度数据产品成为可能。近年来，产业的扩张和增长在一定程度上是数据精度和及时性提高的结果。

在过去的几年中，全球地理信息产业持续增长。即使在2008年、2009年，虽然受到金融危机的影响，但全球地理信息产业仍保持了一定的增长。

据美国马萨诸塞州市场分析公司Daratech发布的研究报告，2007—2009年全球地理信息产业的增长率分别为17.4%、11%及13%。据Daratech最新估计，2011年全球地理信息产业的销售额预计增长率8.3%。GIS数据是全球地理信息产业增长最快的一个部分，在过去的8年中以年平均增长率15.5%的速度增长，约为地理信息软件和服务增长速度的两倍。Daratech的估算显示，随着越来越多基于位置的数据得到应用，地理空间分析的应用也相应的得到了显著增长。

据Daratech公司的调查表明，2009年，在包括数据、地理工程、GPS、摄影测量与遥感的GIS地理空间市场中，MDA公司营业收入居首。MDA是全球最主要的对地观测卫星信息公司之一，提供先进的信息解决方案，捕获并处理大量数据、改进商业部门和政府机构的决策制定及运作效率；传递大量信息的解决方案：复杂操作系统、个性化信息服务、电子信息产品；业务情报：数据收集、处理及管理，信息提取，发布，制定决策。可应用于农业、国防、灾害管理、地质、冰、森林、水文、湿地监测、制图等。其遥感数据地面卫星接收站占全世界的一半多，在RADARSAT计划占主导地位。MDA公司是加拿大多伦多的上市公司，公司约有3200人，在加拿大、美国、英国有25个办事机构。MDA公司拥有SAR卫星RadarSat-1的数据专有权，并负责卫星RadarSat-2的运营，还代理了ALOS、ENYISAT、GeoEye-1、IKONOS等卫星；MDA公司提供的服务应用于国防、农业、灾害管理、地质勘探、海上冰块探测、森林管理等领域。2008—2010年MDA公司的营业收入连续3年超过10亿美元。

ESRI，美国环境系统研究所公司（Environmental Systems Research Institute, Inc.，简称Esri）为世界第二大地理信息企业。ESRI公司成立于1969年，总部设在美国加州RedLands市，是世界最大的地理信息系统技术提供商。在全美各地都设有办事处，世界各主要国家均设有分公司或者代理机构，全球员工总数超过4000名。Esri其多层次、可扩展，功能强大、开放性强的ArcGIS解决方案已经迅速成为提高政府部门和企业服务水平的重要工具。全球200多个国家超过百万用户单位正在使用Esri公司的GIS技术，以提高他们组织和管理业务的能力。在美国，Esri被认为是紧随微软、Oracle和IBM之后，美国联邦政府最大的软件供应商之一。近年来ESRI公司也开始为客户提供包括软件、应用、数据、解决方案等在内的综合服务，其服务的行业覆盖较广，包括政府的行政管理、公共安全与应急减灾、自然资源、交通运输、公共事业等。

Bentley公司是全球第三大地理信息企业，该公司是在建筑、工程、施工（AEC）市场软件中极具领先优势的供应商，在该领域中占有42.1%的市场份额。《工程新闻记录》评出的顶级设计公司中有近90%使用Bentley的产品。

我国地理信息产业发展现状

当前，我国地理信息产业呈现出蓬勃发展的良好态势，我国地理信息产业萌芽于20世纪90年代，随着中国经济的持续增长，中国的地理信息产业也取得了较快的发展，地理信息产业产值迅速增长。经过近二十年的发展，2010年我国地理信息产业从业单位已近2万家，产值近1000亿元，"十一五"期间年均增长率超过25%，"十二五"期间年均增长率超过20%，如图1-1-2所示，预计到2020年形成万亿元的年产值。

图 1-0-2 2009—2014年我国地理信息产业产值规模及年增长率

一般而言，我国学者定义的地理信息产业包括测绘服务业（包括工程测量和地图出版）、遥感产业、地理信息系统产业、导航定位产业等。

测量市场方面，主要包括测量服务市场、测量软件市场和测绘仪器市场。测量服务包括大地测量、航空摄影、工程测量、地籍测绘、房产测绘、行政区域界线测绘、海洋测绘等，其中工程测量服务总值所占比重最高，达到48%。

遥感市场方面，根据国家遥感中心《中国遥感机构概览》，2006年我国有专业遥感机构（企业和事业单位）共200多家。目前，我国已初步建成全国卫星遥感信息接收、处理、分发体系和卫星对地观测应用体系。从事航空遥感的单位约有35家，分布在通用航空、军队、科研部门以及相关企业等17个部门或公司，其中25家拥有航摄飞机、15家拥有航摄仪、8家拥有自动冲洗设备。卫星遥感方面，高分辨率卫星遥感影像获取主要依赖国外，目前约有十多家企业从事国外卫星遥感影像代理及增值服务，主要企业如北京视宝卫星图像有限公司、四维世景科技（北京）有限公司、北京国遥新天地信息技术有限公司等，主要销售代理IKONOS、SPOT、QuickBird等卫星影像。我国遥感技术的应用主要集中在政府部门。我国政府高度重视遥感技术体系与应用系统建设，对遥感技术的推广起到了积极作用。我国现已拥有稳定运行的气象卫星、海洋卫星、资源卫星等遥感卫星和科学实验卫星。与之相对应，建立了国家管理部门和行业应用委员会，包括卫星气象中心、资源卫星应用中心、卫星海洋应用中心等多个遥感应用部门，成立了国土及矿产资源、海洋、石油、林业、冶金、煤炭等多个行业的遥感专业委员会。建立了一批遥感中心作为区域和行业遥感应用服务机构，如国家遥感中心、国家卫星海洋应用中心、国家卫星气象中心、水利部遥感技术应用中心等。在遥感应用研究方面，有中国科学院遥感应用研究所、中国科学院遥感地面站、北京大学和武汉大学等设立的专门遥感研究机构。

地理信息系统市场方面，据估计我国现有从事GIS的专业企业数百家，大量IT企业也介入这一产业，从事系统集成和应用开发。我国GIS产业链正在形成，代表企业有：北京超图地理信息技术有限公司、武汉中地数码有限公司、武汉大学吉奥公司、北京灵图软件技术有限公司、北京吉威数源公司、北京中遥地网信息技术有限公司、北京理正人信息技术有限公司、北京苍穹数码测绘有限公司、北京数字空间科技有限公司、北京数字政通科技有限公司、北京市科瑞讯科技发展有限公司等。国内外典型的GIS软件主要包括ArcGIS、MapInfo、Supermap和GeoStar等（表1-0-1）。

表1-0-1 国内外典型GIS软件

名称	开发单位	评述
ArcGIS	美国环境系统研究所（ESRI）	ARC/INFO1.0，世界上第一个现代意义上的GIS软件，第一个商品化的GIS软件 2004年4月，推出了新一代9版本ArcGIS软件，为构建完善的GIS系统，提供了一套完整的软件产品 2010年，推出了ArcGIS10。这是全球首款支持云架构的GIS平台，在Web2.0时代实现了GIS由共享向协同的飞跃；同时ArcGIS10具备了真正的3D建模、编辑和分析能力，并实现了由三维空间向四维时空的飞跃；真正的遥感与GIS一体化让RS+GIS价值凸显
MapInfo	MapInfo-Corporation（美）	MapInfo是一种数据可视化、信息地图化的桌面解决方案。它依据地图及其应用的概念，采用办公自动化的操作，集成多种数据库数据，融合计算机地图方法，使用地理数据库技术，加入了地理信息系统分析功能，形成了极具实用价值的，可以为各行各业所用的大众化小型软件系统
Supermap	北京超图软件股份有限公司	基于SuperMap GIS软件平台开发GIS应用系统，主要专注于国土资源、电子政务和公众服务、房产管理、统计、军事与公安等领域的GIS应用系统开发，可以根据用户的需要开发其他领域的应用系统。可以直接为最终用户开发GIS应用系统，也可以与开发商和系统集成商合作为最终用户提供服务

续表

名称	开发单位	评述
GeoMedia	INTERGRAPH（鹰图）公司（美）	提供了一整套功能强大的分析工具，包括属性和空间查询、缓冲区、空间叠加和专题分析。使用 GeoMedia 的数据库服务器技术，你可以方便地对多种空间数据格式同时进行分析。GeoMedia 是唯一适合进行 what-if 分析的工具
Titan GIS	加拿大阿波罗科技集团、北京东方泰坦科技有限公司	泰坦（Titan）是加拿大阿波罗科技集团面向中国市场推出的一套功能先进、算法新颖、使用灵活和完善的地理信息系统开发软件。集中了目前国际上优秀的地学软件的优势，广泛使用了目前国际上先进的软件技术及工具。
Maptitude	美国 Caliper 公司	Maptitude 是一个智能化的 GIS 工具，适用于商业、政府和教育等部门，是一个 GIS 和桌面制图系统
MapGIS	武汉中地数码科技有限公司、中国地质大学信息工程学院	目前 MapGIS 在三维 GIS/遥感、数字城市/数字市政、国土/农林、通信/广电/邮政领域都有运用，同时在 WebGIS、"金盾二期" PGIS、森林防火、房地产信息管理、质量监督等行业也有相应的应用解决方案
GeoStar	武汉大学吉奥信息工程技术有限公司	GeoStar 分为三个部分：桌面应用系统 GeoStar Desktop、独立处理工具和组件开发平台 GeoStar Objects。主要功能包括：数据建库、数据表现、数据分发、图形编辑、空间分析、空间查询、普通图制图、专题图制图、符号设计、数据转换、打印输出
GeoBeans	北京中遥地网信息技术有限公司	基于 Internet/Intranet 的分布式计算环境，考虑 GIS 未来发展方向，参考 OpenGIS 规范，地网 GeoBeans 采用平台无关的 Java 语言 JavaBeans 构件模型以及 Com 组件模型，可在多种系统平台上运行

产业园地理信息产业专利导航需求

浙江省地理信息产业园，是 2011 年浙江省测绘与地理信息局与德清县人民政府协议共建项目，于 2012 年 5 月正式启动建设，目前已经初具规模，并吸引了近百家地理信息企业入驻。2012 年，中国—联合国地理信息国际论坛永久会址落户产业园，进一步扩大了园区的影响力。2013 年，产业园被认定为省高技术产业基地。2014 年 9 月，德清县对照《全省特色小镇（街区）申报工作基本要求》，全面启动建设总规划面积 3.6 平方千米的地理信息小镇。目前引进和培育 80 余家企业，其中测绘地理信息资质单位占 85%，航空航天、信息等技术关联的企业占 10%，金融、中介单位等保障企业占5%。园区在金融、税收、人才引进等方面制定了一系列政策，2015年园区企业总产值近20亿，正逐步成为带动长三角的地理信息产业基地。在具体布局上，立足现有产业基础和新兴产业发展趋势，精心谋划了"一核两翼"的产业布局。"一核"即浙江省地理信息产业园，为地理信息企业、公共服务平台、科技研发机构的集聚区。"两翼"即遥感测绘装备制造园和北斗导航装备制造园，是产业园制造业基地。

课题组成员通过走访调研浙江省地理信息产业园，以发放调查问卷的形式，对浙江省地理信息产业园园区企业的实际需求进行了深入调研，整理、汇总了主要走访企业的需求，包括：部分软件企业拥有软件著作权较多，在专利方面的布局意识较为薄弱；多数园区企业业务范围仅涉及全产业链中的某些区段，分工较为细化；在全产业链中，与企业结合较为紧密的主要还是集中在工程探测、系统应用以及部分遥感探测技术上面。

针对上述需求，本课题组确定的研究内容如下：针对地理信息领域各重点分支技术进行检索和态势分析；针对主要国外申请人在该领域的专利布局进行分析，提出国内技术创新点和突破口；针对我国相关领域的专利布局情况，挑选出国内外主要竞争对手的重要专利，对比分析其专利技术特征，进行专利风险分析；针对技术创新点和突破口，结合我国在该领域的科研、产业现状和发展方向以及专利布局情况，给出相关领域专利技术布局策略以及促进产业发展的措施建议等。

国内外地理信息产业发展政策

美国将地理信息技术与纳米技术、生物技术并列为三大最重要的新兴发展领域，法国已将地理信息作为优先发展的国家政策，日本正在全面推进"创造和发展基于地理信息的新产业和新服务"。澳大利亚制定了《空间信息产业行动纲领》，明确提出了地理信息产业发展愿景、目标、战略和行动指南。

我国国家层面的相关政策导引主要有以下几条。

（1）党和国家领导高度重视。2011年3月5日，时任国务院总理温家宝在十一届人大四次会议上作政府工作报告，明确提出：要积极发展地理信息新型服务业态。围绕这个命题，2011年5月23日，时任国务院副总理李克强带领科技部部长、财政部部长、发改委主任等相关部门负责人专门来到国家测绘地理信息局调研，提出"测绘地理信息是经济社会活动的重要基础，是全面提高信息化水平的重要条件，是加快转变经济发展方式的重要支撑，是战略性新兴产业的重要内容，是维护国家安全利益的重要保障"等。

（2）国务院《关于印发"十二五"国家战略性新兴产业发展规划的通知》对发展地理信息产业提出要求：在高端装备制造产业中，建立空间基础设施及其信息应用服务体系，促进卫星在测绘、导航定位等方面的应用。国务院印发《关于促进地理信息产业发展的意见》，在六大领域出台相关政策，提出明确要求：提升遥感数据获取和处理能力，振兴地理信息装备制造，提高地理信息企业软件国际竞争力、发展导航定位及位置服务、促进地理信息广泛应用、在科技创新、人才培养、金融财税、政府采购等方面给予支持等。

地理信息产业技术分解

在前期调研过程中，课题组与业内专家就地理信息产业技术进行了长达两个月的充分讨论。在此基础上，综合考虑专利检索和研究的可操作性，由于地理信息产业上游部分国防专利的保密性问题，最终合理选取研究范围，将地理信息产业大体划分为遥感探测技术、工程探测技术、数据处理技术与地理信息系统（GIS）四大部分，并对重点研究的技术分支作了进一步的细分。

通过初期的浙江省地理信息产业园区调研、多方沟通、资料收集工作，确定浙江省地理信息产业专利导航分析课题的研究边界为：遥感探测技术应用平台、主要遥感探测器类型、主要工程探测仪器、图像数据处理、GIS数据处理以及地理信息系统（GIS）的应用。制定了如表1-0-2所示的技术分解表。

表1-0-2　地理信息产业技术分解表

一级技术分支	二级技术分支	三级技术分支	四级技术分支	五级技术分支
遥感探测	平台	航天遥感（航天器）	人造卫星（高中低轨道）	
			航天飞机	
			宇宙飞船	
			空间实验室	
		航空遥感（航空器）	飞机	
			无人机	

续表

一级技术分支	二级技术分支	三级技术分支	四级技术分支	五级技术分支
遥感探测	平台	航空遥感（航空器）	气球	
			飞艇	
			无线探空仪	
		地面遥感（地面平台）	车载	
			船载	
			高架平台	
	遥感器	摄影成像型	航摄仪	
			太空摄像机	反（返）束光导管摄像机
			多光谱摄影机	
			全景式摄影机	
		扫描成像型	光机扫描	多光谱扫描仪
				专题制图仪
				红外扫描仪
			推帚式扫描	CCD固体扫描仪
				高分辨率几何/立体成像仪
				高分辨率可见光红外传感器
			成像光谱扫描	高光谱成像仪
		雷达成像型	侧视雷达	合成孔径雷达
				真实孔径雷达
				相干雷达
			全景雷达	
			激光成像雷达	
		非图像型	微波辐射计	
			微波散射计	
			激光高度计	
			测深仪	
	接收装置	卫星接收机	天线	
			芯片	
工程测量	测量仪器	经纬仪		
		水准仪		
		测距仪		
		全站仪		

续表

一级技术分支	二级技术分支	三级技术分支	四级技术分支	五级技术分支
数据处理	图像数据处理	图像类型	光学摄影成像	
			数字扫描成像	光谱扫描图像
				多波段扫描图像
				雷达扫描图像
				其他
		处理过程	图形识别	图像识别
				图像预处理
				图像捕获
				其他
			图像增强或复原	
			图像融合	
			图形图像转换	
			图像编码	
			图像分析	
			三维图像处理	
			其他	
	GIS数据处理	数据来源	地图数据	
			遥感数据	
			实测数据	野外试验
				实地测量
			多媒体数据	
			其他	
		处理方法	数据采集	
			压缩存储	
			数据编码	
			解析转换	
			数据融合	
			数据管理	分类聚类
				数据标注
			数据输出	数据传输
				数据发布
			其他	诊断
				渲染
				安全
				仿真

续表

一级技术分支	二级技术分支	三级技术分支	四级技术分支	五级技术分支
地理信息系统（GIS）	应用场景	自然资源	水资源	
			地质资源	
			动物资源	
			其他	
		灾害监测	自然灾害	
			火灾监测	
			环境污染	
			综合预警	
			指挥管理	
			人工活动	
		生活服务	物联网	
			休闲运动	
			教育培训	
			日常生活	
		城市服务	气象监测	
			交通运输	
			电力管理	
			通信服务	
			城市管理	
			医疗卫生	
			房屋管理	
			物流跟踪	
		产业服务	商业方法	
			农业服务	
			工商管理	
			定位导航	
			旅游服务	

研究方法及相关术语

数据检索与处理

（1）数据库介绍。

①Derwent专利数据库。Derwent专利数据库（Derwent Innovations Index，DI）将德温特世界专利索引（Derwent World Patents Index，DWPI）与德温特专利引文索引（Derwent Patents Citation Index，DPCI）加以整合，以每周更新的速度，提供全球专利信息。收录了来自世界各地超过48家专利授予机构提供的增值专利信息，涵盖5280万份专利文献和2400万个同族专利（2013年6月）。每周更新并回溯至1963年，为研究人员提供世界范围内的化学、电子与电气以及工程技术领域内综合全面的发明信息，是检索全球专利最权威的数据库。每条记录除了包含相关的同族专利信息，还包括由各个行业的技术专家进行重新编写的专利信息，如描述性的标题和摘要具有新颖性、技术关键、优点等的介绍。还可查找专利引用情况，建立专利与相关文献之间的链接。用户还可以利用Derwent Chemistry Resource展开化学结构检索。同时，通过专利间引用与被引用这条线索可以帮助用户迅速地跟踪技术的最新进展；更可以利用其与Web of Science的连接，深入理解基础研究与应用技术的互动与发展，进一步推动研究向应用的转化。Derwent专利数据库还具有以下特点：a.专利权属人、专利发明人、主题词为简单的检索入口，快速获取基本信息，以节省时间。b.辅助检索工具帮助您迅速找到相关的手工代码（Derwent Mannual Codes）和分类代码（Derwent Class Codes）并且通过点击鼠标直接将相应的代码添加到检索框中，直接进行检索。c.Derwent重新编写的描述性的标题与摘要，使您避免面对专利书原有摘要与标题的晦涩难懂，迅速了解专利的重点内容，很快判断是否是自己所需的资料。d.Derwent特有的深度索引，帮助您增加检索的相关度，避免大量无关记录的出现。e.检索结果列表中列有每条专利对应的主要发明附图，可以帮您迅速看到专利的主要的图像资料。f.电子邮件定期跟踪服务，帮您及时掌握行业内最新的专利申请情况。g.检索辅助工具可以帮助您迅速查找相关的Derwent专业索引项。

②IncoPat专利数据库。IncoPat是第一个将全球专利情报深度整合并翻译为中文的专利数据库，为中国的项目决策者、研发人员、知识产权管理人员提供科技创新情报的平台，使用IncoPat可以查询最新的技术发展，规避专利侵权风险，掌握竞争对手的研发动态，实现知识产权的商业价值。IncoPat完整收录全球102个国家/组织/地区1亿多件基础专利数据，对22个主要国家的专利数据进行特殊收录和加工处理，数据字段更完善，数据质量更高。对主要国家的题录摘要进行了机器翻译，提供了可供检索的多语种标题摘要信息。对重点企业和机构的不同别名、译名、母公司和子公司名称，建立标准化的申请人名称代码表。IncoPat还具有下列特点：a.中国官方提供的专利信息中可供检索的字段仅有20个左右，IncoPat针对全球数据进行深度整合后，可供检索的字段达到206余个。检索界面包括简单检索、高级检索、批量检索、引证检索和法律检索五种形式，可满足普通用户和专业用户的不同检索需求。b.IncoPat提供了数千万件国外专利的中文标题和摘要，以及中国专利的英文标题和摘要，支持中英文双语检索和浏览全球专利，同时支持用小语种检索和浏览小语种专利原文，语言不再是用户获取专利智慧的障碍。c.建立了各行业龙头企业或机构的名称代码表，收录了数万家公司的母公司和子公司名称，以及中英文别名和译名等信息，尤其对在中国进行专利布局的重要企业进行了系统的收录，可以帮助用户全面网罗竞争对手的专利。d.对中国法律状态信息进行了加工整理，并对中国和美国的专利转让、许可、质押、诉讼、复审、无效等信息进行特别收录，帮助用户高效挖掘到最有价值的创新技术，掌握行业竞争态势。e.特别收录了专利的简单同族和扩展同族信息，可对同族专利的优先权进行分析，更全面地把握竞争对手公司和目标技术领域的世界专利布局。检索结果支持按简单专利族进行合并，支持按同族数量排序。

（2）数据检索。

本书采用的专利文献数据主要来自Derwent专利数据库和IncoPat专利数据库，其中中文的专利数据使用IncoPat数据库进行检索，外文的专利数据使用德温特数据库（DWPI）进行检索。

对地理信息产业涉及的各部分检索内容运用"总—分—总"的检索策略开展检索。针对本项目产业覆盖面广，包括产业上、中、下游，各产业链交叉度有限等特点，在阅读大量文献和初步检索的基础上，将地理信息产业大致分为五大部分开展，分别检索、汇总、分析、处理，共计涉及的数据主要包括：遥感探测平台相关专利，遥感探测遥感器类型相关专利，工程测量相关专利，数据处理技术相关专利以及GIS系统的相关专利。由于涉及的技术领域较广，涉及的分类号较多，很多并无明确的分类号，因此采取的检索思路是：采用关键词与分类号相结合的方式，进行限定得到相对准确的范围。构建得到的检索关键词及IPC分类如表1-0-3所示。

表1-0-3　地理信息产业相关检索关键词及IPC分类

技术分支	中文关键词	英文关键词	IPC分类
卫星本体	卫星/遥感/导航/地理/地图/地形/测绘/北斗/格洛纳斯/伽利略	Satellite/remote/sense/GLONASS/GALILEO/GPS/GNSS	G05D1 B64G
接收机	接收/终端/用户/天线/芯片/测绘/遥感/北斗/导航/芯片/射频	Satellite/aerial/antenna/GPS/GNSS/chip	G01S19 G01S19/13 H01Q
航天飞机	地理/地图/地形/导航/测绘/遥感/拍摄/拍照/摄影/摄像/航拍/航摄/航测/勘测/图像/测绘/扫描	Space /shuttle /remote/sense/Aerophoto/photo	B64G1/14 G05D1
宇宙飞船	宇宙飞船/拍摄/拍照/摄影/摄像/航拍/航测/勘测/图像/测绘/扫描/地理/地图/地形/导航/测绘/遥感	Spacecraft/Spaceship/Aerophoto/photo/remote/sense	G05D1 B64G1/22
空间实验室	空间站/空间实验室/拍摄/拍照/摄影/摄像/航拍/航摄/航测/勘测/图像/测绘/扫描/地理/地图/地形/导航/测绘/遥感	space（W）station/Aerophoto/photo	B64G G05D1
飞机	飞机/拍摄/拍照/摄影/摄像/航拍/航摄/航测/勘测/图像/测绘/扫描/观测	Plane/airplane/aeroplane/ Aerophoto/photo	B64C B64D G05D1 H04N7
无人机	无人机/旋翼/遥感/拍摄/拍照/摄影/摄像/航拍/航摄/航测/勘测/图像/测绘/扫描	Unmanned/UAV/drone$ /aircraft/Aerophoto/photo	B64C B64D G05D1 H04N7
气球	气球/拍摄/拍照/摄影/摄像/航拍/航摄/航测/勘测/图像/测绘/扫描	Balloon/ballute/Aerophoto/photo	H01Q1 G09F21/06 B64B1 A63H27 G01W1/08

续表

技术分支	中文关键词	英文关键词	IPC分类
飞艇	飞艇/拍摄/拍照/摄影/摄像/航拍/航摄/航测/勘测/图像/测绘/扫描	Airship/dirigible/Aerophoto/ photo	H01Q1 B64B B64C
无线探空仪	探空/探空仪	Radiosonde	G01W1/08
车载	车载/小车/雷达车/遥感/惯导/地面/野外/车	remote/sense/car	B60 B62
船载	船载/船/遥感船/雷达船/遥感/雷达	vessel /boat/ship/remote/sense/RS	B63B
高架平台	高架/支架/平台/遥感/传感器/雷达/地理/地图/地形/导航/测绘	platform /bracket/support/stand/holder/remote/sense	F16M
航摄仪	航摄/航摄像/航空摄影/航拍/航测/航空摄影/航空影像/航空数码相机/航天/航空/航测/测绘/地理信息/遥感/遥测/机载/星载	Aerospace / Aerial digital camera / Aerophotographical Camera/Aerial camera/aerial survey/camera/Aerophotogrammetry/aerial photography cameraerial camera/Aerial video/aerial images/aerial survey / aerial photogrammetry / map / airborn / satellite / Airborne Digital Sensor / Digital Mapping Camera / UltraCamD/ DMC（digital mapping camera） / UCD（UltraCamD）/ Airborne Digital Sensor/ aerial photography /space photography/ satellite photogrammetry / Aerospace/ Aerial video/aerial images/aerial survey/ aerial photogrammetry	H04N5/00 H04N5/225 H04N5/222 H04N5/232 H04B7/00 H04B7/18 H04B7/16 H04B7//20 H04B7/22 C01C11 G03B17* G05D1* G01B11*
太空摄像机	返束/光导管/反束/象幅/恒星/地平线/弹道/太空/航空/航天/航摄/航测/测绘/地理信息/遥感/遥测/机载/星载	return beam vidicon/large format/stellar/ horizon camera/stereo camera/metric camera/panoramic camera/continuous strip camera/array camera/continuous strip camera/underwater camera	H04N13 H04N5/232 H04N7/18G03B17 G03B35 G06K9
多光谱摄影机	多光谱/多光谱/多谱段/摄影/摄像	multispectral camera/multi（W）spectra/photo*/imag*/camera*/pictur*/multi-spectra$/multi-spectrum$	G01N21 H04N5 G01C11 G01D

续表

技术分支	中文关键词	英文关键词	IPC分类
全景式摄影机	全景式摄像/全景摄影/缝隙摄影/航带式摄影/航带摄影/镜头转动式摄影/框幅/全景/缝隙/地面/水下	frame*/panoramic*/underwater*panoramic photography/Omnidirection*/ Multi-camera*photogra*/camera*/photo*/pictur*	G05D1* G05D3* G01B11* G01C11* H04N5* H04N7*
多光谱扫描仪	多光谱/光机扫描/机载/测绘/地理信息/遥感/遥测/机载/星载/多谱段/多波谱/多波段	Multi Spectral Scanner/multispectral*/scan*/MSS	H04N* G03B* G01J* G01B* G01S* G01C*
专题制图仪	专题制图/多光谱段扫描/多谱段扫描/光学机械扫描成像/扫描摄影	Thematic Mapper/Enhanced Thematic Mapper Plus	H04N* G03B* G01J* G01B* G01S* G01C*
红外扫描仪	红外扫描/机载/测绘/地理信息/遥感/遥测/机载/星载/无人机	IR-MSS	G01C* H04N* G01J* G02B* G01N21*
推帚式扫描仪	线阵列/推扫式扫描/高分辨率可见光/扫描机载/测绘/地理信息/遥感/遥测/机载/星载可见光/CCD/几何成像仪/几何传感器/可见光红外传感器/立体成像/CCD阵列推扫成像系统/线阵高速热分布成像探测器/线/面/阵列/推帚/推扫/扫描	High resolution visible range/ HRV （IR）/ High resolution visible range instrument/High Resolution Geometric Imaging Instrument/High Resolution Visible Infrared/HRS/VEGETATION/CCD （Charge Coupled Device）	G01C11* G01J* H04N1*
成像光谱仪	成像/光谱/高光谱/遥感/高光谱分辨率/光谱遥感成像/光谱成像遥感	HYPERION/MODIS/Imaging spectrometer	G01N21* G01S17* G01S7* G01J3/28

续表

技术分支	中文关键词	英文关键词	IPC分类
合成孔径雷达	合成孔径雷达/合成口径雷达/合成开口雷达/干涉合成孔径雷达/机载多级化合成孔径雷达星载合成孔径雷达/高分辨力表层穿透雷达/合成孔径测绘雷达/合成孔径激光雷达/合成放大的成像雷达/合成孔径激光成像雷达/	synthetic aperture radar/Synthetic radar/SAR/synthetic interferometer radar	G01S13* G01S17* G01S7*
真实孔径雷达	真实/雷达	RAR/Real Aperture Radar	G01S13* G01S17* G01S7*
相干雷达	相干雷达/干涉雷达/相参雷达/相干散射雷达/相干激光雷达/相干光纤激光雷达/相干测风激光雷达/相干型MIMO雷达/相参合成雷达	coherent radar/coherent pulse radar/coherent infrared radar/externally coherent pulse doppler radar/incoherent scattering radar/INSAR/Coherent laser radar	G01S13* G01S17* G01S7*
侧视雷达	侧视/雷达	side-looking radar/SLAR/side-looking aerial radar/SLR/Side-Looking Airborne Radar	G01S13* G01S17* G01S7*
全景雷达	全景/雷达	panoramic radar	G01S13* G01S17* G01S7*
激光成像雷达	激光/成像/呈像/雷达	laser radar/LiDAR（Light Detection and Ranging）/LADAR/Imaging Light Detection And Ranging	G01S13* G01S17* G01S7*
微波辐射计	微波/辐射/计/设备/仪/器	microwave radiometer/radiometer	G01S7* G01S13* G01J3* G01J1*
微波散射计	微波/光谱/红外/散射/计/设备/仪/器/可见光/短波/扫描/光谱	scatterometer	G01S7* G01S13* G01N22 G01S13* G01S17*

续表

技术分支	中文关键词	英文关键词	IPC分类
微波高度计	高度计	satellite altimeter/altimeter	G01S* G01C5* G01C21* G01C25* G01C3* G01C9* G01C11* G01C13*
测深仪	测深		G01C13/00 G01S15/08 G01S7/52 G01B17/00 G01B21/18
经纬仪	经纬/测地仪	theodolite*	G01C1/02 G01C1/04 G01C1/06
水准仪	水准仪/水准器/水平仪/水平尺/水准器/投线仪/找平仪/校平装置/测平仪/标线仪/测斜仪	level/leveling inclin*/tilt*/horizont*/bubble/ruler/leveling-rod/level-rod/liquid-level	G01C5/00 G01C5/04 G01C5/02
测距仪	测距仪/测距器/测距装置/视距测量/测量距离/距离检测车辆/车距/摄像	distance-measur*/measuring-distance/distance-detect*/distance-determin*/range-measur*/range-find*/rangefinder? vehicle/photographing/camera/focus-detect*	G01C3/00 G01C3/02
全站仪	全站/电子速测/全站型电子速测仪/电子速测仪	total/full/station	G01C1 G01C3 G01C5 G01C15
光学摄影成像	摄影/像片/影像/影象/象片/光学/成像/成象/波段/全景/航空/航天/无人机/飞机/飞船	unmanned aerial vehicle/"UAV"/unmanned aircraft/runmannedair vehicle/aero*nautical/aero*space/aero*craft/aero*plane/ /air*craft/air*plane/aviation /aerial / space-flight/plane/imag*/panoram*/ camer* /photo*/ pictur*	G06T G06K9

续表

技术分支	中文关键词	英文关键词	IPC分类
数字扫描成像	多波段/专题制图/成像/波谱/高光谱/多光谱/Landsat TM/SAR 图像/成像雷达/SAR 影像/SAR 数据/孔径雷达/相干雷达/相参雷达/SAR 雷达/口径雷达/扫描/图像/图象/影像/影象/像元/象元/像点/象点	imag*/pictur*/pixel*/picture-element/G06K-009*/G06T*/"SAR"/ "SARS"/ synthe* same radar$ / apertur* same radar$/imag* same radar $ / sidelook* same radar$ / coherent$ same radar$ / pan/am* same radar$/LADAR / LiDAR/ G06K-009* /G06T*/G06F-017*/Landsatsame TM/high-spectrum $/high-spectra $ / multi-spectra $/ multi-spectrum $/ spectroscopy / imag*/ pictur*/ pixel*/ photo*/thematic-chart* / thematic-map* / thematic-cartograph$	G06T G06K9 G06F17
GIS数据处理	地理（2w）信息/地图/遥感/测绘/卫星/虚拟地球		H04L29/08 G06F17/30 G06F19/00 G06F17/40 G06F17/20 G06F17/10 G06F17/50
地理信息系统	地理信息系统 气体绝缘开关设备/漏气	system $/GIS / GIStools / geo-information / geographic-information / geographical-information / geography-information/geographic-position-information / geographical-position-information / geography-position-information / current-position-information / geographic-location-information/geographical-location-information/geography-location-information / current-location-information / geographic-coordinate-information / geographical-coordinate-information / geography-coordinate-information / current-coordinate-information/geographic-coordinate-data gas-insulated-switch*/GIS-gas / GIS-leakage / GIS-transformer-substation / GIS-isolating-switch/GIS-control-cabinet/GIS-chamber/GIS-tank/220kV-GIS/gas-insulated-substation/gas-insulation-substation / gas-insulation-switch*/ GIS-voltage-transformer / sulfur-hexafluoride / sulfur-pentaflouride/ gas-leakage	G01R31* H02B13* G01R27* G01R35

全部的国内数据于2016年8月17日检索完成。由于五大部分的数据所针对的技术领域不存在高度的包含与被包含关系，且检索截止时间相对接近，因此在统计分析过程中忽略检索截止时间不同所带来的误差和干扰。各技术分支检索数据库、表达式与命中数见下文，本节仅对各技术分支检索表达式做陈述，各技术分支合并后的处理、去噪等过程在此不再详述。

①遥感探测平台相关中国专利检索IncoPat检索式如表1-0-4所示。

表1-0-4 遥感探测平台相关检索式

技术分支	检索式
卫星本体	（（（IPC=G05D1 AND TIABC=（卫星 OR satellite$） AND TIABC=（遥感 OR （remote（W）sens$$$） OR 导航）） NOT TIABC=无人） OR （（IPC=B64G AND TIABC=（卫星 OR satellite$） AND TIABC=（地理 OR 地图 OR 地形 OR 导航 OR 测绘 OR 遥感）） OR （IPC=B64G AND TIABC=（北斗 OR GPS OR 格洛纳斯 OR 伽利略 OR GLONASS OR GALILEO）） OR （（TIABC=（遥感卫星 OR （remote（W）sensing（W）satellite$）） NOT TIABC=（接收）） 数据范围＝中国506
接收机	（（IPC=G01S19 AND TIABC=（卫星 OR satellite$） AND TIABC=（天线 OR aerial$ OR antenna$） AND TIABC=（接收 OR 终端 OR 用户）） OR （IPC=H01Q AND TIABC=（卫星 OR satellite$） AND TIABC=（天线 OR aerial$ OR antenna$） AND TIABC=（接收 OR 终端 OR 用户） AND TIABC=（导航 OR 测绘 OR 遥感 OR 北斗 OR GPS OR GNSS）） OR （IPC=G01S19/13 AND TIABC=（天线 OR aerial$ OR antenna$）） OR （IPC=G01S19 AND TIABC=（卫星 OR satellite$ OR GPS OR GNSS OR 北斗） AND TIABC=（芯片 OR chip$$$ OR 射频） AND TIABC=（接收 OR 终端 OR 用户）） OR （IPC=G01S19/13 AND TIABC=（芯片 OR chip$$$ OR 射频）） 数据范围＝中国 3560
航天飞机	（（IPC=B64G1/14 AND TIABC=（地理 OR 地图 OR 地形 OR 导航 OR 测绘 OR 遥感 OR （remote（W）sens$$$）） NOT TIABC=（广播 OR 月球 OR 卫星 OR 飞船 OR satellite$）） OR （（TIABC=航天飞机 OR （Space（2W）shuttle$）） AND TIABC=（地理 OR 地图 OR 地形 OR 导航 OR 测绘 OR 遥感 OR （remote（W）sens$$$）） OR （（IPC=B64G1/14 AND TIABC=（拍摄 OR 拍照 OR 摄影 OR 摄像 OR 航拍 OR 航摄 OR 航测 OR 勘测 OR 图像 OR 测绘 OR 扫描 OR Aerophoto* OR photo*）） OR （IPC=G05D1 AND （TIABC=航天飞机 OR （Space（2W）shuttle$）） OR （（TIABC=航天飞机 OR （Space（2W）shuttle$）） AND TIABC=（拍摄 OR 拍照 OR 摄影 OR 摄像 OR 航拍 OR 航摄 OR 航测 OR 勘测 OR 图像 OR 测绘 OR 扫描 OR Aerophoto* OR photo*）） 数据范围＝中国38
宇宙飞船	（（IPC=G05D1 AND TIABC=（宇宙飞船 OR Spacecraft$ OR Spaceship$）） OR （IPC=B64G1/22 AND TIABC=（拍摄 OR 拍照 OR 摄影 OR 摄像 OR 航拍 OR 航摄 OR 航测 OR 勘测 OR 图像 OR 测绘 OR 扫描 OR Aerophoto* OR photo*）） OR （IPC=B64G1/22 AND TIABC=（地理 OR 地图 OR 地形 OR 导航 OR 测绘 OR 遥感 OR （remote（W）sens$$$）） OR （TIABC=（宇宙飞船 OR Spacecraft$ OR Spaceship$） AND TIABC=（拍摄 OR 拍照 OR 摄影 OR 摄像 OR 航拍 OR 航摄 OR 航测 OR 勘测 OR 图像 OR 测绘 OR 扫描 OR Aerophoto* OR photo*）） OR （TIABC=（宇宙飞船 OR Spacecraft$ OR Spaceship$） AND TIABC=（地理 OR 地图 OR 地形 OR 导航 OR 测绘 OR 遥感 OR （remote（W）sens$$$）））） 数据范围＝中国152

技术分支	检索式
空间实验室	（（TIABC=（空间站 OR 空间实验室 OR space（W）station）AND TIABC=（拍摄 OR 拍照 OR 摄影 OR 摄像 OR 航拍 OR 航摄 OR 航测 OR 勘测 OR 图像 OR 测绘 OR 扫描 OR Aerophoto* OR photo*））OR （TIABC=（空间站 OR 空间实验室 OR space（W）station$）AND TIABC=（地理 OR 地图 OR 地形 OR 导航 OR 测绘 OR 遥感 OR （remote（W）sens$$$））OR （IPC=G05D1 AND TIABC=（空间站 OR 空间实验室 OR space（N）station$））OR （IPC=B64G4 AND TIABC=（拍摄 OR 拍照 OR 摄影 OR 摄像 OR 航拍 OR 航摄 OR 航测 OR 勘测 OR 图像 OR 测绘 OR 扫描 OR Aerophoto* OR photo*））OR （IPC=B64G4 AND TIABC=（地理 OR 地图 OR 地形 OR 导航 OR 测绘 OR 遥感 OR （remote（W）sens$$$））））NOT （广播 OR 月球 OR 卫星 OR 飞机 OR satellite$ OR 航空 OR 飞船 OR Spacecraft$ OR Spaceship$）数据范围 = 中国 295
飞机	（IPC=B64C OR B64D OR G05D1 OR H04N7）AND TIABC=（飞机 OR plane? OR airplane$ OR aeroplane$）AND TIABC=（拍摄 OR 拍照 OR 摄影 OR 摄像 OR 航拍 OR 航摄 OR 航测 OR 勘测 OR 图像 OR 测绘 OR 扫描 OR Aerophoto* OR photo* OR 观测））NOT TIABC=（喷洒 OR （无人（W）机）OR unmanned* OR UAV OR drone$ OR aircraft$ OR 旋翼 OR 无人）数据范围 = 中国 340
无人机	（IPC=B64C OR B64D OR G05D1 OR H04N7）AND TIABC=（无人（W）机 OR unmanned* OR UAV OR drone$ OR aircraft$ OR 旋翼）AND TIABC=（遥感 OR 拍摄 OR 拍照 OR 摄影 OR 摄像 OR 航拍 OR 航摄 OR 航测 OR 勘测 OR 图像 OR 测绘 OR 扫描 OR Aerophoto* OR photo*）数据范围 = 中国 3804
气球	（IPC=（H01Q1）AND TIABC=（拍摄 OR 拍照 OR 摄影 OR 摄像 OR 航拍 OR 航摄 OR 航测 OR 勘测 OR 图像 OR 测绘 OR 扫描 OR Aerophoto* OR photo*）AND TIABC=（气球 OR balloon$ OR ballute$））OR （IPC=（G09F21/06）AND TIABC=（拍摄 OR 拍照 OR 摄影 OR 摄像 OR 航拍 OR 航摄 OR 航测 OR 勘测 OR 图像 OR 测绘 OR 扫描 OR Aerophoto*））OR （IPC=（B64B1）AND TIABC=（拍摄 OR 拍照 OR 摄影 OR 摄像 OR 航拍 OR 航摄 OR 航测 OR 勘测 OR 图像 OR 测绘 OR 扫描 OR Aerophoto* OR photo*）AND TIABC=（气球 OR balloon$ OR ballute$））OR （IPC=（A63H27 OR G01W1/08）AND TIABC=（拍摄 OR 拍照 OR 摄影 OR 摄像 OR 航拍 OR 航摄 OR 航测 OR 勘测 OR 图像 OR 测绘 OR 扫描 OR Aerophoto* OR photo*）AND TIABC=（气球 OR balloon$ OR ballute$））数据范围 = 中国 88
飞艇	（TIABC=（飞艇 OR airship$ OR dirigible$）AND TIABC=（拍摄 OR 拍照 OR 摄影 OR 摄像 OR 航拍 OR 航摄 OR 航测 OR 勘测 OR 图像 OR 测绘 OR 扫描 OR Aerophoto* OR photo*））NOT TIABC=无人机 数据范围 = 中国 217
无线探空仪	（（IPC=G01W1/08 AND TIABC=（探空 OR radiosonde$））OR TIABC=（探空仪 OR radiosonde$））NOT TIABC=（气球 OR balloon$）数据范围 = 中国 101
车载	（IPC=（B60 OR B62）AND TIABC=（遥感 OR （remote（W）sens$$$）OR 惯导））OR （TIABC=（地面 OR 野外）（5W）遥感 AND 车）OR TIABC=雷达车 OR TIABC=（车载 AND （remote（W）sens$$$））数据范围 = 中国 320

续表

技术分支	检索式
船载	（TIABC=船载 AND （遥感 OR （remote（N）sens$$$） OR （RS） OR 雷达）） OR （（IPC=B63B AND TIABC=（遥感 OR （remote（N）sens$$$） OR （RS） OR 雷达） OR TIABC=（遥感船 OR 雷达船） NOT TIABC=（救生 OR 水下 OR 破冰 OR 鱼 OR 清理 OR 风（W）机）） 数据范围＝中国 319
高架平台：	（TIAB=（遥感 OR 雷达） AND TI=（高架 OR 支架 OR 平台）） OR （IPC=F16M AND TIAB=（遥感 OR 雷达）） OR （IPC=F16M AND TIAB=（遥感 OR 传感器 OR 雷达） AND TIAB=（地理 OR 地图 OR 地形 OR 导航 OR 测绘 OR gis） 数据范围＝中国 476

②遥感探测遥感器类型相关中国专利检索 IncoPat 检索式如表 1-0-5 所示。

表 1-0-5　探测遥感器类型相关检索式

技术分支	检索式
航摄仪	（TIAB=（航 AND （天 OR 空） AND 摄 AND （机 OR 仪 OR 系统 OR 设备））） AND IPC=（（G05D1* OR G05D3* OR G01B11* OR G01C11* OR H04N5* OR H04N7*）） OR （TIAB=（航 AND （天 OR 空） AND （相机 OR 像机））） AND IPC=（（G05D1* OR G05D3* OR G01B11* OR G01C11* OR H04N5* OR H04N7*）） OR （TIAB=（航摄 OR 航拍 OR 航测）） AND IPC=（（G05D1* OR G05D3* OR G01B11* OR G01C11* OR H04N5* OR H04N7*）） OR （TIAB=（航 AND （天 OR 空） AND （摄影 OR 摄像））） AND IPC=（（G05D1* OR G05D3* OR G01B11* OR G01C11* OR H04N5* OR H04N7*）） 收起 数据范围＝中国　2016-08-13 10:53:42 955
全景式摄影机	（（TIAB=（框幅 OR 全景 OR 缝隙 OR 地面 OR 水下） AND （摄影 OR 摄像）） AND IPC=（（G05D1* OR G05D3* OR G01B11* OR G01C11* OR H04N5* OR H04N7*）） ） NOT （（TIAB=（框幅 OR 全景 OR 缝隙 OR 地面 OR 水下） AND （摄影 OR 摄像）） AND IPC=（G05D1* OR G05D3* OR G01B11* OR G01C11* OR H04N5* OR H04N7*） AND IPC=（B60R*）） 收起 数据范围＝中国　2016-08-13 11:15:44 1929
多光谱摄影机	（TIAB=（（多光谱 OR 多谱段 OR 多波谱 OR 多波段） AND （摄影 OR 摄像 OR 成像）） ） NOT （TIAB=（（多光谱 OR 多谱段 OR 多波谱 OR 多波段） AND （摄影 OR 摄像 OR 成像）） AND ipc=（A*）） 收起　数据范围＝中国　2016-08-13　11:38:03 566
多光谱扫描仪	（（TIAB=（（muti*） AND （spectral*） AND （scan*）） OR （（multispectral*） AND （scan*））） OR （TIAB=（（多光谱 OR 多谱段 OR 多波谱 OR 多波段 OR？波段） AND （扫描））） 收起　数据范围＝中国　2016-08-13 11:49:57 140
光机扫描仪	（TIAB=（专题制图 OR "thematic* AND mapper*"）） OR （（TIAB=（红外） AND （扫描） AND （成像 OR 摄影 OR 摄像）） and （IPC=（H04N* OR G03B* OR G01J* OR G01B* OR G01S* OR G01C*））） OR （（TIAB=（光（2W）机） AND （扫描） AND （成像 OR 摄影 OR 摄像）） and （IPC=（H04N* OR G03B* OR G01J* OR G01B* OR G01S* OR G01C*））） 数据范围＝中国　2016-08-13 12:19:59 309
成像光谱仪	TIAB=（成像 and 光谱 and （仪 OR 设备 OR 系统 OR 机）） AND IPC=（G01N21* OR G01S17* OR G01S7* OR G01J3/28） 收起　数据范围＝中国　2016-08-13 23:10:19 1334

续表

技术分支	检索式
推帚式扫描仪	（TIAB=（（线 OR 面 OR CCD）AND（阵 OR 阵列）AND（扫描 OR 推扫 OR 推帚）AND（成像 OR 探测））AND IPC=（G01C* OR H04N* OR G01J* OR G02B* OR G01N21*）OR TIAB=（可见光 and 扫描 AND（仪 OR 设备 OR 系统））AND IPC=（H04N5* or G01C* OR G01J*）OR（TIAB=（（可见光 OR CCD）AND（扫描 OR 推扫 OR 推帚）AND（相机 OR 像机））AND IPC=（G01C* OR H04N* OR G01J* OR G02B* OR G01N21*））收起 数据范围=中国 2016-08-14 07:48:03 730
合成孔径雷达	（（TIAB=（"SAR"）AND IPC=（G01S13* OR G01S17* OR G01S7*）））OR（（TIAB=（synthetic（3w）radar$）AND IPC=（G01S13* OR G01S17* OR G01S7*））OR（TIAB=（合成（2W）雷达）and IPC=（G01S13* OR G01S17* OR G01S7*）））收起 数据范围=中国 2016-08-12 09:30:43 1822
真实孔径雷达	（TIAB=（Real（2W）Radar$））and IPC=（G01S13* OR G01S17* OR G01S7*）OR（（TIAB=（真实（2W）雷达）and IPC=（G01S13* OR G01S17* OR G01S7*））））收起 数据范围=中国 2016-08-12 09:27:25 73
侧视雷达	（（TIAB=（sidelook* AND radar$））AND IPC=（G01S13* OR G01S17* OR G01S7*））OR（（TIAB=（侧视 AND 雷达）AND IPC=（G01S13* OR G01S17* OR G01S7*））收起 数据范围=中国 2016-08-12 09:52:55 47
相干雷达	（TIAB=（（coherent&）AND radar&）AND IPC=（G01S13* OR G01S17* OR G01S7*））OR（TIAB=（（相干 OR 相参）AND 雷达）AND IPC=（G01S13* OR G01S17* OR G01S7*））收起 数据范围=中国 2016-08-12 09:46:40 564
全景雷达	（（TIAB=（全景 AND 雷达）OR（panoram* AND radar$））AND IPC=（G01S13* OR G01S17* OR G01S7*））收起 数据范围=中国 2016-08-12 10:00:53 38
激光雷达	（（TIAB=（激光 AND（成像 OR 呈像）AND 雷达））AND（IPC=（G01S13* OR G01S17* OR G01S7*））OR（（TIAB=（LADAR）OR（Imaging Light Detection And Ranging）OR（LiDAR））AND（IPC=（G01S13* OR G01S17* OR G01S7*）））收起 数据范围=中国 2016-08-12 10:21:19 464
微波高度计	（TIAB=（高度计）and IPC=（G01S* OR G01C5* OR G01C21* OR G01C25* OR G01C3* OR G01C9* OR G01C11* OR G01C13*））收起 数据范围=中国 2016-08-17 15:08:56 210
测深仪	IPC=（G01C13/00 OR G01S15/08 OR G01S7/52 OR G01B17/00 OR G01B21/18）and TIAB=（测深）数据范围=中国 2016-10-08 15:49:41 211
微波辐射计	（（TIAB=（（微波 OR 可见光 OR 红外 OR 短波 OR 扫描 OR 光谱）and（辐射计 OR 辐射仪））and IPC=（G01N21*））OR（TIAB=（（微波 OR 可见光 OR 红外 OR 短波 OR 扫描）and 辐射 and（计 OR 设备 OR 仪 OR 器））and IPC=（G01S7* OR G01S13* OR G01J3* OR G01J1*）））收起 数据范围=中国 2016-08-17 14:47:56 472
微波散射计	TIAB=（（微波 OR 光谱 OR 红外）and 散射 and（计 OR 设备 OR 仪 OR 器））数据范围=中国 2016-08-15 14:12:47 249

③工程测量相关中国专利检索 IncoPat 检索式如表 1-0-6 所示。

表 1-0-6　工程测量相关检索式

技术分支	检索式
经纬仪	IPC=（G01C1/02 OR G01C1/04 OR G01C1/06）　AND PD=[16000101 to 20160810]464
水准仪	TI=（水准）AND IPC=（G01C5）AND PD=[16000101 to 20160810] NOT TI=（尺 OR 水准泡 OR 水平仪 OR 水平计 OR 测斜仪 OR 倾斜仪）303
测距仪	（TI=（测距 OR 视距测量 OR 距离检测）OR TI=（测量 AND 距离）OR TI=（distance AND （measur* OR determin* OR detect*））OR TI=（"range finder" OR rangefinder?））AND IPC=（G01C3）AND PD=[16000101 to 20160810] NOT TIAB=（车辆 OR 车距 OR vehicle OR 摄像 OR photographing OR CAMERA OR "focus detection" OR "focus detecter"）702
全站仪	TI=（全站 OR 电子速测 OR "total station"）AND IPC=（G01C1 OR G01C3 OR G01C5）AND PD=[16000101 to 20160810]249

④数据处理技术相关中国专利检索IncoPat检索式如表1-0-7所示。

表 1-0-7　数据处理技术相关检索式

技术分支	检索式
光学摄影成像	（TIAB=（摄影 or 像片 or 影像 or 影象 or 象片 or 光学 or 成像 or 成象 or 波段 or 全景））AND （IPC=（G06T or G06K9））AND （（TIAB=（航空 or 航天 or 无人机 or 飞机 or 飞船））OR （TIAB=（遥感 or 遥测 or 测绘 or 地理信息）））1342
数字扫描成像	（（IPC=（G06T or G06K9 or G06F17））AND （TIAB=（多波段 or 专题制图 or （成像 and 波谱）or 高光谱 or 多光谱）））OR （（IPC=（G06））AND （ALL=（Landsat （2w） TM）））OR （（TIAB=（SAR （2w）图像 or 成像雷达 or SAR （2w）影像 or SAR数据 or （孔径 and 雷达）or （（相干 or 相参）and 雷达）or SAR雷达 or （口径 and 雷达）））AND （IPC=（G06T or G06K9 or G06F17）））OR （（TIAB=（遥感 or 遥测 or 测绘 or 地理信息））AND （IPC=（G06T or G06K9））AND （TIAB=（扫描 or 图像 or 图象 or 影像 or 影象 or 像元 or 象元 or 像点 or 象点）））3530
GIS数据处理	（background-art=（地理信息 OR 地图 OR 遥感 OR 测绘 OR 卫星）or technical-field=（地理信息 OR 地图 OR 遥感 OR 测绘 OR 卫星））and ipc=（G06F17/30）收起 数据范围 = 中国 2016-09-09 10:41:05 5815 （（technical-field=（地理信息 OR 地图 OR 遥感 OR 测绘 OR 卫星））and ipc-main=（H04L29/08））OR （（technical-field=（地理信息 OR 地图 OR 遥感 OR 测绘 OR 卫星））AND IPC=（G06F AND H04L29/08））数据范围 = 中国 2016-09-09 11:22:45 396 （technical-field=（地理 （2w）信息 OR 地图 OR 遥感 OR 测绘 OR 卫星 OR 虚拟地球 OR MODIS）AND IPC-main=（G06F19/00）收起 数据范围 = 中国 2016-09-09 12:53:58 424 （（background-art=（地理信息 OR 地图 OR 遥感 OR 测绘 OR 卫星）or technical-field=（地理信息 OR 地图 OR 遥感 OR 测绘 OR 卫星））and ipc-main=（G06F17/50））OR （（background-art=（地理信息 OR 地图 OR 遥感 OR 测绘 OR 卫星）or technical-field=（地理信息 OR 地图 OR 遥感 OR 测绘 OR 卫星））and ipc-main=（G06F17/20））OR （（background-art=（地理信息 OR 地图 OR 遥感 OR 测绘 OR 卫星）or technical-field=（地理信息 OR 地图 OR 遥感 OR 测绘 OR 卫星））and ipc-main=（G06F17/10））OR （（background-art=（地理信息 OR 地图 OR 遥感 OR 测绘 OR 卫星）or technical-field=（地理信息 OR 地图 OR 遥感 OR 测绘 OR 卫星））and ipc-main=（G06F17/40））收起数据范围 = 中国 2016-09-11 10:44:43 921

⑤GIS系统相关中国专利检索IncoPat检索式如表1-0-8所示。

表1-0-8　GIS系统相关检索式

技术分支	检索式
地理信息系统	TI=（系统 OR system$）AND（TIAB=（地理信息 OR GIS OR Geographic（2w）Information OR Geographical（2w）Information OR Geo（2w）Information））AND PD=[16000101 to 20160810] NOT IPC=（G01R31 OR H02B13）4273

⑥遥感探测平台相关全球专利检索德温特检索式如表1-0-9所示。

表1-0-9　遥感探测平台相关检索式

技术分支	检索式
航天遥感	((IP=(G05D-001* OR B64G*) and TS=satellite$) and (TS=("GPS" OR beidou OR "GNSS" OR "GLONASS" OR "GALILEO"))) or ((IP=(G05D-001* OR B64G*) and TS=satellite$) and TS=(Naviga* OR (remote and sens*) OR "RS"))
航空遥感	(IP=(B64C* OR B64D*) AND TS=(unmanned* OR "UAV" OR drone$ OR "UAVS" OR aircraft$)) and (TS=(camera$ OR Photo* OR aerophoto* OR image$ OR picture$ OR Mapping OR survey$$$ OR scan$$$) or ((TS=(camera$ OR Photo* OR aerophoto* OR image$ OR picture$ OR Mapping OR survey $$$ OR scan $$$) and (IP=(G05D-001*) AND TS=(unmanned* OR "UAV" OR drone$ OR "UAVS" OR aircraft$))) OR ((TS=(camera$ OR Photo* OR aerophoto* OR image$ OR picture$ OR Mapping OR survey$$$ OR scan$$$) and (IP=(H04N-007*) AND TS=(unmanned* OR "UAV" OR drone $ OR "UAVS" OR aircraft $))) OR (IP=(B64C* OR B64D*) AND TS=(unmanned* OR "UAV" OR drone $ OR "UAVS")) OR (IP=(G05D-001*) AND TS=(unmanned* OR "UAV" OR drone$ OR "UAVS")) OR (IP=(H04N-007*) AND TS=(unmanned* OR "UAV" OR drone$ OR "UAVS"))

⑦遥感探测遥感器类型相关全球专利检索德温特检索式如表1-0-10所示。

表1-0-10　遥感探测遥感器类型相关检索式

技术分支	检索式
航摄仪	1775（TS=（（aerial* OR map* OR airborn*）SAME camera*）OR TS=（（aerospace* OR aerial OR space* OR satellite*）SAME photogra*））AND（IP=(G01B-011* OR G01C-011* OR H04N-005-225 OR H04N-005-222 OR H04N-005-232 OR H04N-007-018 OR H04N-007-016 OR H04N-007-020 OR H04N-007-022 OR G03B-017* OR G03B-037* OR G03B-035*)） 精炼依据:[排除] 学科类别:（CHEMISTRY OR AGRICULTURE OR POLYMER SCIENCE OR MATERIALS SCIENCE OR GENERAL & INTERNAL MEDICINE OR MINING & MINERAL PROCESSING OR BIOTECHNOLOGY & APPLIED MICROBIOLOGY OR ENERGY & FUELS OR FOOD SCIENCE & TECHNOLOGY OR METALLURGY & METALLURGICAL ENGINEERING OR PHARMACOLOGY & PHARMACY OR SPORT SCIENCES）

续表

技术分支	检索式
全景式摄影机	1233 （TS=（panoramic* SAME （photo* OR imag* OR camera* OR pictur*））） OR TS=（Omnidirection* SAME Multi-camera*）） AND IP=（G01B-011* OR G01C-011* OR G01C-021* OR H04N-005-225 OR H04N-005-232 OR H04N-007-018 OR G05D-001* OR G03B-037* OR G03B-017* OR G03B-015* OR G03B-013*） 精炼依据: [排除] 学科类别:（ENERGY & FUELS OR MATERIALS SCIENCE OR POLYMER SCIENCE OR NUCLEAR SCIENCE & TECHNOLOGY） AND [排除] 学科类别:（GENERAL & INTERNAL MEDICINE） AND 学科类别:（INSTRUMENTS & INSTRUMENTATION）
多光谱摄影机	1135 TS=（（multi-spectra$ OR multi-spectrum$） AND （photo* OR imag* OR camera* OR pictur*）） NOT IP=（A*） 精炼依据: [排除] 学科类别:（GENERAL & INTERNAL MEDICINE OR METALLURGY & METALLURGICAL ENGINEERING OR PHARMACOLOGY & PHARMACY OR MATERIALS SCIENCE OR POLYMER SCIENCE OR CHEMISTRY OR ENERGY & FUELS OR MINING & MINERAL PROCESSING OR FOOD SCIENCE & TECHNOLOGY OR NUCLEAR SCIENCE & TECHNOLOGY）
多光谱扫描仪	198 TS=（（multi-spectra$ OR multi-spectrum$） AND （scan*）） NOT IP=（A*） 精炼依据: [排除] 学科类别:（GENERAL & INTERNAL MEDICINE OR ENERGY & FUELS OR MATERIALS SCIENCE OR BIOTECHNOLOGY & APPLIED MICROBIOLOGY OR METALLURGY & METALLURGICAL ENGINEERING OR POLYMER SCIENCE）
光机扫描仪 成像光谱仪	4036 TS=（（（optical mechanical） SAME scan*） OR Thematic-Mapper OR （Imag* SAME （Spectromet* OR Spectroscoper OR Interferomet*））） 精炼依据: 德温特分类代码:（S03 OR W07 OR S02 OR W04 OR W05 OR W02 OR W06 OR S01 OR W01 OR W03） AND 学科类别:（ENGINEERING OR IMAGING SCIENCE & PHOTOGRAPHIC TECHNOLOGY OR INSTRUMENTS & INSTRUMENTATION OR PUBLIC, ENVIRONMENTAL & OCCUPATIONAL HEALTH OR TRANSPORTATION OR WATER RESOURCES OR CONSTRUCTION & BUILDING TECHNOLOGY OR MINING & MINERAL PROCESSING OR COMMUNICATION）
合成孔径雷达	2413 DC=W06* AND TS=（（（synthetic-aperture） SAME radar*） OR SAR） 精炼依据: [排除] 学科类别:（GENERAL & INTERNAL MEDICINE OR OPTICS OR MINING & MINERAL PROCESSING OR POLYMER SCIENCE OR BIOTECHNOLOGY & APPLIED MICROBIOLOGY OR ENERGY & FUELS OR FOOD SCIENCE & TECHNOLOGY OR CHEMISTRY OR PHARMACOLOGY & PHARMACY OR NUCLEAR SCIENCE & TECHNOLOGY）
真实孔径雷达 侧视雷达	64 DC=W06* AND TS=（（（real-aperture） SAME radar*） OR （（side-looking） SAME radar*）） 精炼依据: [排除] 学科类别:（CHEMISTRY OR GENERAL & INTERNAL MEDICINE OR ENERGY & FUELS）

技术分支	检索式
相干雷达	705 DC=W06* AND （TS=（coherent* SAME radar*）） 精炼依据: [排除] 学科类别：（OPTICS OR MATERIALS SCIENCE OR GENERAL & INTERNAL MEDICINE OR MINING & MINERAL PROCESSING OR CHEMISTRY OR PHARMACOLOGY & PHARMACY OR POLYMER SCIENCE）
全景雷达	64 DC=W06* AND （TS=（panoram* SAME radar*）） 精炼依据: [排除] 学科类别：（CHEMISTRY OR ENERGY & FUELS OR OPTICS）
激光雷达	1722 DC=W06* AND （TS=（L?DAR OR （（laser imag*）SAME radar$）） 精炼依据: [排除] 学科类别：（ENERGY & FUELS OR METALLURGY & METALLURGICAL ENGINEERING OR GENERAL & INTERNAL MEDICINE OR MATERIALS SCIENCE OR POLYMER SCIENCE OR BIOTECHNOLOGY & APPLIED MICROBIOLOGY OR PHARMACOLOGY & PHARMACY OR SPORT SCIENCES OR OPTICS OR MINING & MINERAL PROCESSING OR CHEMISTRY）
微波高度计	661 DC=（W06* OR S02*）AND TI=altimeter* 精炼依据: [排除] 学科类别：（CHEMISTRY OR POLYMER SCIENCE OR MATERIALS SCIENCE OR ENERGY & FUELS OR NUCLEAR SCIENCE & TECHNOLOGY OR OPTICS OR SPORT SCIENCES）
测深仪	186 DC=（W06* OR S02*）AND TI=sounder* 精炼依据: [排除] 学科类别：（CHEMISTRY OR ENERGY & FUELS OR GENERAL & INTERNAL MEDICINE OR POLYMER SCIENCE OR MINING & MINERAL PROCESSING OR OPTICS OR AGRICULTURE）
微波辐射计	883 TS=radiometer* AND DC=（S03* OR W06* OR S01* OR W02* OR S02* OR S05* OR W04* OR W07*） 精炼依据: [排除] 学科类别：（NUCLEAR SCIENCE & TECHNOLOGY OR MATERIALS SCIENCE OR ENERGY & FUELS OR WATER RESOURCES OR COMPUTER SCIENCE OR TRANSPORTATION OR FOOD SCIENCE & TECHNOLOGY OR PHARMACOLOGY & PHARMACY OR PUBLIC, ENVIRONMENTAL & OCCUPATIONAL HEALTH OR CHEMISTRY OR METALLURGY & METALLURGICAL ENGINEERING OR BIOTECHNOLOGY & APPLIED MICROBIOLOGY OR GENERAL & INTERNAL MEDICINE OR MINING & MINERAL PROCESSING OR OPTICS OR AGRICULTURE OR SPORT SCIENCES OR POLYMER SCIENCE OR CONSTRUCTION & BUILDING TECHNOLOGY）
微波散射计	550 DC=（W06* OR S02*）AND TS=sounder* 精炼依据: 学科类别：（ENGINEERING OR INSTRUMENTS & INSTRUMENTATION OR TRANSPORTATION OR COMMUNICATION）

⑧工程测量相关全球专利检索德温特检索式如表1-0-11所示。

表1-0-11 工程测量相关检索式

技术分支	检索式
水准仪	TI=（level OR leveling）AND IP=（G01C-005*）NOT TI=（inclin* OR tilt* OR horizont* OR bubble OR ruler OR leveling-rod OR level-rod OR liquid-level）1116

续表

技术分支	检索式
测距仪	TI=（distance-measur* OR measuring-distance OR distance-detect* OR distance-determin* OR range-measur* OR range-find* OR rangefinder?）AND IP=（G01C-003*）NOT TS=（vehicle OR photographing OR camera OR focus-detect*）2480
全站仪	（TI=（total AND station）OR TI=（full AND station））AND IP=（G01C-001* OR G01C-003* OR G01C-005* OR G01C-015*）238

⑨数据处理技术相关全球专利检索德温特检索式如表1-0-12所示。

表1-0-12 数据处理技术相关检索式

技术分支	检索式
地理信息系统	7010 (TI=（system$）AND TS=（GIS OR GIStools OR geo-information OR geographic-information OR geographical-information OR geography-information OR geographic-position-information OR geographical-position-information OR geography-position-information OR current-position-information OR geographic-location-information OR geographical-location-information OR geography-location-information OR current-location-information OR geographic-coordinate-information OR geographical-coordinate-information OR geography-coordinate-information OR current-coordinate-information OR geographic-coordinate-data)) NOT (IP=（G01R-031* OR H02B-013* OR G01R-027* OR G01R-035*）OR TS=（gas-insulated-switch* OR GIS-gas OR GIS-leakage OR GIS-transformer-substation OR GIS-isolating-switch OR GIS-control-cabinet OR GIS-chamber OR GIS-tank OR 220kV-GIS OR gas-insulated-substation OR gas-insulation-substation OR gas-insulation-switch* OR GIS-voltage-transformer OR sulfur-hexafluoride OR sulfur-pentaflouride OR （GIS SAME gas-leakage）))
GIS数据处理	7220 IP=（G06F-017/30 OR G06F-017/10 OR G06F-017/20 OR G06F-017/40 OR G06F-017/50 OR H04L-029/08）AND TS=（GIS OR GIStools OR geo*-information OR geogra*-position-information OR current-position-information OR geogra*-location-information OR current-location-information OR geogra*-coordinate-information OR current-coordinate-information OR geographic-coordinate-data OR remote-sensing OR remote-sense OR satellite$） 精炼依据: 学科类别:（ENGINEERING OR COMPUTER SCIENCE OR COMMUNICATION OR INSTRUMENTS & INSTRUMENTATION OR TRANSPORTATION）

⑩GIS系统相关全球专利检索德温特检索式如表1-0-13所示。

表1-0-13 GIS系统相关检索式

技术分支	检索式
地理信息系统	（TI=（system$）AND TS=（GIS OR GIStools OR geo-information OR geographic-information OR geographical-information OR geography-information OR geographic-position-information OR geographical-position-information OR geography-position-information OR current-position-information OR geographic-location-information OR geographical-location-information OR geography-location-information OR current-location-information OR geographic-coordinate-information OR geographical-coordinate-information OR geography-coordinate-information OR current-coordinate-information OR geographic-coordinate-data)) NOT (IP=（G01R-031* OR H02B-013* OR G01R-027* OR G01R-035*）OR TS=（gas-insulated-switch* OR GIS-gas OR GIS-leakage OR GIS-transformer-substation OR GIS-isolating-switch OR GIS-control-cabinet OR GIS-chamber OR GIS-tank OR 220kV-GIS OR gas-insulated-substation OR gas-insulation-substation OR gas-insulation-switch* OR GIS-voltage-transformer OR sulfur-hexafluoride OR sulfur-pentaflouride OR （GIS SAME gas-leakage）)) 7010

（3）数据处理。

以地理信息产业为目标开展分块检索后，得到的文献量噪声较大，需要去噪、删减；经初步分析后，认为检索目标文献具有以下特征：①各区块专利文献分界相对独立清晰，相互之间IPC分类虽有重合，但通过关键词限定后重叠面积较小；②检索得到的目标文献量适中。

任何一个检索式都不可避免地会带来噪声，专利文献的检索过程主要是利用分类号和关键词，因此检索结果中的噪声主要来源于以下两方面：①分类号检索带来的噪声，主要包括：分类不准导致的噪声，如GIS系统应用涉及分类号较广，对于相关边界存在部分模糊难以一刀切的情形；②关键词带来的噪声，主要包括：关键词本身适用范围广而带来的噪声，如"GIS"除了表示地理信息系统（Geographic Information System 或 Geo – Information system），同时还是气体绝缘变电站的英文名字简称GIS（Gas Insulated Substation），在直接采用GIS进行检索时，就会带入部分与地理信息系统不相关的电气方面相关专利，形成另一类噪声。

基于对噪声来源的分析，确定了以下去噪策略：①利用分类号去噪，对检索结果的分类号进行统计分析，将噪声分类号分为两类：a.大部不相关分类号，例如集成材检索中得到的A部分类号——生活类，多数可以明确去除；b.在不同区块检索中明显与区块拟检索目标专利不相关但与地理信息产业相关的噪声，如在检索航摄仪时带入的相关无人机方面专利，由于在无人机已有专门分块检索，在进行航摄仪检索时带入的纯无人机方面专利进行部分取舍。②利用关键词去噪，例如在检索全景摄像机领域相关专利时，过多引入设备监控装置等大篇幅噪音专利，可以通过引入申请人名称中的国家基础地理信息中心、测绘研究院等关键词去噪。另外，在后续的标引过程中还会发现噪声文献，通过标引的过程同时去噪。

相关专利术语定义

本节对本书中反复出现的各种专利术语或现象，一并给出解释。

项：同一项发明可能在多个国家或地区提出专利申请，Derwent专利数据库将这些相关的多件申请作为一条记录收录。在进行专利申请数量统计时，对于数据库中以一族（这里的族指的是同族专利中的族）数据的形式出现的一系列专利文献，计算为

1项。在一般情况下，专利申请的项数对应于技术的数量。

件：在进行专利申请数量统计时，例如为了分析申请人在不同国家、地区或组织所提出的专利申请的分布情况，将同族专利申请的分开分别进行统计，所得到的结果对应于申请的件数。1项专利申请可能对应于1件或多件专利申请。

同族专利：同一项发明创造在多个国家申请专利而产生的一组内容相同或基本相同的专利文献出版物，称为一个专利族或同族专利。从技术角度来看，属于同一专利族的多件专利申请可视为同一项技术。在本书中，针对技术和专利技术原创国进行分析时，对同族专利进行了合并统计；针对专利在各个国家或地区的公开情况进行分析时，各件专利分别进行了统计。

专利所属国家：在本书中，专利所属的国家或地区是以专利首次申请的优先权国别来确定的，没有优先权的专利申请以该项申请的最早申请国别确定。

有效专利：在本书中，有效专利是指截止到检索日，专利权处于有效状态的专利申请。

日期规定：依照最早优先权日确定每年的专利数量，无优先权日以最早申请日为准。

失效专利：在本书中，失效专利是指截止到检索日，专利权处于失效状态的专利申请。

在本次专利分析所采集的数据中，由于下列多种原因导致2013年后提出的专利申请的统计数量比实际上的申请量应当要少：PCT专利申请可能自申请日起30个月甚至更长时间之后才进入国家阶段，从而导致与之相对应的国家公布时间更晚；中国发明专利申请通常自申请日起18个月（要求提前公布的专利申请除外）才能被公布；其他国家专利申请公开滞后导致的申请量缺失。

第二部分　地理信息产业专利导航

第1章　全球地理信息产业专利概况

1.1　全球地理信息产业专利申请趋势

全球地理信息产业专利共37641项，图2-1-1和图2-1-2显示了全球专利申请趋势，图2-1-1中仅显示了1969—2015年的专利申请趋势，在此之前，全球每年的申请量不足10件，因此予以略去，而图2-1-2中则显示了各技术分支完整的申请趋势，从图中可知，全球地理信息产业经历了以下两个阶段。

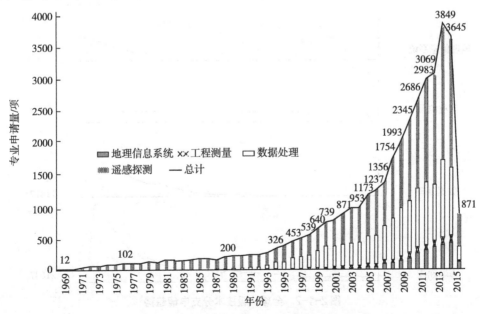

图2-1-1　全球地理信息产业专利申请趋势

（1）萌芽期。在1992年前，每年增长的专利申请量较少，专利申请的趋势线缓慢增长，直到1988年才增长到200件，这一时期的重要特点是几乎所有的专利均来自于遥感探测技术分支，这与19世纪50年代第一颗人造卫星上天后，卫星产业的持续发展有着密切关联，地理信息系统和数据处理技术分支的发展则相对依赖于计算机技术，因此这一时期的专利申请较少。

（2）快速发展期。时间是1993年至今，这一时期的重要特点是政府对地理信息产业的高度重视。20世纪90年代，美国制订商业卫星遥感政策，明确了美国公益性卫星遥感和商业卫星遥感的界限，分别制订了不同的发展政策，极大地促进了美国卫星遥感信息产品在全世界的应用。法国生态、能源、可持续发展和空间规划部（MEED-DAT）已将地理信息作为优先发展的国家政策。澳大利亚于2001年制定了《空间信息产业行动纲领》，明确提出了地理信息产业发展愿景、目标、战略和行动指南。日本经济、贸易和产业部正在全面推进国家政府致力于"创造和发展基于地理信息的新产业和新服务"。加拿大地理信息产业协会（GIAC）2009年也向政府提出了制定国家地理信息产业发展战略的建议。❶在政府的大力支持下，除工程测量外，其余各个技术分支的专利申请量都有了快速的增长。由于本书中的工程测量仅指传统的工程测量，并把遥感技术术从工程测量中移出单列，因此工程测量技术分支专利申请量的增加较为平缓。

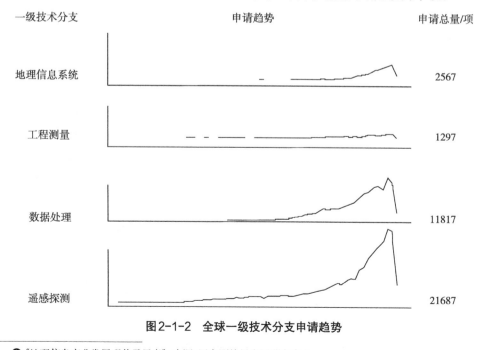

图2-1-2　全球一级技术分支申请趋势

❶《地理信息产业发展现状及思考》，来源：国家测绘局发展研究中心。

1.2 全球地理信息产业技术构成

图2-1-3展示了全球一级技术分支的专利申请数量和占比，与图2-1-2显示一致，遥感探测和数据处理是两个最重要的技术分支，同时交叉的技术分支并不多，占总量的1%。其中，遥感探测和数据处理的交叉分支比例较高，达到了77%，显示了二者的重要地位，而工程测量与其余三个技术分支的交叉仅占1%。

（专业申请量：项）

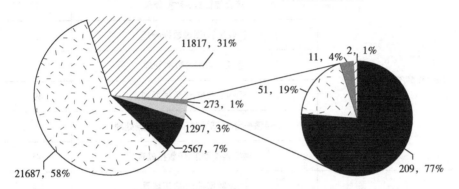

图2-1-3 全球一级技术分支专利申请数量和占比

表2-1-1是全球技术分支的一级和二级技术构成表，从该表看，遥感探测技术分支中遥感器类型占据重要地位，而数据处理技术分支中，图像数据处理和GIS数据处理专利量比例大约为2：1。

表2-1-1 地理信息产业全球技术分支构成表

一级技术分支	二级技术分支	申请量/项
遥感探测	接收装置	2905
	遥感平台	4256
	遥感器类型	14418
	接收装置/遥感平台	6
	接收装置/遥感器类型	3
	遥感平台/遥感器类型	99

续表

一级技术分支	二级技术分支	申请量/项
数据处理	GIS 数据处理	3538
	图像数据处理	8183
	图像数据处理/GIS 数据处理	96
地理信息系统	应用场景	2567
工程测量	测量仪器	1297
遥感探测/数据处理	接收装置/GIS 数据处理	5
	接收装置/图像数据处理	2
	遥感平台/GIS 数据处理	2
	遥感平台/图像数据处理	49
	遥感平台/遥感器类型/图像数据处理	3
	遥感器类型/图像数据处理	148
数据处理/地理信息系统	图像数据处理/应用场景	22
	应用场景/GIS 数据处理	29
遥感探测/地理信息系统	接收装置/应用场景	2
	遥感平台/应用场景	5
	遥感器类型/应用场景	4
遥感探测/工程测量	接收装置/测量仪器	1
	遥感器类型/测量仪器	1
总计		37641

1.3 全球地理信息产业专利主要申请人

图2-1-4是全球主要申请人的专利数量情况，其中显示了专利数量在150项以上的申请人，本次排名未对子母公司、关联公司、集团公司进行专利数量的合并。

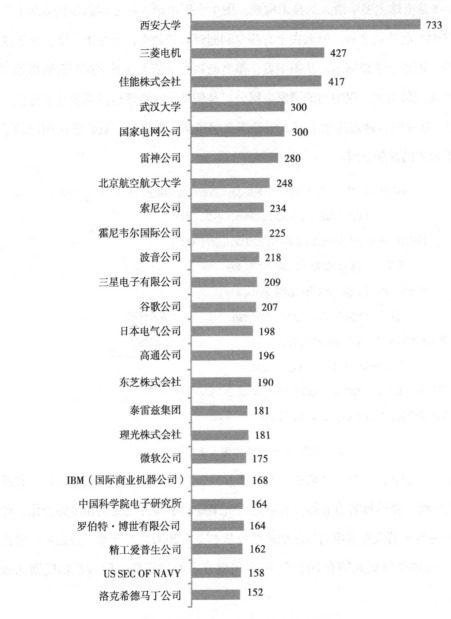

（专利申请数量：项）

图2-1-4　全球主要申请人排名

图2-1-4与图2-2-6显示的排名和数量有所差异，这一方面是由于计量单位项和件的不同所导致的，另一方面是由于专利数据库的差异所导致的。从图2-1-4可知，国家电网及三所中国大学位于全球主要申请人排名的前列。

图2-1-5是全球主要申请人的技术构成，图中个别申请人的专利总量会略多于四个技术分支的专利数量之和，原因在于有些专利同时属于两个以上技术分支，由于这类情况较少，因此未予以图示。从图中看，排名前列的申请人在遥感探测和数据处理技术分支有较强的实力，仅中国的国家电网公司是例外，在地理信息系统技术分支有188项专利。这反映出地理信息上游、中游产业起步早、发展好，真正面向用户的下游产业仍有很大的发展空间。

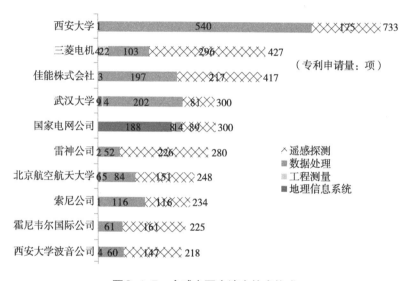

图2-1-5　全球主要申请人技术构成

图2-1-6（省略了1994年之前的专利申请情况，因其年申请量不超过10件）和图2-1-7分别反映了全球排名前五的专利申请人历年专利申请占比变化和趋势变化，可以看到中国专利申请人专利申请量的快速增长基本要从2000之后开始，且近年来增长速度较快，而国外申请人则在20世纪70年代就有了专利布局，但增长幅度则比较平缓。

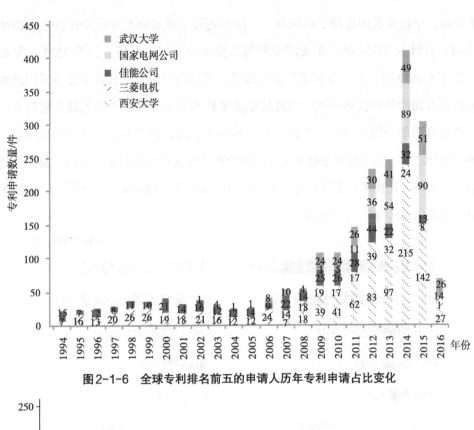

图2-1-6 全球专利排名前五的申请人历年专利申请占比变化

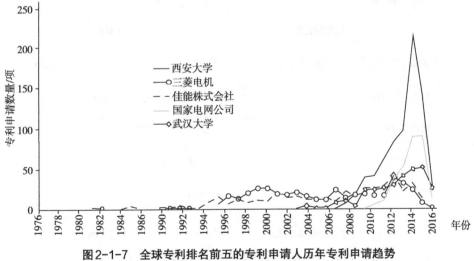

图2-1-7 全球专利排名前五的专利申请人历年专利申请趋势

1.4 全球地理信息产业专利来源国和地区

图2-1-8显示了各技术分支下全球专利的主要来源国和地区，此处统计的来源国和地区即首次申请国和地区。从图中可知，在最重要的两个技术分支——遥感探测和

数据处理，中国和美国保持了前两位，中国专利两个技术分支专利量分别为6620项和3714项，合计为10334项，而美国专利两个技术分支的专利量分别为5512项和4006项，合计为9518项，二者专利数量非常接近，其原因可能是二者在卫星技术和超级计算机技术方面的领先优势所致。地理信息系统技术分支显示了中国大陆一家独大的局面，排在其后的分别为韩国、美国、日本和中国台湾，四者专利项数之和也不足中国专利的四分之一。而工程测量技术分支是四个技术分支中专利数量最少的，身为全球技术第一的美国在此技术分支下的专利无法排进全球前五，结合图2-1-1可知，该技术分支不是地理信息产业的技术重点。

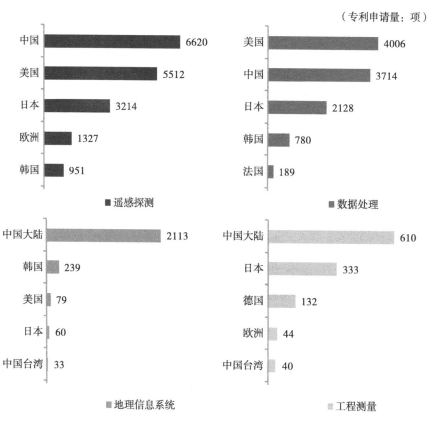

图2-1-8　全球专利各技术分支来源国和地区

1.5　主要国家或地区的专利布局

从图2-1-9可知全球专利主要来源国和地区，以此为基础，选取中国大陆、美国、日本、欧洲、韩国、德国、法国及中国台湾的专利，分析各技术分支下的专利流向。

(专利申请量:项)

来源地 \ 布局地	中国大陆	美国	欧洲	日本	韩国	德国	法国	中国台湾
中国大陆	2112	11	5	4	1	0	0	1
美国	19	75	22	13	5	5	0	5
欧洲	3	3	5	1	1	1	0	0
日本	3	9	4	58	2	1	0	1
韩国	9	10	3	7	238	1	1	0
德国	2	3	4	0	1	4	0	0
法国	0	0	0	0	0	0	4	0
中国台湾	5	8	2	1	1	0	0	33
小计	2153	119	45	84	249	12	4	40

(a)地理信息系统

来源地 \ 布局地	中国大陆	美国	欧洲	日本	韩国	德国	法国	中国台湾
中国大陆	6610	107	84	45	26	7	0	19
美国	653	5255	1417	841	319	483	65	239
欧洲	91	220	315	85	39	32	0	13
日本	306	901	348	3009	111	188	25	50
韩国	85	191	52	46	933	19	3	6
德国	79	449	477	152	32	1299	79	6
法国	68	391	426	101	24	221	756	3
中国台湾	20	63	2	11	2	2	3	150
小计	7912	7577	3121	4290	1486	2251	931	486

(b)遥感探测

来源地 \ 布局地	中国大陆	美国	欧洲	日本	韩国	德国	法国	中国台湾
中国大陆	3705	41	19	10	5	0	0	5
美国	139	3909	687	388	118	165	5	70
欧洲	17	95	148	38	13	8	0	0
日本	50	635	190	2034	47	77	5	21
韩国	23	176	25	33	760	10	3	0
德国	5	69	76	18	1	162	5	0
法国	6	92	114	31	3	31	182	0
中国台湾	2	69	4	6	1	1	0	129
小计	3947	5086	1263	2558	948	454	200	225

(c)数据处理

布局地

来源地		中国大陆	美国	欧洲	日本	韩国	德国	法国	中国台湾
	中国大陆	610	27	6	1	0	16	7	0
	美国	12	34	14	7	2	4	0	2
	欧洲	38	39	44	16	12	4	0	0
	日本	109	163	93	320	15	64	6	5
	韩国	4	5	2	1	21	0	0	0
	德国	57	91	91	47	6	129	3	0
	法国	1	1	1	1	1	1	3	0
	中国台湾	2	27	0	2	0	2	0	38
	小计	833	387	251	395	57	220	19	45

(d)工程测量

图2-1-9　全球专利各技术分支主要国家/地区专利布局流向

图2-1-9显示了四大技术分支下上述8个国家和地区专利的布局流向。从图中可见，中国大陆创新主体虽然专利数量占据优势，但布局基本在国内，仅遥感探测技术分支在美国有107项专利，其余均不超过100项，侧面印证我国真正有价值的技术偏少。

而美国是一个重要的市场，除德、法在欧洲布局的专利最多外，其余国家和地区均选择了美国作为除本土外的第一市场，这反映出美国作为第一技术强国，其市场的重要性。

表2-1-2显示了四大技术分支下上述8个国家或地区创新主体的专利布局的情况，在各个技术分支中，中国大陆专利创新主体都偏爱在本国进行专利布局，而除了地理信息系统技术分支外，其余国家或地区的创新主体在本国布局专利量基本不超过总量的75%，这显示我国创新主体走出去的意识有待加强，海外专利布局匮乏。

表2-1-2　主要国家或地区本国布局专利情况

技术领域	地域	本国（地区）申请量/项	他国（地区）申请量/项	本国专利占比
地理信息系统	中国大陆	2112	22	98.97%
	美国	75	69	52.08%
	欧洲	5	9	35.71%
	日本	58	20	74.36%
	韩国	238	30	88.81%
	德国	4	10	28.57%
	法国	4	0	100.00%
	中国台湾	33	17	66.00%

续表

技术领域	地域	本国（地区）申请量/项	他国（地区）申请量/项	本国专利占比
遥感探测	中国大陆	6610	288	95.82%
	美国	5255	4017	56.68%
	欧洲	315	480	39.62%
	日本	3009	1929	60.94%
	韩国	933	402	69.89%
	德国	1299	1274	50.49%
	法国	756	1234	37.99%
	中国台湾	150	103	59.29%
数据处理	中国大陆	3705	80	97.89%
	美国	3909	1572	71.32%
	欧洲	148	171	46.39%
	日本	2034	1025	66.49%
	韩国	760	270	73.79%
	德国	162	174	48.21%
	法国	182	277	39.65%
	中国台湾	129	83	60.85%
工程测量	中国大陆	610	57	91.45%
	美国	34	41	45.33%
	欧洲	44	109	28.76%
	日本	320	455	41.29%
	韩国	21	12	63.64%
	德国	129	295	30.42%
	法国	3	6	33.33%
	中国台湾	38	33	53.52%

第2章　中国地理信息产业专利概况

2.1　我国地理信息产业专利申请趋势

截至2016年，在地理信息产业，中国的专利申请数量共为14671件，其中中国申请人共13707件，国外申请人共964件。

图2-2-1是地理信息产业中国专利申请趋势，从图中可以看出，我国的地理信息产业经历了如下阶段。

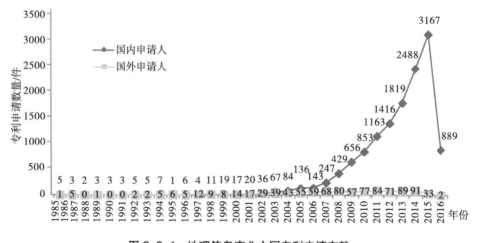

图2-2-1　地理信息产业中国专利申请态势

（1）萌芽期：时间是2000年之前，一般认为，20世纪90年代初，深圳引入ESRI公司的ArcInfo系统，是我国现代地理信息产业的起步，这一时期产业发展较为缓慢，我国以高校和研究所为主的机构，开始研究现代地理信息技术，这一时期的专利申请数量不论是国内申请人还是国外申请人均不超过20件。

（2）成长期：时间是2000之后直到现在。进入21世纪以来，计算机技术和互联网快速发展与普及，信息服务越来越普遍，办公自动化、信息化管理、信息服务行业越来越发达，基于空间信息优势，使地理信息的需求量也随之提高。我国地理信息产业也得到了迅速发展。从专利申请量看，每年约增长25%~75%不等，相比2000年之前每年约3~5件专利申请量的增长速度，21世纪的专利申请量发展迅猛。从申请人情况看，这种增长的贡献主要源于国内申请人，国外申请人的专利量一直未突破100件大关。

图2-2-2是地理信息产业一级技术分支中国专利申请趋势图，从图中可见，最先发展起来的是遥感探测产业，主要得益于1970年4月24日，中国第一颗人造卫星东方红卫星一号上天，该技术的发展要早于我国的专利发展史。而该技术分支专利申请量的快速增长主要在2000年之后，我国第一颗北斗卫星北斗1A的发射时间正是2000年10月31日。

其余技术分支的专利申请量增长则要落后于遥感探测技术分支，专利申请主要集中在2007年前后。2007年9月，《国务院关于加强测绘工作的意见》下发，意见要求加快基础地理信息资源建设，构建基础地理信息公共平台，推进地理信息资源共建共享，拓宽测绘服务领域，促进地理信息产业发展，该意见的出台，极大地推动了地理信息产业各技术分支的发展。

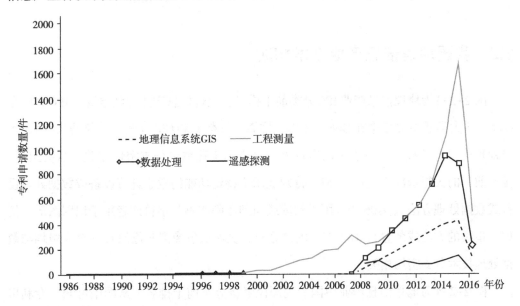

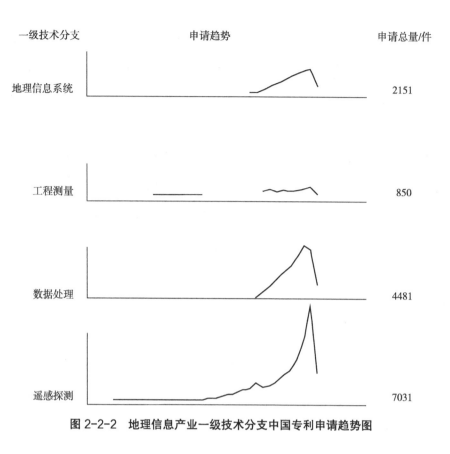

一级技术分支	申请趋势	申请总量/件
地理信息系统		2151
工程测量		850
数据处理		4481
遥感探测		7031

图 2-2-2 地理信息产业一级技术分支中国专利申请趋势图

2.2 我国地理信息产业技术构成

图 2-2-3 为地理信息产业IPC分类前十排名。地理信息产业专利申请量IPC集中在G部，从大类看主要集中在G06（计算、推算、计数）和G01（测量、仪器），两大类与地理信息产业技术分解表中的数据处理分支和工程测量分支密切相关。从大组看，排名前三的大组依次为是G06F17（特别适用于特定功能的数字计算设备或数据处理设备或数据处理方法）、G06K9（用于阅读或识别印刷或书写字符或者用于识别图形，例如，指纹的方法或装置）、G06T7（图像分析，例如从位像到非位像），3个大组均与数据处理技术分支密切相关。

图 2-2-4 为地理信息产业中国专利国民经济分类前十排名。从图中可知，专利申请量最为集中的两个分类是C40（仪表仪器制造业）和C39（计算机、通信和其他电子设备制造业），仪表仪器行业发展较早，因此C40分类专利数量居多，而数据处理是地理信息产业数字化、信息化的重要基础，因此C39专利数量较大。其次是I63（电信、

广播电视和卫星传输服务）和C37（铁路、船舶、航空航天和其他运输设备制造业）两个国民经济行业分类，专利数量均超过千件，合计近3000件，主要与技术分支中遥感探测相对应。

　　图2-2-5为地理信息产业技术一级分支的构成情况。从图中可知，遥感探测类专利数量最多，有7000余件；其次是数据处理，有4481件专利；地理信息系统GIS领域有2151件专利；传统的工程测量为850件专利，仅占总量的6%，另有1%的专利同时出现在了2个或2个以上技术分支内，其中数据处理分支下专利与遥感探测、地理信息系统GIS的专利重合量较大，体现了数据处理作为基础的关键性和重要性。

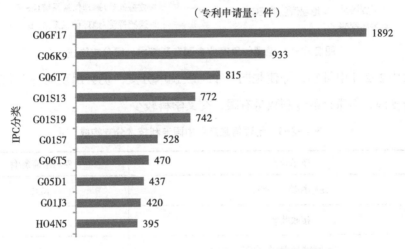

图 2-2-3　地理信息产业中国专利IPC分类前十排名

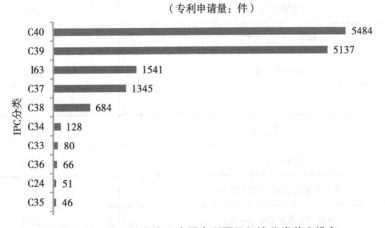

图 2-2-4　地理信息产业中国专利国民经济分类前十排名

（专利申请量：件）

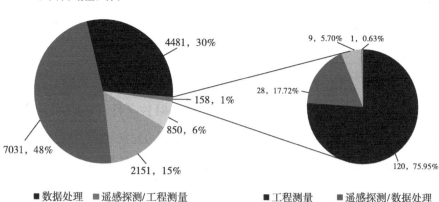

图 2-2-5 地理信息产业中国专利技术一级分支构成

从表中 2-2-1 中可知，即使是同一个一级技术分支，仍会出现同一专利在两个二级技术分支内，但重合的专利数量有限，交叉学科较少。

表 2-2-1 地理信息产业中国专利技术分支构成

技术分支	专利申请量/件
遥感探测（一级）	7031
接收装置	1156
接收装置/遥感器类型	3
遥感平台	2411
遥感平台/遥感器类型	98
遥感器类型	3363
数据处理（一级）	4481
GIS 数据处理	1854
图像数据处理	2578
图像数据处理/GIS 数据处理	49
地理信息系统 GIS（一级）	2151
应用场景	2151
工程测量（一级）	850

续表

技术分支	专利申请量/件
测量仪器	850
遥感探测/数据处理（一级）	120
遥感平台/GIS数据处理	1
遥感平台/图像数据处理	11
遥感平台/遥感器类型/图像数据处理	1
遥感器类型/图像数据处理	107
数据处理/地理信息系统GIS（一级）	28
GIS数据处理/应用场景	19
图像数据处理/应用场景	9
遥感探测/地理信息系统GIS（一级）	9
遥感平台/应用场景	5
遥感器类型/应用场景	4
遥感探测/工程测量（一级）	1
遥感器类型/测量仪器	1

2.3 我国地理信息产业专利主要申请人

图2-2-6和图2-2-7显示了地理信息产业中国专利国内申请人和国外申请人排名情况，本次排名未对子母公司、关联公司、集团公司进行专利数量的合并，仅以专利申请文本的申请人进行统计。从图中可见，国内申请人和国外申请人排名有很大不同，国内申请人位列前茅的是大专院校和科研院所，以及国家电网公司这类大型国企，说明我国的地理信息产业创新大多处于研究阶段，民用领域的应用也主要集中在用电等基本生活领域，而国外申请人位列前茅的则是企业居多，说明国外企业在地理产业相关技术的民用领域较国内发达。

从图2-2-6和图2-2-7显示的数量看，目前地理信息产业中国专利申请数量本土大专院校、企业等占据优势地位，这与地理信息产业作为新兴产业，国内市场才刚起步有较大关联，跨国企业在该领域并未在中国投入较大的力量，中国企业应趁机加快发展，利用国家的政策环境，占领战略高地。

图2-2-8和图2-2-9显示了地理信息产业中国专利国内外排名前5的申请人的技术构成情况。从图中可知，国内申请人和国外申请人在技术构成上有很大不同，国内申请人以数据处理技术分支和遥感探测技术分支为主，而国外申请人则以工程测量和数据处理技术分支为主，从侧面表明国内地理信息产业起步晚于国外，在传统的工程测量技术领域没有足够技术沉淀。

图 2-2-10 和图 2-2-11 显示了地理信息产业中国专利国内外排名前五的申请人历年的专利申请状况。从图中可知，排名前列的国外申请人每年申请数量大体一致，整体数量在2000年后有所增长，但涨幅并不明显，而国内申请人每年申请占比和排序大体固定，西安电子科技大学一枝独秀，第二和第三位的争夺较为激烈，国家电网公司有赶超武汉大学的趋势，这反映了国内地理信息产业民生领域的快速发展势头。

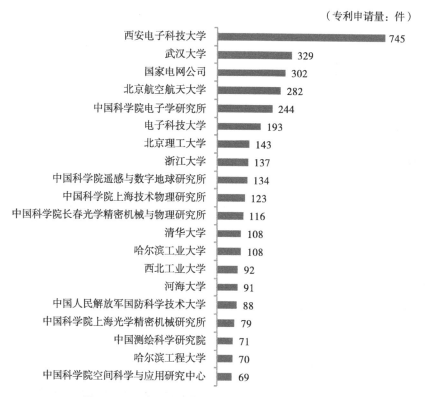

（专利申请量：件）

图 2-2-6　地理信息产业中国专利国内申请人排名

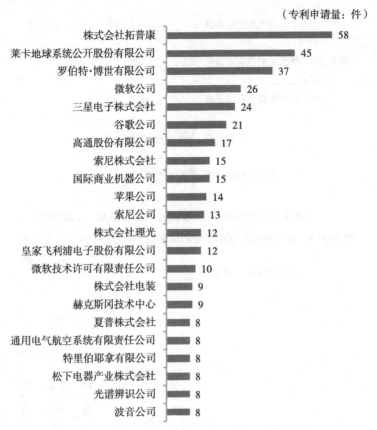

（专利申请量：件）

图 2-2-7 地理信息产业中国专利国外申请人排名

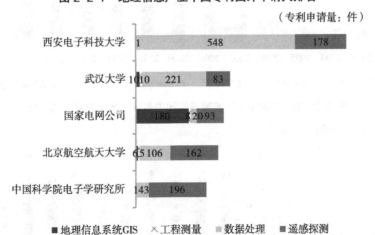

（专利申请量：件）

■ 地理信息系统GIS ×工程测量 ■数据处理 ■遥感探测

图 2-2-8 地理信息产业中国专利排名前5的国内申请人技术构成

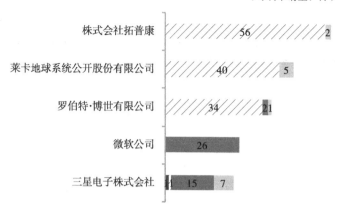

图 2-2-9　地理信息产业中国专利排名前5的国外申请人技术构成

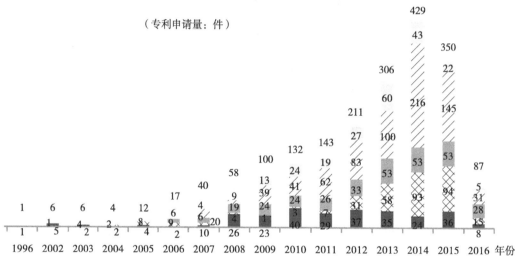

图 2-2-10　中国专利排名前五的国内申请人历年专利申请占比

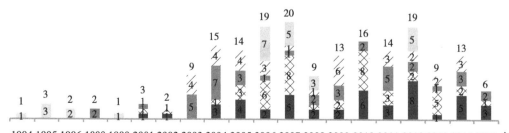

图 2-2-11　中国专利排名前五的国外申请人历年专利申请占比变化

表2-2-2显示了中国专利国内外排名前五申请人专利类型情况。从表上看，不论是国内申请人还是国外申请人，发明占比均非常高，除了国家电网公司外，其余国内申请人的发明占比均达到了90%以上，国外申请人更是达到了全体100%的发明占比，整体上显示出国内外业内领先创新主体对专利质量的重视，国外申请人发明专利占比100%的结果也从一个侧面显示了国外创新主体对专利的重视程度仍要优于国内创新主体。

表2-2-2 中国专利国内外排名前五申请人专利类型情况

申请人类别	申请人名称	发明/件	实用新型/件	小计/件	发明百分比
国内申请人	北京航空航天大学	281	1	282	99.65%
	国家电网公司	217	85	302	71.85%
	武汉大学	298	31	329	90.58%
	西安电子科技大学	744	1	745	99.87%
	中国科学院电子学研究所	242	2	244	99.18%
	小计	1782	120	1902	93.69%
国外申请人	莱卡地球系统公开股份有限公司	45	0	45	100.00%
	罗伯特·博世有限公司	37	0	37	100.00%
	三星电子株式会社	24	0	24	100.00%
	微软公司	26	0	26	100.00%
	株式会社拓普康	58	0	58	100.00%
	小计	190	0	190	100.00%

基于发明占比较高，因此单独分析国内外申请人中国发明专利法律状态情况，如图2-2-12所示。

专利申请量/件

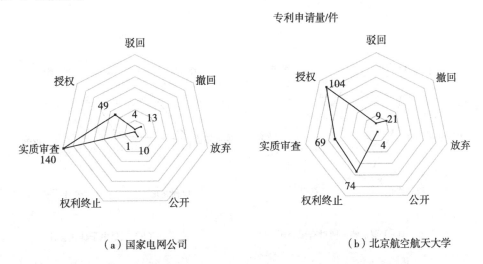

（a）国家电网公司 　　　　　　　　　　（b）北京航空航天大学

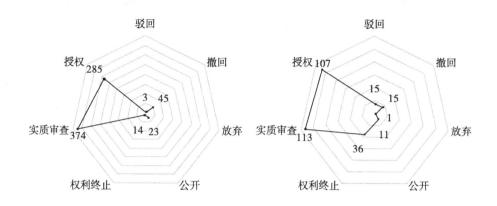

（c）西安电子科技大学　　　　　　　　（d）武汉大学

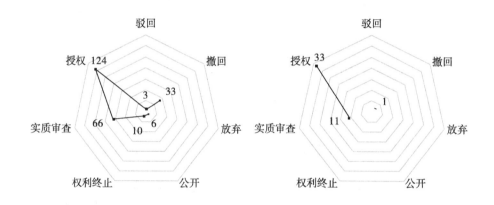

（e）中国科学院电子学研究所　　　　　　（f）莱卡地球系统公开股份有限公司

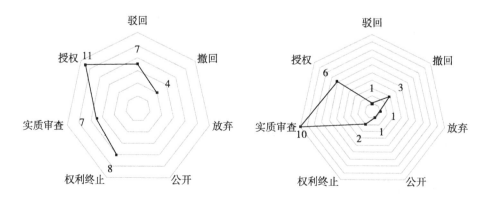

（g）罗伯特·博世有限公司　　　　　　　（h）三星电子株式会社

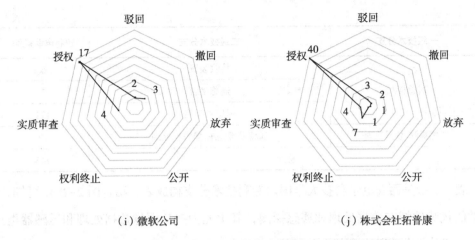

（i）微软公司　　　　　　　　（j）株式会社拓普康

图 2-2-12　中国专利国内外排名前列申请人专利法律状态情况

从图 2-2-12 看，国内申请人中西安电子科技大学、武汉大学和中国科学院电子研究所的专利状况较为理想，进入实质审查阶段的专利在专利总量中占据较大优势，侧面反映出创新活跃度较高，同时授权专利在专利总量中占据较大优势，权利终止的专利占据少数，侧面反映对自主专利进行了较好的知识产权管理。而国家电网公司进入实质审查阶段的专利数远大于授权专利数量，因此总体上其扮演的是一个行业新进者的角色。北京航空航天大学是排名前五的国内申请人中唯一一家授权专利数量高于进入实质审查阶段专利申请量的创新主体，且权利终止的专利量也高于进入实质审查阶段的专利申请量，猜测可能是该大学研究的战略有所转移，其对地理信息产业的关注度有所减少。国外申请人中，大体专利维持状况较好，权利终止的专利较少，专利量较少，揭示了国外申请人还未在中国相关领域开展专利布局，对国内创造主体而言，应当抓住这个空隙，有战略、有针对性地围绕自身进行产业专利布局。

重点申请人——西安电子科技大学国内专利分析如表 2-2-3 所示。

表 2-2-3　西安电子科技大学国内专利技术分支构成

一级技术分支	二级技术分支	专利申请量/件
地理信息系统GIS	应用场景	1
工程测量	测量仪器	1
数据处理	GIS数据处理	9
	图像数据处理	539

一级技术分支	二级技术分支	专利申请量/件
遥感探测	接收装置	5
	遥感平台	1
	遥感器类型	172
遥感探测/数据处理	遥感器类型/图像数据处理	17
总计		745

表2-2-3是西安电子科技大学国内专利技术分支构成表，结合图2-2-13可知，该大学的优势领域在数据处理和遥感探测，其中尤为擅长图像数据处理和遥感器类型，其余二级技术分支的专利仅占总量的2.4%。

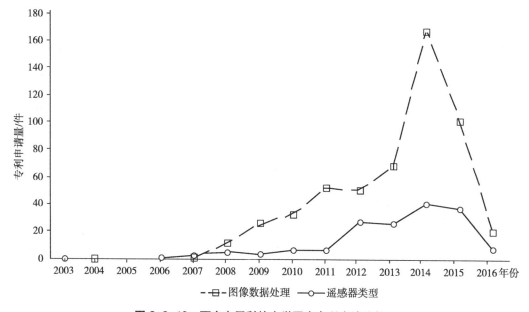

图 2-2-13　西安电子科技大学国内专利申请趋势图

图 2-2-13列出了西安电子科技大学两个重要二级技术分支的申请趋势图，可以看出，西安电子科技大学对二者研究的开始时间基本是一致的，但该大学对二者的重视程度有所区别，图像数据处理每年的申请量增长都是明显的，而遥感器类型在2011年之前只有零星的专利申请，每年的专利申请数量不超过20件，2012年开始有了快速的增长。

分析其专利的合作情况，发现合作申请专利5件（表2-2-4），从专利号可知，5件均为发明专利，技术分支同样集中在遥感器类型和图像数据处理，结合表2-2-3可知，其合作专利占总专利量的0.67%，占对应技术分支的2.33%（遥感器类型分支）和0.19%，可见该校与企业等市场主体的联合创新意识不高。

表2-2-4 西安电子科技大学国内专利合作申请表

专利名称/申请号/申请日	申请人	法律效力	技术分支	摘要
合成孔径雷达目标的全贝叶斯特征提取方法 CN201510481182.3 2015-08-03	西安电子科技大学；西安中电科西电科大雷达技术协同创新研究院有限公司	审中	遥感器类型	本发明提供一种合成孔径雷达目标的全贝叶斯特征提取方法，能够自适应的估计属性散射中心的数目以及属性散射中心的各个参数。包括：获取雷达回波信号的属性散射中心模型；确定每个未知特征参数服从的先验概率分布；建立完整的分层贝叶斯模型；确定所述属性散射中心模型中所有未知特征参数的联合后验概率分布；确定每个未知特征参数的建议分布；对每个未知特征参数进行采样；得到每个未知特征参数的N个采样值，由每个未知特征参数的N个采样值生成该未知特征参数的马尔科夫链；确定每个未知特征参数的估计值
基于奇异值分解的地球同步轨道SAR成像方法 CN201510547715.3 2015-08-31	西安电子科技大学；北京空间飞行器总体设计部	审中	遥感器类型	本发明公开了一种基于奇异值分解的地球同步轨道SAR成像方法，其特征在于，包括以下步骤：（1）地球同步轨道卫星SAR发射调频脉冲信号，对接收到的目标回波信号进行解调处理，得到解调后的回波信号s（tr，ta）；（2）利用级数反演法得到解调后的回波信号的二维频谱S（fa；fr），对其进行距离脉压处理，得到距离脉压后的回波信号的二维频谱相位Φ（fr，fa；X，R0）；（3）通过奇异值分解（SVD）将距离脉压后的回波信号的二维频谱相位Φ（fr，fa；X，R0）中的多普勒频率和点目标的方位位置进行分解，得到分解后的二维频谱相位Φ（fr，fa；X）；（4）将分解后的二维频谱相位Φ（fr，fa；X）中的多项式v1（fr；fa）进行线性插值，得到插值后的相位Φ′（fr，fa′（v1）；X）；（5）将插值后的相位Φ′（fr，fa′（v1）；X）进行相位扰动处理，再进行聚焦，得到目标的地球同步轨道SAR图像
一种结合极化分解向量统计分布的极化SAR图像滤波方法 CN201510862959.0 2015-11-30	西安电子科技大学；西安航天天绘数据技术有限公司	审中	图像数据处理	本发明公开了一种结合极化分解向量统计分布的极化SAR图像滤波方法，通过对输入的极化SAR图像数据进行极化目标分解，得到散射向量；对输入的极化SAR数据利用非局部方法，得到每一个像素点和其搜索窗内的其他像素点的权值；根据极化SAR数据的极化分解向量的分布特性，求得极化相似性的度量公式及阈值，对于每个像素点的搜索窗内的像素点进行相似性度量，找到每一个像素点的相似集合，对权值公式进行修改；利用最终的权值公式对每一个像素点进行滤波，得到滤波后的极化SAR图像数据；本发明解决了滤波方法不能很好保持图像细节信息和散射特性的问题，使得在对极化SAR图像进行相干斑抑制的同时也能很好地保持图像的细节和散射特性

专利名称/申请号/申请日	申请人	法律效力	技术分支	摘要
一种近场条件下的探地雷达三维相干成像方法 CN201110025100.6 2011-01-24	陕西延长石油（集团）有限责任公司；西安电子科技大学	有效	遥感器类型	本发明属于雷达成像技术领域，具体的说是一种近场条件下的探地雷达三维相干成像方法，其特征是：包括如下过程：（1）向目标以发射频率f发送雷达波，将接目到的标收雷达回波信号与参考信号做差频处理，得到差频后的回波信号；（2）对差频后的回波信号插值后进行距离向压缩；（3）将成像区域划分成网格状，计算雷达在每一个方位向位置上对成像区域中的每一个网格点（像素点）的时延；（4）根据计算出的时延，对相应点的回波进行相位补偿；（5）对每个像素点进行相干叠加，叠加结果既为该像素点的值；（6）应用步骤（4）和（5）遍历整个成像区域，得到成像函数，完成图像的重建。它提供了一种对近场目标区域进行三维成像，以得到较好分辨率的近场条件下的探地雷达三维相干成像方法
一种相干的石油管道漏油区成像雷达系统 CN201110025146.8 2011-01-24	陕西延长石油（集团）有限责任公司；西安电子科技大学	有效	遥感器类型	本发明属于雷达成像技术领域，具体的说是一种相干的石油管道漏油区成像雷达系统，其特征是：它至少包括DDS线性调频信号产生电路、频率源、信号发射电路、信号接收电路和成像处理单元；它提供一种能利用回波的相位信息，雷达分辨率不会受到一定的限制的一种相干的石油管道漏油区成像雷达系统

分析其专利的实施状况，发现转让专利4件（表2-2-5），未发现有实施许可备案情况。4件转让专利均是发明专利，有1件专利处于申请阶段，3件专利已获得授权，其转让的单位西安中电科西电科大雷达技术协同创新研究院有限公司和西安航天天绘数据技术有限公司与合作申请的单位高度重合，证明其开展校企合作较少，合作对象有限，产学研合作不紧密，专利转化率低。

分析西安电子科技大学专利的被引用及有效情况（表2-2-6），可以看出，被引用次数在10次以上的专利共6件，出现在图像数据处理和遥感器类型两个该学校的优势技术领域，但遗憾的是所有专利均已失效。而被引用专利在5~10次的专利为8件，图像数据处理技术分支有6件，遥感器类型技术分支有1件，剩余的一席之地被GIS数据处理占据，同样失效占比较高，有6件专利失效，仅1件有效，另有1件在审查中。将被引次数限制在1~4次，发现专利共36件，有22件专利失效，失效情况随着引用次数的减少逐渐好转。

表2-2-5 西安电子科技大学专利转让情况

专利名称/申请号/申请日	法律效力	转让人	受让人	技术分支	摘要
基于对角子类判决分析的合成孔径雷达目标识别方法 CN200910020969.4 2009-01-19	有效	西安电子科技大学	西安中电科西电科大雷达技术协同创新研究院有限公司	图像数据处理	本发明提出一种对角子类判决分析的合成孔径雷达目标识别方法，主要解决现有的合成孔径雷达目标识别性能差的问题。该方法的过程是：对原始图像进行自适应的阈值分割、形态学滤波、几何聚类操作和图像增强的预处理；对预处理后的每类目标采用二维快速全局k均值聚类算法进行最优的子类划分；用对角子类判决分析或者对角子类判决分析和二维子类判决分析找到最优的投影矩阵；将预处理后的训练和测试图像向投影矩阵投影，得到它们的特征矩阵；计算测试目标与每个训练目标的特征矩阵之间的欧氏距离，并采用最近邻准则确定测试目标的类别属性。仿真实验表明，本发明抑制背景杂波效果好、目标图像质量高、特征维数低的优点，可用于遥感系统中
高速平台超高分辨率SAR数据预处理方法 CN201010107189.6 2010-02-05	有效	西安电子科技大学	西安中电科西电科大雷达技术协同创新研究院有限公司	遥感器类型	本发明提供了一种高速平台超高分辨率SAR数据的预处理方法，主要克服现有传统SAR成像技术对于高速平台超高分辨率SAR回波成像精度不高的问题，其实现过程是：首先判断SAR回波数据方位频谱是否混叠，对方位频谱混叠的SAR回波进行方位解模糊处理；接着对SAR回波数据进行"走停运动"假设判断，对不满足"走停运动"假设判断式的SAR回波数据进行相位补偿，将其转化为基于"走停运动"假设构建的SAR回波。本发明扩展了传统SAR成像技术的适用范围，经过本发明预处理，使高速平台超高分辨率SAR回波数据可以继续采用基于"走停运动"假设的传统SAR成像技术进行成像，可应用于星载、弹载以及超高音速无人机超高分辨率SAR成像处理
基于局部纹理特征的SAR变体目标识别方法 CN201010209322.9 2010-06-24	有效	西安电子科技大学	西安中电科西电科大雷达技术协同创新研究院有限公司	图像数据处理	本发明公开了一种基于局部纹理特征的SAR变体目标识别方法，主要解决现有的识别方法对SAR目标变体识别率低的问题。其实现过程是：（1）利用偏微分改善SAR目标各部分统计分布；（2）利用Otsu对偏微分变换后的SAR目标进行分割出目标部分；（3）旋转目标到90°，选择固定大小的滑窗，根据方位角不同选择不同方向行切割；（4）对切割后的SAR目标进行Gabor变换；（5）对Gabor变换后的每幅图像用LBP算子进行编码并建立直方图；（6）把测试样本与训练样本的每幅SAR图像用直方图交进行匹配，把匹配结果小的抛弃，只保留匹配结果好的部分；（7）用最近邻法判定识别结果。本发明可利用局部纹理特征提高SAR目标变体的识别率，用于对地面目标的识别

续表

专利名称/申请号/申请日	法律效力	转让人	受让人	技术分支	摘要
基于散射模型和非局部均值相结合的极化SAR相干斑抑制方法 CN201410442912.4 2014-09-02	审中	西安电子科技大学	西安航天天绘数据技术有限公司;西安电子科技大学	图像数据处理	本发明属于图像处理技术领域,特别是基于散射模型和非局部均值相结合的极化SAR相干斑抑制方法,通过对极化SAR图像数据进行基于散射模型的目标分解得到散射向量;建立散射特征空间;对极化SAR数据利用非局部方法,对搜索窗内的像素点组成相似像素集;利用散射特征向量在相似像素集内对相似点进行筛选;利用最终权重对像素点进行滤波,解决现有极化滤波方法不能很好地将极化SAR图像的结构信息和散射特性两者相结合进行相干斑抑制的问题,可以准确判断像素点间的散射相似性,将非局部均值同散射特性相似性两者相结合,使得极化SAR的相干斑抑制在结构信息和散射特性两方面都得到保持

表2-2-6 西安电子科技大学被引专利及有效性情况

一级技术分支	二级技术分支	被引证次数	专利有效性/件			
			审中	失效	有效	小计
地理信息系统GIS	应用场景	1~4		1		1
工程测量	测量仪器	无引用			1	1
数据处理	GIS数据处理	5~10			1	1
		无引用	5		3	8
	图像数据处理	>10		4		4
		5~10	1	5		6
		1~4	8	15	2	25
		无引用	296	14	194	505
遥感探测	接收装置	无引用	3	1	1	6
	遥感平台	无引用	1			1
	遥感器类型	>10		2		2
		5~10		1		1
		1~4	1	6	3	10
		无引用	78	11	70	157
遥感探测/数据处理	遥感器类型/图像数据处理	无引用	4	2	11	17
总计			397	62	286	745

图 2-2-14 反映了该学校国内被引专利申请失效的具体原因，可以看出，被引次数为 10 次以上或者 5~10 次的失效专利中，所有失效的专利失效原因均是视为撤回或者驳回，即使扩展到被引次数为 1~4 次，也仅有 1 项专利是因为未缴年费而失效，即除 1 项专利外，其余专利并未获得过正式授权，上述专利申请的新颖性和创造性并不被认可，因此上述被引次数较高的专利申请所述技术方案并不能被认为是有新创性的高价值技术方案，仅仅是一些公知技术，从这个角度看，西安电子科技大学专利的含金量不高。

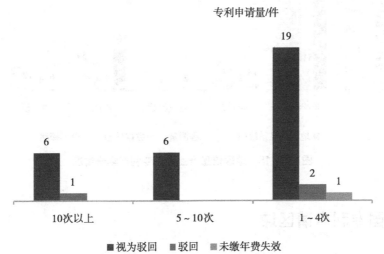

图 2-2-14 西安电子科技大学国内被引专利申请失效情况

2.4 中国专利产学研合作情况

在地理信息产业所有专利中，有 2 个以上申请人合作申请的专利共 1216 件，其中 2 个申请人合作申请共 899 件，3 个申请人合作申请共 248 件，4 个申请人合作申请共 59 件，5 个申请人合作申请共 12 件，另有 6 个申请人合作申请 6 件，7 个申请人合作申请 2 件，合作申请专利占总专利量的 8.29%。

图 2-2-15 反映了所有地理信息产业合作专利中的产学研合作情况，除图中可以看出，产学研合作的比例约占 25.66%，但同类型创新主体之间的合作仍然占据主流。在所有产学研合作中，企业和科研院所之间的合作较多，其次是企业和大专院校的合作，这都是将研究与市场结合，而学校和科研院所因为有研究性质的部分重合，合作较少，三方合作更少，仅 3 件专利。从合作的技术领域看，面向应用层的地理信息系统 GIS 技术分支的合作明显是最多的，其次是遥感探测技术分支，应当是得益于定位

导航在生活中的快速普及，作为传统技术分支的工程测量目前已经不是大专院校、科研院所的研究热点，而数据处理技术分支偏研究多一些，直接的应用较少，因此这两个技术分支与企业的合作就较少。

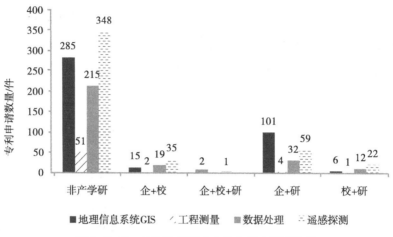

图 2-2-15 地理信息产业合作专利产学研情况

2.5 中国专利申请区域

图 2-2-16 为地理信息产业中国专利申请省市分布。从国内地区的申请看，北京作为我国首都和科研实力最发达的省市优势明显，其专利申请量超过第二名广东一倍之多，广东和江苏作为发达省份分列第二和第四位。陕西位列第三位，结合图 2-2-16 可知其原因，在共 1333 件专利中，有 745 件属于西安电子科技大学，占据一半多。而浙江省在全国位列第七位，申请量为 644 件，在江浙沪三省（市）中位列末席。

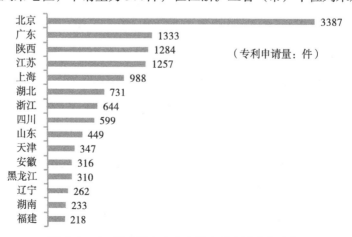

图 2-2-16 地理信息产业中国专利申请省市分布

　　图 2-2-17 为地理信息产业中国专利中国外申请人来源国。美、日、德作为传统的科技三大强国，在申请量上也位居前三，三者申请量共 660 件，占国外申请人申请总量的 68.5%，处于绝对优势地位。

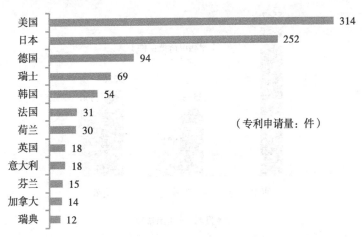

美国 314
日本 252
德国 94
瑞士 69
韩国 54
法国 31
荷兰 30
英国 18
意大利 18
芬兰 15
加拿大 14
瑞典 12

（专利申请量：件）

图 2-2-17　地理信息产业中国专利中国外申请人来源国

2.6　中国专利申请类型及法律状态

　　图 2-2-18 展示了中国专利申请的类型情况。

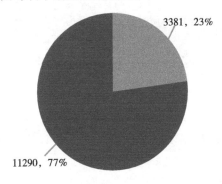

3381，23%

11290，77%

■ 发明　■ 实用新型

图 2-2-18　中国专利申请类型

　　如图 2-2-18 所示，中国专利申请中发明专利 11290 件，占总量的 77%，这与图 2-2-5 表明的数据处理技术分支占总专利量的 30% 和地理信息系统 GIS 占 15% 有较大的关联，前者方法专利居多，后者计算机信息系统类的专利居多，都难以申请实用新型。

从图2-2-18中可知，不论是发明还是实用新型专利申请，有效、审中的专利均远远多于失效专利，这与分析图2-2-1中表明地理信息产业在我国仍处于快速发展期的结论一致。

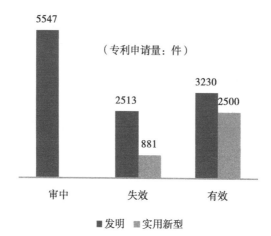

图2-2-19　中国专利法律状态

第3章　德清产业发展方向导航

3.1　研究方式

考虑到德清地理信息产业园内的企业大多为子公司、分公司、办事处，因此本次研究分析在德清地理信息产业园的园区内企业基础上，扩展到其母公司、关联公司，共选取121家企业的专利进行分析（详细企业名单见表2-3-1）。此外，根据前期数据采集的结果，表2-3-1中的企业国外专利申请量极少，因此本章仅分析中国专利。

表2-3-1　德清产业园相关企业名单

序号	公司名称	序号	公司名称
1	德清国遥信息技术有限公司	19	浙江德远地理信息科技有限公司
2	北京伟景行数字城市科技有限公司	20	成都恒云世纪网络技术有限公司
3	德清数联空间信息技术有限公司	21	浙江迪澳普地理信息技术有限公司
4	北京新兴科遥信息技术有限公司	22	方正国际软件（北京）有限公司
5	杭州经纬信息技术有限公司	23	浙江房联信息科技有限公司
6	北京亿阳信通科技有限公司	24	广东威创视讯科技股份有限公司
7	杭州数梦工场科技有限公司	25	浙江国遥地理信息技术有限公司
8	北京亿阳信通软件研究院有限公司	26	广州绘宇智能勘测科技有限公司
9	杭州网新云视科技有限公司	27	浙江海源地理信息技术有限公司
10	北京易伟航科技有限公司	28	广州绘宇智能勘测科技有限公司湖州分公司
11	杭州中导电子技术有限公司	29	浙江瀚德地理信息技术有限公司
12	北京中科云视科技有限公司	30	广州南方测绘仪器有限公司
13	杭州中导科技开发有限公司	31	浙江航天泰坦空间信息产业有限责任公司
14	北京中遥地网信息技术有限公司	32	广州南方卫星导航仪器有限公司
15	浙大正呈科技有限公司	33	浙江合信地理信息技术有限公司
16	北京中遥云图信息技术有限公司	34	广州市雄云视听设备有限公司
17	浙江德扬航空科技有限公司	35	浙江辉达地理信息科技有限公司
18	成都北斗星锐科技有限公司	36	广州市中海达测绘仪器有限公司

序号	公司名称	序号	公司名称
37	浙江辉宏地理信息有限公司	68	山东正元地理信息工程有限责任公司
38	广州云视电子有限公司	69	浙江优图地理信息科技有限公司
39	浙江慧凡地理信息技术有限公司	70	山东正元地质资源勘查有限责任公司
40	广州中海达定位技术有限公司	71	浙江跃图地理信息技术有限公司
41	浙江慧鹏地理信息技术有限公司	72	山东正元地质资源勘查有限责任公司烟台分公司
42	广州中海达卫星导航股份有限公司	73	浙江云景信息科技有限公司
43	浙江科特地理信息技术有限公司	74	山东正元建设工程有限责任公司
44	广州中海达卫星导航技术股份有限公司	75	浙江臻善科技有限公司
45	浙江绿云星途信息科技有限公司	76	山西迪奥普科技有限公司
46	航天恒星科技有限公司	77	浙江臻远信息科技有限公司
47	浙江南方测绘科技有限公司	78	上海苍穹环保技术有限公司
48	河南四维远见信息技术有限公司	79	浙江正元地理信息有限责任公司
49	浙江诺达地理信息科技有限公司	80	上海数联空间科技有限公司
50	黑龙江邦维测绘服务有限公司	81	浙江中测新图地理信息技术有限公司
51	浙江省国土勘测规划有限公司	82	上海思决行信息科技有限公司
52	济南百士岩土工程有限公司	83	浙江中导北斗导航科技有限公司
53	浙江视慧地理信息技术有限公司	84	上海欣泰通信技术有限公司
54	江苏国遥信息科技有限公司	85	浙江中谷地理信息科技有限公司
55	浙江思决行信息科技有限公司	86	上海云视科技有限公司
56	江苏易图地理信息工程有限公司	87	浙江中海达空间信息技术有限公司
57	浙江四维远见信息技术有限公司	88	四川天下图腾网络有限公司
58	江苏中海达海洋信息技术有限公司	89	浙江中遥地理信息技术有限公司
59	浙江天下图地理信息技术有限公司	90	苏州工业园区云视信息技术有限公司
60	雷科通技术（杭州）有限公司	91	浙江卓图地理信息技术有限公司
61	浙江新视觉地理信息科技有限公司	92	天栢宽带网络科技（上海）有限公司
62	灵云视效（天津）数字科技发展有限公司	93	诸暨市艺佳勘测设计有限公司
63	浙江亿阳地理信息科技有限公司	94	天地数码网络有限公司
64	南方测绘仪器集团公司	95	温州乐享科技信息有限公司
65	浙江艺佳地理信息技术有限公司	96	万维云视（上海）数码科技有限公司
66	青岛数联空间海洋科技股份有限公司	97	包头市绘宇测绘服务有限责任公司
67	浙江易伟航信息技术有限公司	98	伟景行科技股份有限公司

续表

序号	公司名称	序号	公司名称
99	北京苍穹数码测绘有限公司	111	北京灵图软件技术有限公司
100	无锡亿普得科技有限公司	112	亿阳安全技术有限公司
101	北京超图软件股份有限公司	113	北京山海经纬信息技术有限公司
102	武大吉奥信息技术有限公司	114	亿阳信通股份有限公司
103	北京地拓科技发展有限公司	115	北京数联空间科技股份有限公司
104	武汉苍穹电子仪器有限公司	116	正元地理信息有限责任公司
105	北京国遥新天地信息技术有限公司	117	北京四维图新科技股份有限公司
106	武汉苍穹数码仪器有限公司	118	中测新图（北京）遥感技术有限责任公司
107	北京航天泰坦科技股份有限公司	119	北京四维远见信息技术有限公司
108	武汉飞燕航空遥感技术有限公司	120	中测新图（北京）遥感技术有限责任公司
109	北京经纬信息技术公司	121	北京天下图数据技术有限公司
110	武汉中地数码科技有限公司		

3.2 德清园区专利申请趋势

浙江省地理信息产业园园区内相关企业至今共申请了359件专利，从图2-3-1看，专利申请趋势大致分为两个阶段。

（1）阶段1（园区未建设之前）：此阶段专利数量较少，2004—2006年每年仅1件，而伴随产业的发展，我国地理信息的企业开始增多，遥感市场方面，根据国家遥感中心《中国遥感机构概览》，2006年我国有专业遥感机构（企业和事业单位）共200多家，因此，2007—2010年我国专利企业业内相关专利的数量开始增多，在10~20件左右徘徊。

（2）阶段2（园区建设开始之后）：2011年，浙江省测绘与地理信息局与德清县人民政府协议共建浙江省地理信息产业园。2012年，中国—联合国地理信息国际论坛永久会址落户产业园，进一步扩大了园区的影响力。2013年，产业园被认定为省高技术产业基地。2014年9月，德清县对照《全省特色小镇（街区）申报工作基本要求》，全面启动建设总规划面积3.6平方千米的地理信息小镇。一系列的政策扶持，使得企业的专利申请量快速增长，到2015年已有百件专利申请（由于发明专利公开的滞后性，因此实际专利申请量要多于图2-3-1所示的97件），技术能力明显提升。

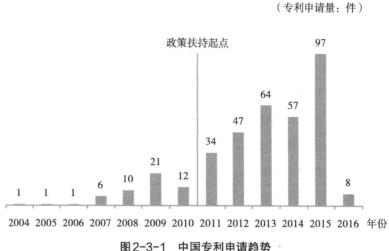

（专利申请量：件）

图2-3-1 中国专利申请趋势

3.3 德清园区中国专利产业技术构成

图2-3-2显示了园区内企业中国专利产业技术构成及申请趋势，其主要技术领域集中在了遥感探测和数据处理，另外一些技术分支只有零星专利，从申请趋势看，两个主要技术分支的申请趋势大致一致，且申请量开始明显增多始于2011年，即在园区开始之后，一系列的扶持政策，使得二者的专利申请量连年增长，显示了园区的影响力。

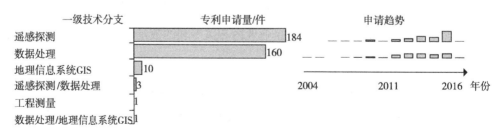

图2-3-2 德清园区中国专利产业技术构成及申请趋势

图2-3-3显示了遥感探测和数据处理技术分支的下一级分支构成情况，可以看出，遥感探测的三个重要技术分支发展较为均衡，专利申请量占比较为均匀，而数据

处理技术分支中GIS数据处理专利申请量较多，其专利申请量甚至超过了遥感探测各二级分支，排名各二级技术分支第一，反映出园区企业的技术重点。

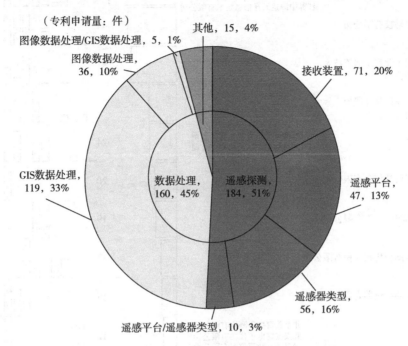

图2-3-3 中国专利主要一级技术分支二级技术构成

3.4 德清园区中国专利主要申请人

图2-3-4显示了园区企业排名前十的申请人的专利申请情况，在计算专利申请量和申请趋势时，对相关专利权人进行了合并，如排名第一的中海达即包括了广州市中海达测绘仪器有限公司等四家企业，从图中可见，排名前列的企业多数以母公司或关联公司的名义申请专利，而以德清企业名义申请专利的，在前十的企业中没有出现，整个浙江地区也仅温州一家企业，这与德清地理产业园引入的企业多是国内行业的领先企业的分公司或子公司有关，这些企业的研究机构并未设立在德清产业园内。从申请趋势看，多数企业专利申请量的快速增长在2011年后，再次佐证了地理信息产业园的建设对产业技术发展具有巨大的推动作用。

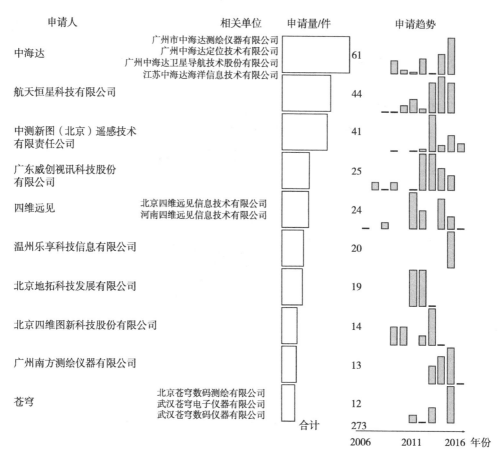

图2-3-4　中国专利申请量排名前10申请人专利申请情况

从表2-3-2可知，申请人的技术领域较为集中，集中在遥感探测和数据处理领域，技术分支的交叉也发生在两个领域之间。大多数的申请人技术方向单一，只有中测新图（北京）遥感技术有限责任公司和航天恒星科技有限公司在数据处理和遥感探测技术分支有较为均衡的布局，其余申请人则集中力量在两个技术分支的一个分支，表明相关企业的技术发展方向较为单一。

表2-3-2　中国专利申请量排名前10申请人技术构成

(申请量:件)

申请人	地理信息系统GIS	数据处理	遥感探测	遥感探测/数据处理	小计
中海达		4	57		61
航天恒星科技有限公司	1	21	20	2	44
中测新图(北京)遥感技术有限责任公司		14	26	1	41
广东威创视讯科技股份有限公司	2	22	1		25

续表

申请人	地理信息系统GIS	数据处理	遥感探测	遥感探测/数据处理	小计
四维远见		3	21		24
温州乐享科技信息有限公司			20		20
北京地拓科技发展有限公司		19			19
北京四维图新科技股份有限公司		14			14
广州南方测绘仪器有限公司			13		13
苍穹			12		12
合计	3	97	170	3	273

从表2-3-3可知，申请量排名前十的企业中，除温州乐享信息科技有限公司外，其余企业均有发明专利，这反映了温州乐享信息科技有限公司的专利含金量有待进一步提高。从法律状态看，各企业专利失效量都较低，从侧面反映出各企业良好的专利保护意识。中海达、航天恒星科技有限公司、中测新图、广州威创视讯科技股份有限公司、北京四维创新科技股份有限公司的专利"审中"占比较高，侧面反映出企业技术研发的活跃度较高。

表2-3-3 中国专利申请量排名前十企业专利类型和法律状态类型

申请人	专利类型			法律状态			
	发明	实用型	总计	审中	失效	有效	总计
中海达	30	31	61	24	4	33	61
航天恒星科技有限公司	43	1	44	25	2	17	44
中测新图（北京）遥感技术有限公司	39	2	41	23	2	16	41
广东威创视讯科技股份有限公司	25	0	25	12	2	11	25
四维远见	12	12	24	5	10	9	24
温州乐享科技信息有限公司	0	20	20	0	0		
北京地拓科技发展有限公司	19	0	19	0	4	15	19
北京四维图新科技股份有限公司	14	0	14	7	3	4	14
广州南方测绘仪器有限公司	2	11	13	2	2	9	12
苍穹	6	6	12	3	3	6	12

3.5 德清园区合作专利情况

德清园区合作专利共55件，占专利总量的15.35%，其中3个单位合作共6件，2

个单位合作共49件。

图2-3-5是德清园区合作专利的情况，从图中可以看出科研院所与企业的合作，以及学校与企业的合作占据主流，此外企业与企业的合作也不少，占据了20%以上的专利申请量，这些企业之间大多是母公司与子公司之间的关系，或者是关联单位。从技术领域看，遥感探测与数据处理技术领域由于专利申请量较多，因此合作专利申请也较多。

图2-3-6是合作专利排名前列的申请人情况，其中包含企业5家、科研院所3家、学校2家，且从专利数量看，企业的合作专利居多，表明大专院校和科研院所技术成果的转化利用有待提升，上述企业中北京四维远见信息技术有限公司、广州南方测绘仪器有限公司、航天恒星科技有限公司的专利申请总量在上一个小计中已经提及，专利申请量也位居前列。

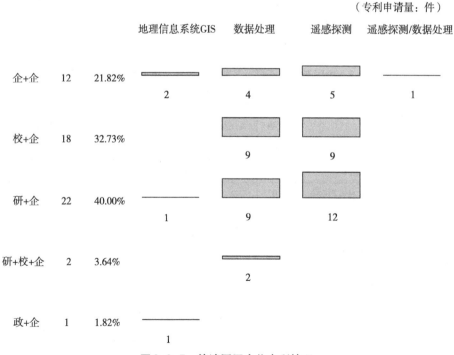

图2-3-5　德清园区合作专利情况

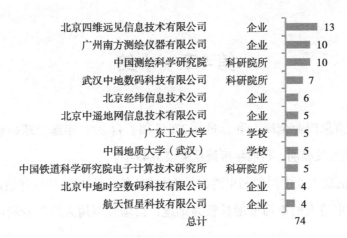

图2-3-6 德清园区排名前列的合作单位情况

第4章　小结

（1）地理信息产业全球专利总量共37641项，自2007年起全球每年申请量突破300项，进入快速发展期，目前年申请量突破3849项。

（2）地理信息产业中国专利申请数量为14671件，从2000年后开始进入快速发展期，其中中国申请人的申请量增长较为迅速，而国外申请人的年专利申请量不超过100件。

（3）从各技术分支看，全球专利和中国专利遥感探测和数据处理技术分支专利申请量均较多，全球专利遥感探测和数据处理技术分支合计专利申请量达到全球总专利申请量的77%。从活跃度看，遥感探测、数据处理和地理信息系统技术分支的专利申请近年来均较为活跃，而工程测量技术分支年专利申请量未出现明显增长。

（4）全球排名前十的主要申请人中，中国申请人有4位，专利申请量从多到少依次为西安电子科技大学、武汉大学、国家电网公司、北京航空航天大学。中国专利申请人学校和科研院所专利申请量占优，而国外专利申请人多为企业。

（5）全球排名前十的主要申请人专利申请技术领域集中于遥感探测和数据处理技术分支，但中国国家电网公司是例外，其主要专利申请集中于地理信息系统技术分支。

（6）中国专利申请中，排名前五的国外申请人专利申请主要集中于工程测量技术分支，且排名前五的国外申请人发明占比达到100%。

（7）中国专利申请中，国内申请人中西安电子科技大学、武汉大学和中国科学院电子研究所的专利状况较为理想，进入实质审查阶段的专利在专利总量中占据较大优势，侧面反映出创新活跃度较高，同时授权专利在专利总量中占据较大优势，权利终止的专利占据少数，侧面反映对自主专利进行了较好的知识产权管理。国外申请人中，大体专利维持状况较好，权利终止的专利较少，但专利量较少，反映出国外申请人还未全面在中国相关领域开展专利布局。

（8）中国专利申请量排名第一的西安电子科技大学2007年以来中国专利申请量持续增长，专利申请集中于图像数据处理和遥感器类型技术分支。其合作专利占总专利申请量的0.67%，其自主专利中仅5件有转让，反映产学研结合不紧密，成果转化有待加强。其被引用频次在10次以上的专利共6件，被引用频次在5~10次（不含10次）的专利共8件，但上述专利仅1件有效、1件在审查中，其余均为失效专利，且失效原因均为撤回或者驳回。

（9）中国专利申请中，合作专利占总专利申请量的8.29%。其中，企业和研究院所的合作最为频繁；在技术领域方面，面向于应用层面的地理信息系统技术分支合作专利数量最多。

（10）从中国专利的申请人地域看，北京地区的专利申请量最多，浙江省专利申请量为644件，全国排名第七，落后于同处于长三角的江苏省和上海市。

（11）中国专利申请中，发明与实用新型专利的占比大约为3:1，失效专利约占总专利申请量的四分之一。

（12）德清园区相关企业专利申请共359件，在2011年正式开始园区建设后，各企业的专利申请量有显著增长。

（13）德清园区相关企业专利申请集中于遥感探测和数据处理技术分支，其余技术分支专利申请量不超过10件。遥感探测技术分支中，接收装置、遥感平台、遥感器类型技术分支专利申请量相当，而数据处理技术分支中，GIS数据处理技术分支专利申请量占据多数。

（14）德清园区相关企业专利申请量排名前列的申请人多为园区企业的母公司或关联公司（同一集团下的兄弟公司），申请量排名前十的申请人中仅温州乐享科技有限公司（专利申请量为20件）是浙江省内企业。

（15）在中国专利申请量排名前十的德清园区相关企业中，各企业专利失效量都较低。中海达、航天恒星科技有限公司、中测新图、广州威创视讯科技股份有限公司、北京四维创新科技股份有限公司的专利审中占比较高，侧面反映出企业技术研发的活跃度较高。

（16）德清园区相关企业合作专利申请共55件，占专利总量的15.35%。排名前列的合作申请人中，有企业5家、科研院所3家、学校2家，北京四维远见信息技术有限公司、广州南方测绘仪器有限公司、航天恒星科技有限公司合作专利申请量和企业专利申请量均位居前列。

第三部分　遥感探测

第1章　研究概况

1.1　遥感技术背景

"遥感"（Remote Sensing）一词最早是由美国海军研究局的 Evelyn L Pruitt 于 1960 年提出。遥感是指在高空或者地球外层空间的各种平台上，在不接触物体的情况下，通过各种传感器来获取地表目标信息，通过地物图像的识别与分类等技术，来探测地表目标的空间位置、形状和性质，以实现对地表目标的特征及其环境相互关系进行分析和研究的一门学科。遥感技术不仅成本低、速度快、历史积累资料丰富，而且其所具有的光谱分辨率（多极化模式）、空间分辨率和时间分辨率为人们提供了丰富的地物属性信息、不同尺度的地物空间和地物动态变化信息，这是其他手段所不能及的。

随着传感器技术的发展，目前遥感技术正在逐渐形成高、中、低多层次轨道，粗、精、细多种分辨率，由可见光到微波的多个波段组成的、准实时的立体交叉对地观测系统，所获数据已广泛地应用在国土资源、海洋、水文、农业、林业、城市、交通、地矿、油气、侧绘制图、环境、减灾等领域。目前遥感呈现以下发展趋势。

（1）多平台多传感器航空航天遥感数据以及地面遥感数据获取技术趋向"三高"——高空间分辨率、高时相分辨率和高光谱分辨率。从空间分辨率来讲，1997年美国高分辨率卫星 Earlybird 发射失败后，多颗商业高空间分辨率卫星相继发射成功，可对地面信息作出更为精细的检索，广泛用于植物、生态、农业、林业、大气，水文、冰雪、海洋、自然资源、环境等学科领域。

（2）遥感技术与多种高新技术（GIS、GPS 等）进一步结合。遥感与 GIS 的结合。为地球科学提供了全新的研究手段，导致了地球科学的研究范围、内容和方法的重大转变，标志着地学信息获取和分析处理方法的一场革命（徐冠华，1995），构成了地球信息科学的核心（陈述彭等，1996）。目前遥感技术在构建"数字地球"和"数字城市"中正在发挥愈来愈大的作用，并且在"3S"（RS、GIS 和 GPS）技术的集成方面更趋于完善。

（3）全定量化遥感方法将走向实用。从遥感科学的本质讲，通过对地球表层（包括岩石圈、水圈、大气圈和生物圈四大圈层）的遥感，其目的是获得有关地物目标的几何与物理特性，所以需要有全定量化遥感方法进行反演。在确定成像目标的实地位置方面，国外已成功利用 DGPS 差分 GPS 和 INS 惯性导航系统的组合，实现定点遥感成像和无地面控制的离精度对地直接定位。而我国卫星遥感对地观测依赖地面控制，缺少精确的、无地面控制的星地直接定位手段，难以获得我国疆土以外地区及海洋的精确定位观测数据。在卫星影像处理解译方面，随着图像处理技术、多源数据融合技术、模式识别技术的完善，遥感图像的解译和制图日趋自动化、智能化和定量化。几何方程是有显式表示的数学方程，而物理方程一直是隐式的。但随着对成像机理、地物波谱反射特征、大气模型、气溶胶研究的深入和数据的积累，以及多角度、多传感器、高光谱及雷达卫星遥感技术的成熟，相信在未来，全定里化遥感方法将逐步走向实用，遥感基础理论研究将迈步走上新的台阶。

1.2　技术分解

根据遥感探测的特性，对于遥感技术的研究，主要从遥感平台、遥感器和接收装置三个方向进行见表 3-1-1。

表3-1-1 地理信息产业技术分解表

一级 技术分支	二级 技术分支	三级 技术分支	四级 技术分支	五级 技术分支
遥感探测	平台	航天遥感 （航天器）	人造卫星（高中低轨道）	
			航天飞机	
			宇宙飞船	
			空间实验室	
		航空遥感 （航空器）	飞机	
			无人机	
			气球	
			飞艇	
			无线探空仪	
		地面遥感 （地面平台）	车载	
			船载	
			高架平台	
	遥感器	摄影成像型	航摄仪	
			太空摄像机	反（返）束光导管摄像机
			多光谱摄影机	
			全景式摄影机	
		扫描成像型	光机扫描	多光谱扫描仪
				专题制图仪
				红外扫描仪
			推帚式扫描	CCD固体扫描仪
				高分辨率几何/立体成像仪
				高分辨率可见光红外传感器
			成像光谱扫描	高光谱成像仪
		雷达成像型	侧视雷达	合成孔径雷达
				真实孔径雷达
				相干雷达
			全景雷达	
			激光成像雷达	
		非图像型	微波辐射计	
			微波散射计	
			激光高度计	
			测深仪	

续表

一级 技术分支	二级 技术分支	三级 技术分支	四级 技术分支	五级 技术分支
遥感探测	接收装置	卫星接收机	天线	
			芯片	

1.2.1 遥感平台

遥感平台是用于安置各种遥感仪器，使其从一定高度或距离对地面目标进行探测，并为其提供技术保障和工作条件的运载工具，如图3-1-1所示。根据遥感平台距离地面的高度，遥感平台包括地面遥感平台、航空遥感平台、航天遥感平台；不同的遥感平台在观察范围、负荷重量、运行特征等方面均存在差异，并且获得不同比例尺、不同分辨率的遥感资料和图像。

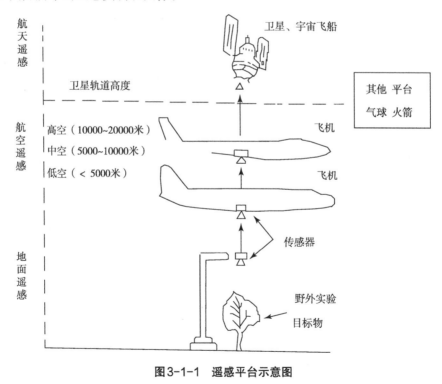

图3-1-1　遥感平台示意图

（1）地面遥感平台——与地面或水面接触的遥感器平台，属于近距离遥感，高度范围为0~100米，主要用于地物波谱测量、摄取实验地物细节的影像，并可以为航空航天遥感服务。主要包括以下几种类型：

三脚架：高度0.75~2米，对各种地物的波谱特性进行地面摄影；

遥感塔：高度6~10米或更高；用于测定固定目标和进行动态监测；

遥感车、船：高度可变化，测定地物波谱特性，可携带多种传感器，并可携带数据处理设备，遥感船还可实现海底监测。

（2）航空遥感平台——飞行高度处于大气层内的遥感平台，高度范围<30千米，具有飞行高度低、影像分辨率高，灵活、不受地面条件限制，调查周期短、资料回收方便等特点。主要包括以下几种类型：

飞机：包括在2000米以内的对流层中飞行的一般飞机、侦察机、直升机，在高度为2000~6000米范围内飞行的轻型飞机以及在高度为12000~30000米的对流层顶部飞行的重型飞机、轻型高空飞机、无线电遥控飞机等。

无人机：利用无人驾驶飞行器、遥感传感器、遥测遥控技术、通信技术、GPS差分定位技术等进行遥感的平台，具有机动、快速、经济的特点。无人机又包括固定翼型无人机，即通过动力系统和机翼实现起降和飞行，需要空旷的场地进行起降，主要用于矿山资源监测、林业草场监测、海洋环境监测、污染源及扩散态势监测、土地利用监测及水利、电力监测、摄影测量等；还包括无人驾驶直升机，利用定点起飞和降落，对起降场地的条件要求不高，主要用于单体滑坡勘查、火山环境监测、摄影测量等。

气球、飞艇：属于近地面遥感平台，收集地面遥感信息，局部大气、云雨状况等，包括高度<12千米的对流层内的低空气球或飞艇，可以在空中固定位置上人工控制进行遥感；以及高度在12~40千米的高空气球，填补了高空飞机飞不到、低轨卫星降不到的空中平台空白。

（3）航天遥感平台——飞行高度大于150千米，具有平台高、视野开阔、观测范围大、效率高的特点，可以实现宏观、综合、动态、快速观测。主要包括以下几种类型：

人造卫星：高度范围为150~36000千米，这是目前最主要、最常用的航天遥感平台，发射升空后可以在空间轨道上自动运行数年，不需要供给燃料和其他物资，主要包括导航卫星和遥感卫星；目前世界四大卫星导航系统是美国的全球定位系统（GPS）、俄罗斯的全球导航卫星系统（GLONASS）、欧洲航天局的伽利略卫星定位系统和中国的北斗导航卫星定位系统。

宇宙飞船：高度范围为200~250千米，负载容量大，可以携带多种仪器。

航天飞机：高度范围为240~350千米，可携带遥感器，进行遥感监测，主要用于空间实验，不定期地球观测。

空间实验室：属于大型载人宇宙飞行器，主要应用于天文观测、空间科学研究、对地观测等。

1.2.2 遥感器

遥感器是用来远距离检测地物和环境所辐射或反射的电磁波的仪器，主要包括收集器，用于收集地物辐射来的能量，具体的元件如透镜组、反射镜组、天线等；探测器，将收集的辐射能转变成化学能或电能，具体的元器件如感光胶片、光电管、光敏和热敏探测元件、共振腔谐振器等；处理器，对收集的信号进行处理，如显影、定影、信号放大、变换、校正和编码等，具体的处理器类型有摄影处理装置和电子处理装置；输出器；输出获取数据，输出器类型有扫描晒像仪、阴极射线管、电视显像管、磁带记录仪、XY彩色喷笔记录仪等，如图3-1-2所示。

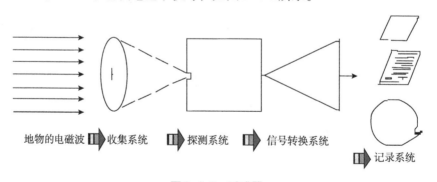

地物的电磁波 ▶ 收集系统　　▶ 探测系统　　▶ 信号转换系统　　▶ 记录系统

图3-1-2　遥感器

遥感器是获取遥感数据的关键设备，由于设计和获取数据的特点不同，遥感器的种类繁多。就其基本结构原理来看，目前遥感探测中使用的遥感器大体上可分为如下类型。

（1）摄影类型的遥感器：指经过透镜（组），按几何光学的原理聚焦构像，用感光材料，通过光化学反应直接感测和记录目标物反射的可见光和摄影红外波段电磁辐射能，在胶片或相纸上形成目标物固化影像的遥感器。具有空间分辨率高、成本低、易操作、信息量大的优点，但同时具有很大的局限性，如影像畸变较严重、成像受气候光照和大气效应的限制、需要回收胶片、影像形成周期长无法实时观测等。摄影类型的遥感器包括航摄仪、太空摄像机、多光谱摄影机、全景式摄影机。

（2）扫描成像类型的遥感器：该类型遥感器可对全部五个大气窗口的电磁辐射进行探测，可进行多波段、超多波段遥感—波谱分辨率高输出电信号，可用磁带记录，可实时传输所获的辐射量的定量数据，便于校正和图像处理，但是其空间分辨率相对较低。扫描成像类型的遥感器包括光机扫描类型遥感器、推帚式扫描类型遥感器、成像光谱扫描类型遥感器；而光机扫描遥感器和推帚式扫描遥感器是最主要的两种扫描成像类型的遥感器，光机扫描遥感器又包括多光谱扫描仪、专题制图仪、红外扫描仪；推帚式扫描遥感器又包括CCD固体扫描仪、高分辨率几何/立体成像仪、高分辨率可见光红外传感器。

（3）雷达成像类型的遥感器：主要指工作在微波波段（0.8～100厘米）、有源主动、天线侧向扫描、能产生高分辨率影像的雷达成像遥感器。雷达成像类型的遥感器包括侧视雷达、全景雷达、激光成像雷达；而侧视雷达又进一步包括合成孔径雷达、真实孔径雷达、相干雷达。

（4）非图像类型的传感器：该类型的遥感器获取的数据类型为非图像，主要包括微波辐射计、微波散射计、激光高度计、测深仪等。

第2章 遥感探测技术全球专利概况

采用 Derwent Innovations Index 专利数据库对遥感探测技术领域内的全球专利进行检索，经筛选后共包括21846项相关专利，涵盖了1899年以来的遥感探测技术领域内的相关全球专利。

本节对遥感探测技术领域内的全球专利进行总体上的统计分析。

2.1 申请态势

图3-2-1所示为1899—2015年时间段遥感探测技术全球专利的历年专利申请量变化情况。从图中可以看出，全球专利的申请趋势明显分为萌芽期、缓慢发展期和快速发展期三个阶段（2015年的申请量下降与专利申请延迟公开以及数据库录入的滞后性有关）。1899—1969年之间为遥感探测技术全球专利的萌芽期，这一阶段的遥感探测技术从无到有，专利年申请量几乎没有增长，且始终处于较低水平；1970—2007年间为缓慢发展阶段，随着各国对遥感探测技术的重视以及相关鼓励政策的刺激，技术专利申请人不断加大研发投入，使得专利申请量呈现稳步增长趋势，年申请量从100项逐步攀升至600余项；2008年之后，相关专利的申请量出现快速增长势头（这与中国在2008—2014年这段时间内加入遥感探测技术研发热潮，专利申请量增长迅速有关），2009年专利申请量突破1000项。

图3-2-2所示为1899—2015年时间段遥感探测技术三大技术分支：遥感平台、遥感器类型与接收装置的全球专利历年专利申请量变化情况。从图中可以看出，接收装置技术领域的专利布局起步较晚，最早的专利申请萌芽出现在1995年，随后十年处于逐渐萌芽、缓慢起步发展的阶段，直至2008年，专利申请量才出现大踏步地增长；遥感平台技术领域的专利发展长期呈现稳定、缓慢的增长态势，从1899年至今，申请量保持平稳增长，自2014以后才开始进入高速增长期，专利申请量大踏步跃进；遥感器类型技术领域的专利申请相较于遥感平台的专利申请则更早地迈入快速增长期，19世纪七八十年代的专利申请量逐年攀升，快速、稳步增长。

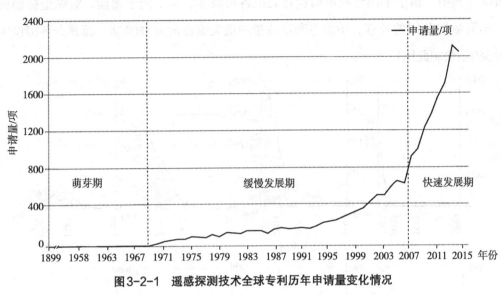

图3-2-1　遥感探测技术全球专利历年申请量变化情况

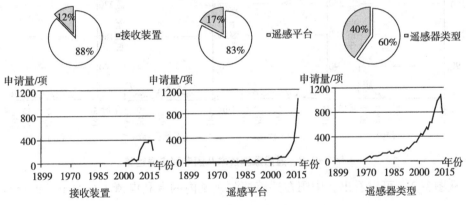

图3-2-2　遥感探测技术三大技术分支全球专利历年申请量变化情况

2.2　八国专利申请趋势

图3-2-3为在遥感探测技术领域内全球专利申请量排名前列的8个主要申请国中国、美国、日本、韩国、法国、德国、俄罗斯与英国在1899—2015年的各年度专利申请情况，各主要申请国的专利申请量依次递减，分别为：中国6733项、美国5567项、日本3231项、德国1329项、俄罗斯1179项、韩国962项、法国788项、英国494项，除上述主要申请国外，其他国家或区域的专利申请数量较少，基

本少于400项。在八大申请国的专利申请趋势图中，面积趋势表示各年专利申请量情况（其中，由于中国专利申请量超其他各国较多，为了便于阅读，对纵坐标轴做了不同数据范围的处理，中国专利申请量的最大值设定为1800项，而其余各国设定为360项绘制此图）。

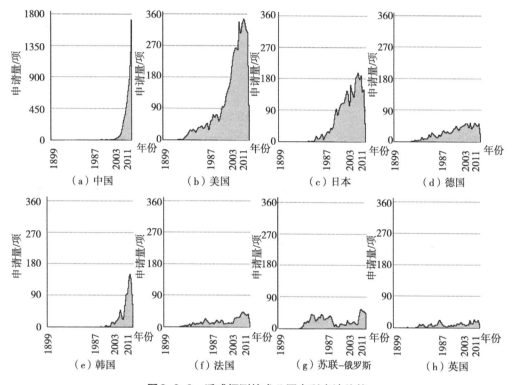

图3-2-3 遥感探测技术八国专利申请趋势

从图3-2-4可以看出，中国在遥感探测领域内的专利申请十分突出，但起步晚、增长快，2002年、2007年的申请量均较上年度成倍增长，随后一路高歌，2007年专利申请量突破100项，2014年专利申请量突破1000项。相较中国的专利申请趋势，专利申请量排名第二位的美国的申请趋势则完全不同，美国自1971年起，开始进入稳步增长期，虽然每年增幅较小，但一直持续稳定增长。专利申请量排名第三位的日本的申请趋势与上述两国不同，日本从1971年开始有本领域的专利申请布局，此后呈现不断波动的申请趋势，在长达15年的时间里，专利申请跌宕起伏，从1987年起步入本领域专利申请的缓慢稳定增长期，于1998年专利申请量突破100项。德国在遥感探测领域的专利申请布局早于日本，且一直呈现延续性缓慢增长态势，但增幅一直很小，年均申请量长期保持在40余项。在本领域的韩国专利申请同中国一样，起步较晚，1992年才有最早的专利申请布局，在随后增速显著，在2012年专利申请量突破100项。

　　综合上述，各国的专利申请趋势结果，中国和韩国在遥感探测领域的专利申请时间较晚，但是在2002年以后专利申请量增长显著，特别是中国近年来的专利申请量增幅很大，这一方面得益于两国在遥感探测领域内技术、设备等研究水平的提升；另一方面和两国地理信息产业发展越来越好、地理信息图像技术在国民经济各领域内的应用越来越广泛不无关系。德国、英国、法国、俄罗斯在较早均对遥感探测领域的专利申请开始布局，虽然每年专利申请一直稳步提升，但增幅均较小，直至今日年均专利申请量均未超过50项，长期保持在相对稳定水平，这说明遥感探测技术在以上四国已经处于技术成熟期，未出现改变格局的新技术促进本领域技术专利申请的大面积井喷式跃进。美国和日本均属于起步相对较早、专利申请增幅相对较快的国家，双双于1998年突破100项大关，随后美国专利申请一路高歌猛进、持续快速增长；而日本于2004年出现拐点，专利申请出现小幅下滑，随后呈现震荡攀升的态势。

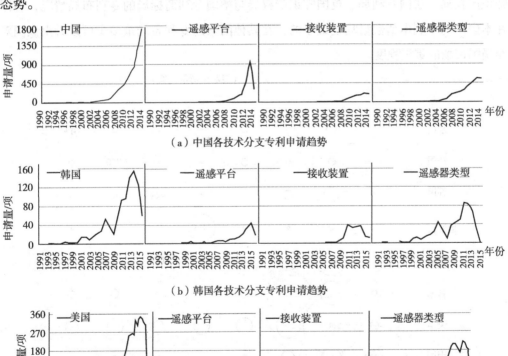

（a）中国各技术分支专利申请趋势

（b）韩国各技术分支专利申请趋势

（c）美国各技术分支专利申请趋势

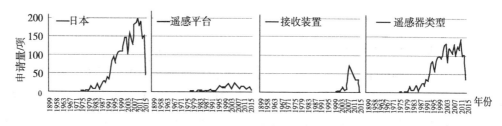

（d）日本各技术分支专利申请趋势

图3-2-4　中国、韩国、美国、日本各技术分支专利申请趋势

2.3　全球专利布局

图3-2-5为专利申请量排名前列的8个国家的专利布局情况，具体为专利申请来源国中国、美国、日本、德国、俄罗斯、韩国、法国、英国在中国国家知识产权局、美国专利商标局、日本特许厅、德国专利商标局、俄罗斯知识产权专利商标局、韩国知识产权局、法国专利局、英国知识产权局与德国专利商标局的专利布局情况，各国在本国内的专利申请数量均是最多的，在其他国家的专利布局量多少可以看出该国对布局国市场的重视程度。

（专利申请量：项）

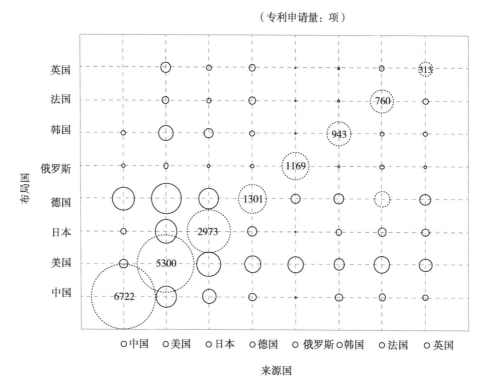

图3-2-5　全球专利布局情况

从图中可以看出，来源国中国的绝大部分专利只在本国国内布局，很少一部分布局到了美国和日本，在英国和法国并无专利布局，说明我国遥感探测领域技术基本还处于只在国内保护阶段。来源国美国的专利布局除了本国国内，还布局了数量可观的专利到日本、德国和俄罗斯，可见美国对上述三地市场的重视程度。同样的，来源国日本除了本国布局外，在美国、德国也有较多数量的专利布局，在中国有少量的专利布局。来源国德国除了本国布局外，在美国、日本也有相当数量的专利布局。美国、日本与德国之间的相互专利布局，说明在遥感探测领域的主要市场在于这三个国家，他们之间存在一定的竞争关系。美国和日本不仅专利申请时间早，申请量排名前列，而且各国在全球的专利布局也主要集中在这两个国家，美国和日本在相关技术领域内的技术研发和产业市场发展良好。而中国的申请专利除了在本国布局外仅在德国少有布局，其他国家在中国的专利布局数量十分少，说明目前为止中国在相关技术领域内的发展还是以国内发展为主，所以，我国要抓住其他国家申请人对我们的忽视，抓紧时间做好专利技术布局，筑好专利壁垒。

2.4 全球专利申请人

图3-2-6是全球专利申请排名前8的申请人及其主要控股子公司的排名情况图，主要申请人依次为三菱电机、雷神公司、佳能公司、霍尼韦尔、泰雷兹公司、欧洲宇航防务集团、高通公司以及波音公司。其中三菱电机的专利申请量最多约有310项专利申请布局，雷神公司与佳能公司分居第二、第三位，申请量分别为228项以及220项。

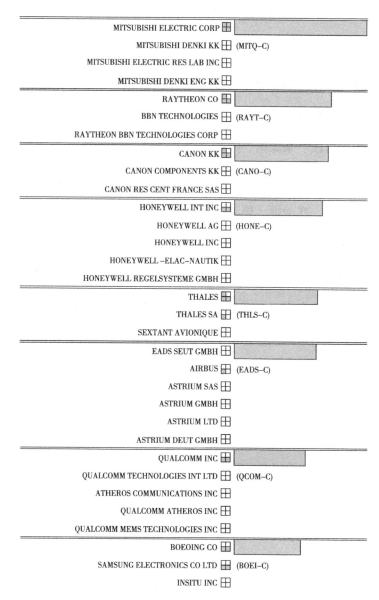

图3-2-6　全球专利申请排名

2.5　全球专利技术分布

在遥感探测领域的专利布局中，全球专利主要集中的领域为：飞机（Aircraft）、位置确定（Absolute position determination）、合成孔径雷达（Synthetic aperture radar）、地图（Mapping）、导航（For navigation）、分光光度法（Spectrometry; colorimetry; polarimeters）、摄影测量；开放水域测量（Photographic surveying; open-water surveying）、图像分析（Image analysis）、特定软件产品（Claimed software products）、地理信息系统（Geographical information systems）、GPS接收机（Novel GPS receiver）、车载微机系统（Vehicle microprocessor system）、用棱镜或衍射光栅产生谱线强度（Generating spectrum e.g. by prism or diffraction grating; measuring line intensity）、非车载导航（Non-vehicle navigation）、无人机（Unmanned aerial vehicles）等。全球专利申请排名前列的八大主要申请人在上述主要技术领域的专利分布参见图3-2-7。

在近几年的关注热点领域——无人机方向，排名前列的主要申请人分别为霍尼韦尔、BAE系统、波音公司、大疆、Topcon株式会社、浩顺科技（LIUZHOU HAOSHUN SCI & TECHNOLOGY CO LTD）以及鸿海精密集团（即富士康）。在全球几大申请人中，大疆无人机也跻身前列。在全部无人机领域的专利申请人中，中国专利申请人申请量最大，但主要全球主要布局国仍分布在欧专局与WIPO，这说明无人机的主要市场还是在于欧美等发达国家。

	(MITQ-C)	(RAYT-C)	(CANO-C)	(HONE-C)	(THLS-C)	(EADS-C)	(QCOM-C)	(BOEI-C)
W06-B01	65	55	1	120	78	92	2	71
W06-A03A5C	8	9	0	14	28	21	48	16
W06-A04J	151	90	0	5	39	45	0	17
W06-A04H3	97	69	0	1	36	22	0	10
W06-B01B1	35	36	0	77	43	45	1	32
S03-A02	5	22	10	10	5	2	1	2
S02-B04	10	2	3	5	1	3	1	1
T01-J10B2	26	9	17	8	5	7	8	10
T01-S03	10	13	35	14	11	17	62	19
T01-J07D3A	12	6	0	14	8	10	7	11
W06-A03A5R	4	4	2	4	8	6	17	4
T01-J07D1	27	10	0	14	5	17	5	16
S03-A02A	1	16	2	1	1	0	1	1
T01-J21	8	4	4	6	8	5	21	3
W06-B15U	0	2	0	18	2	6	1	15

图3-2-7　全球专利申请排名前列的八大主要申请人在主要技术领域的专利分布

第3章　遥感技术中国专利概况

随着我国地理信息产业的迅速发展，遥感技术已经成为获取地理信息数据极有价值的工具，不同学科的专业人员不断地发现遥感数据在各领域内的潜在应用。遥感作为一种获取和更新空间数据的强有力手段，能及时地提供准确、综合和大范围内的动态检测的各种资源与环境数据，因此遥感信息是地理信息产业十分重要的信息源，在地理信息的专业领域，如测绘、资源环境、城市规划、土地管理、设施管理和交通运输等，都和遥感技术的应用密切相关。

本章对地理信息领域中遥感探测分支的中国专利申请进行了总体分析，重点研究了中国的专利申请趋势、各技术分支的申请发展趋势、中国专利申请主要国家或者地区分布、中国申请人态势等。本章所涉及专利申请数据共计7263件。

3.1　申请态势

在中国专利库中共获得遥感探测相关的专利文献7263件，历年申请趋势如图3-3-1所示。

从图3-3-1中可以看出，在刚颁布《中华人民共和国专利法》的1985年，即出现了关于遥感探测技术的专利申请，说明遥感探测技术的萌芽较早；在之后相当长的一段时间内，遥感探测相关的专利每年的中国专利申请量均在10件以下，发展十分缓慢，几乎处于停滞的状态；一直到21世纪，遥感探测领域的专利申请量才出现了缓慢的增长，2001~2010年10年间，申请量由26件增至490件，并维持稳定增长的态势，遥感探测技术在此期间内也得到一定的发展；2010年之后，遥感探测技术迅猛发展，年申请量均超过500件，且增长态势十分迅速，在2015年申请到达到一个新的峰值，突破2000件（由于专利申请延迟公开以及数据库录入的滞后性所致，2015、2016年的数据可能小于实际专利申请数量）。

我国遥感探测技术虽然萌芽较早，但是经历了漫长的初期发展阶段。随着科学技术的不断进步，尤其是计算机、无线通信、网络技术的不断发展，使遥感探测迎来了较好的发展期；现正处于高速发展阶段，近5年来维持了高增长，成为现阶段一个较为热点的技术产业。

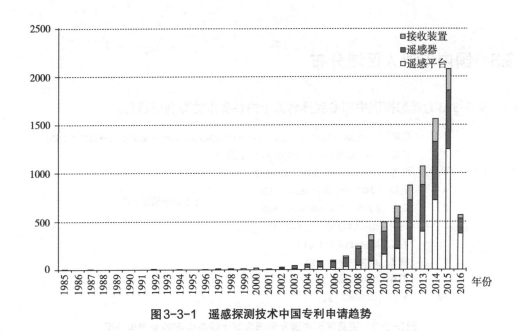

图3-3-1 遥感探测技术中国专利申请趋势

3.2 申请国构成

遥感探测技术相关的中国专利申请来源国分布如图3-3-2所示，在专利技术来源方面，我国国内的申请人占绝对优势，占比95%，而源自外国申请人来华的专利申请仅占5%，遥感探测技术在我国的专利布局目前以国内申请人为主。在外国来华的申请人中，以美国、日本、德国、法国为主，尤其是美国和日本，二者总和占所有外国来华申请量的一半以上，分别占中国专利申请总量的1.9%和1%，这也与遥感探测技术在美国和日本的发展程度相吻合，同时也反映了上述国家有意发展中国市场。

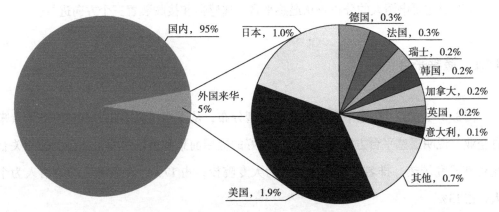

图3-3-2 遥感探测中国专利申请来源分布

3.3 国内申请人区域分布

图3-3-3为遥感探测中国专利排名前十的各省市的专利申请量。

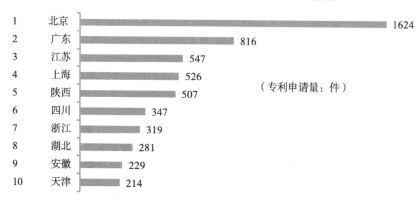

图3-3-3　遥感探测中国专利排名前十的各省市的专利申请量

如图3-3-3所示，在国内申请人提交的关于遥感探测技术的申请中，北京的申请量最多，达到1624件，并且遥遥领先于其他城市，北京的申请总量是其他城市的两倍甚至两倍以上，这与其产业分布、科研院所以及高等学校数量较多是分不开的；紧随其后的是广东、江苏、上海、陕西，申请量分别为816件、547件、526件和507件，浙江申请量为319件，位列第七，说明浙江在遥感探测技术的发展水平较为一般。

3.4 主要申请人

本节对主要申请人的分析将从遥感平台、遥感器和接收装置三个方向进行。

3.4.1 遥感平台

图3-3-4给出了遥感平台的申请人类型分布，从图中可以看出，60%的申请人来自企业，说明遥感平台方向的技术具有良好的应用前景和市场价值，社会上的相关企业对其研究较热。排名第二的申请人为大专院校，占17%；排名第三的申请人为个人，占13%。

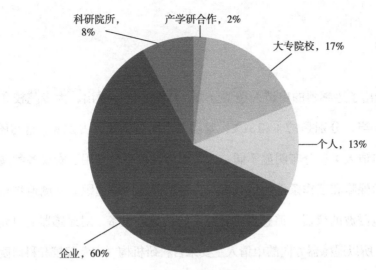

图3-3-4　遥感平台的申请人类型分布

图3-3-5给出了遥感平台专利申请量排名前十的申请人及其专利申请数量。从图中可以看出，排名前十的申请人中，有5个来自企业，4个来自大专院校，1个为个人，这与图3-3-5中遥感平台申请人类型排名是一致的。企业与大专院校几乎各占一半，说明遥感平台方向企业和高校投入的研发和掌握的技术数量差不多。这5个企业分别来自佛山市、深圳市、天津市、广州市、武汉市，都是经济较发达的城市，而大专院校均为国内科研实力较强的985高校。排名前十的申请人均为国内申请人，这与图3-3-2中专利申请绝大部分来自国内一致。从申请数量上来看，排名前十的申请人的申请数量相差不是很大。

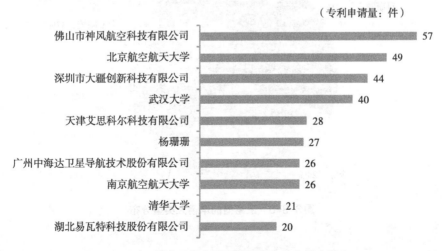

图3-3-5　遥感平台专利申请量排名前十的申请人

3.4.2 遥感器

图3-3-6给出了遥感器的申请人类型分布，从图中可以看出，大专院校和科研院所所占的比例相当，分别是37%和31%，紧随其后的是企业，占24%。这与图3-3-4中遥感平台的申请人类型分布明显不同。这是因为遥感平台是用于安置各种遥感仪器并为其提供技术保障和工作条件的运载工具，遥感器是用来远距离检测地物和环境所辐射或反射的电磁波的仪器，遥感器是遥感系统的核心设备，对遥感器的研究更具基础性和前沿性，所以遥感器方向的申请人主要来自科研机构（大专院校和科研院所共占了68%）。

图3-3-7给出了遥感器专利申请量排名前十的申请人，从图中可以看出，排名前十的申请人全部来自科研院所和大专院校，这与图3-3-6申请人主要来自科研机构一致。这些科研院所和大专院校主要来自北方，具有较长的历史，在遥感器方向都具有较强的研发实力。另外，排名前十的申请人的申请量均较大，排名第一的中国科学院电子学研究所，其申请量达到了196件。

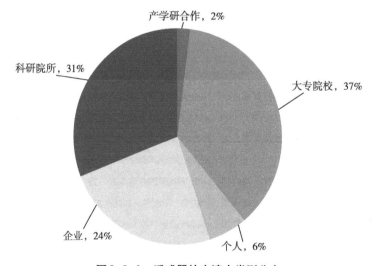

图3-3-6 遥感器的申请人类型分布

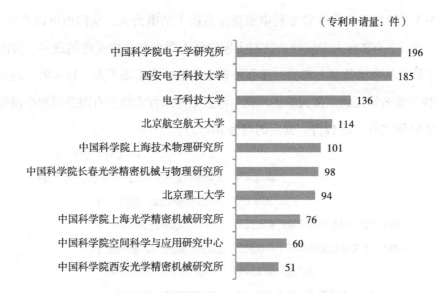

图 3-3-7 遥感器专利申请量排名前十的申请人

3.4.3 接收装置

图 3-3-8 给出了接收装置的申请人类型分布，从图中可以看出，超过一半的申请人来自企业，说明社会上有较多的企业进行接收装置方向的研究。排名第二的为大专院校，占 16%；并列排名第三的为科研院所和个人，各占 8%。这与图 3-2-3 遥感平台的申请人类型分布较为接近。

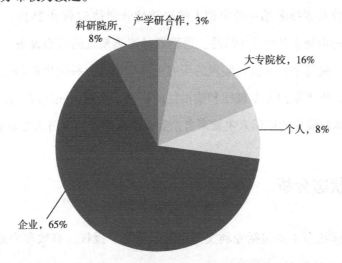

图 3-3-8 接收装置的申请人类型分布

图3-3-9给出了接收装置专利申请量排名前十的申请人，从图中可以看出，有7个来自企业，3个来自大专院校，这与上图申请人类型分布中企业的最多、其次是大专院校一致。从申请数量上来看，接收装置方向的申请量都不大，排名第一的武汉大学有25件，排名第二的东南大学、广州中海卫星导航技术股份有限公司和中国电子科技集团第54研究所都是17件，其后的均为10~15件。

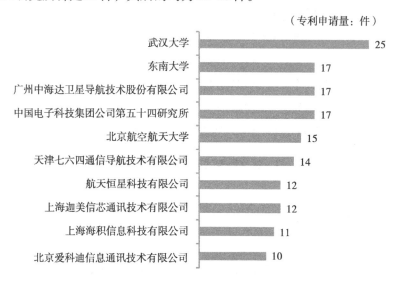

（专利申请量：件）

图3-3-9 接收装置专利申请量排名前十的申请人

对主要申请人从遥感平台、遥感器和接收装置三个方向进行分析后可以看出，遥感平台和接收装置的申请人主要来自企业，而遥感器的申请人主要来科研机构。遥感平台和接收装置排名第一的申请人的申请量分别是57件和25件，而遥感器排名第一的申请人的申请量达到了196件。遥感器是遥感系统的核心设备，其研究具有基础性和前沿性，遥感平台和接收装置的研究更具应用性。科研机构和企业的研究侧重点不同，科研机构更偏向于基础性和前沿性的研究，企业则倾向应用性强的研究，所以遥感平台和接收装置的申请人主要来自企业，而遥感器的申请人主要来自科研机构。

3.5 法律状态分析

专利的法律状态主要包括专利文件申请、公开、授权、有效和失效。一般认为，申请量的大小反映了对技术的关注程度，申请量较大表明专利申请人在一定时间段内对该技术的关注程度，申请人在一定时间内对该技术进行了较多的研究。如果专利申请能够获得专利授权，则意味着该专利技术相对现有技术具备新颖性和创造性，因此授权量的大小可反映出申请人对该领域技术的掌握程度。有效的专利通常是企业较为重视的技术，也是其在市场竞争中的有力武器，是保护企业知识产权的主要工具，因此有效量在一定程度上体现了专利权人的核心技术。有效专利越多，企业越容易构建专利池，形成知识产权壁垒。

以下将从遥感平台、遥感器和接收装置三个技术分支分析申请量排名前十企业的专利法律状态。

3.5.1　遥感平台

图3-3-10给出了遥感平台申请量排名前十企业的专利法律状态分布，从图中可以看出，处于有效状态的专利数量最多的是佛山市神风航空科技有限公司，达到了33件，同时该公司的失效专利也是最多的，达到了23件。有效专利数量排名第二的是深圳市大疆创新有限公司，有28件；其次是温州乐享科技信息有限公司，有20件。处于审中状态的专利数量最多的是深圳市大疆创新有限公司，有15件；其次是天津艾思科尔科技有限公司和广州中海达卫星导航技术股份有限公司，均为12件，说明这三个公司正在加大遥感平台方向的研究和专利布局。

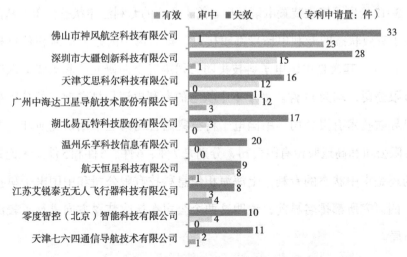

图3-3-10　遥感平台申请量排名前十企业的专利法律状态分布

3.5.2 遥感器

图3-3-11给出了遥感器申请量排名前十企业的专利法律状态分布，从图中可以看出，对于企业来说，遥感器方向处于有效和审中状态的专利都很少。处于有效状态专利申请量排名第一的是西安煤航信息产业有限公司，有11件；其次是中测新图（北京）遥感技术有限责任公司，有10件。处于审中状态专利申请量排名第一的是中测新图（北京）遥感技术有限责任公司，有9件；其次是无锡津天阳激光电子有限公司，有6件。

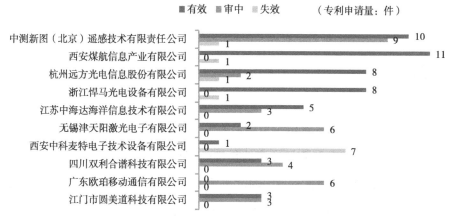

图3-3-11　遥感器申请量排名前十企业的专利法律状态分布

3.5.2 接收装置

图3-3-12给出了接收装置申请量排名前十企业的专利法律状态分布，从图中可以看出，处于有效状态的专利申请量都较接近，排名第一的是上海海积信息科技有限公司，有12件；其次是中国电子科技集团公司第五十四研究所和天津七六四通信导航技术有限公司，均为11件。处于审中状态的专利申请量排名前三的分别是广州中海达卫星导航技术有限公司、中国电子科技集团公司第五十四研究所和上海海积信息科技有限公司和高通股份有限公司，分别是7件、6件、5件和5件。无论是处于有效状态的还是审中状态的专利，上海海积信息科技有限公司和中国电子科技集团公司第五十四研究所都排名靠前，说明这两个公司在接收装置方向进行了较深的研究和专利布局。

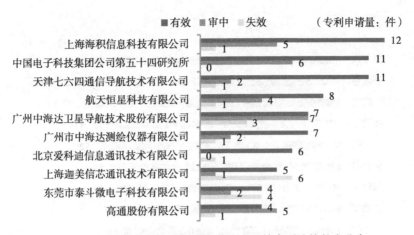

图3-3-12 接收装置申请量排名前十企业的专利法律状态分布

3.6 主要发明人分析

图3-3-13分别给出了遥感平台、遥感器和接收装置三个技术分支上的专利申请量排名前十的发明人。从图中可以看出，这些发明人都是中国人，说明中国人在该领域具有优势。在遥感平台领域，专利申请量排名第一的发明人为王志成，有58件；排名第二的要求不公告发明人，有35件；其后的都为20~30件。在遥感器领域，排名前十的发明人的专利申请量比遥感平台和接收装置的都要大，为40~63件，排名前两位的为刘立人和邢孟道，分别是63件和62件。在接收装置领域，申请量排名前两位的为吉青和李庚禄，分别为33件和30件。专利申请量排名前十的发明人是所属领域的技术专家，可以追踪他们的专利申请或发表的学术论文，全面了解其研究成果。

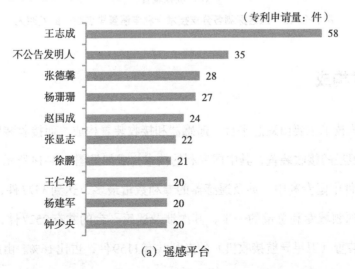

（a）遥感平台

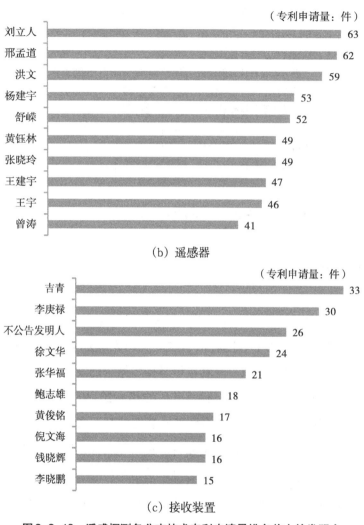

（b）遥感器

（c）接收装置

图 3-3-13　遥感探测各分支技术专利申请量排名前十的发明人

3.7　技术构成

遥感探测技术主要由遥感平台、遥感器和接收装置构成，而接收装置主要是导航卫星或遥感卫星的接收装置，其中国专利的技术构成如见图3-3-14所示。在遥感探测的全部7263件中国专利中，涉及遥感器的专利数量最多，达到3577件，占比49.2%，接近遥感探测领域专利总量的一半，其次涉及遥感平台的共有2527件，占比34.8%，而涉及接收装置（卫星导航接收机）的专利共有1159件，占比16%。由此可见，遥感探测的各技术领域的发展比较均衡，而遥感器的种类繁多，无法穷举，在检索的主要的遥感器类型中，专利申请量数量较遥感平台和接收装置略多。

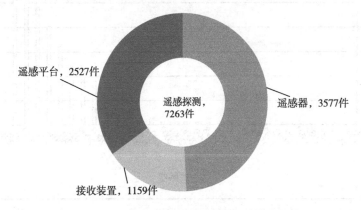

图3-3-14 遥感探测领域中国专利的技术构成

具体地，遥感探测各技术分支领域的申请趋势见图3-3-15，遥感平台领域的专利数量自2008年起，开始迅猛增长，进入了高速发展期，尤其是2015年的申请量更是达到了1249件，而且增速一直保持在较高的水平；遥感器领域的专利量在2003—2007年呈现波动态势，2007年以后，申请量逐渐稳步增长，2014年达到峰值，2015年的申请量与2014年基本持平，遥感器领域进入了平稳的发展状态；接收装置领域的专利申请量自2008年起也开始迅猛增长，到2015年出现了略微下滑，但是申请总量仍处在较高的水平。由此可见，遥感探测领域各技术分支的发展趋势基本一致，也与整个遥感探测行业的发展趋势相同，且各技术分支领域的研究非常活跃，具有较大的发展前景。

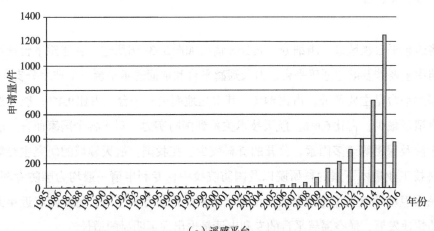

（a）遥感平台

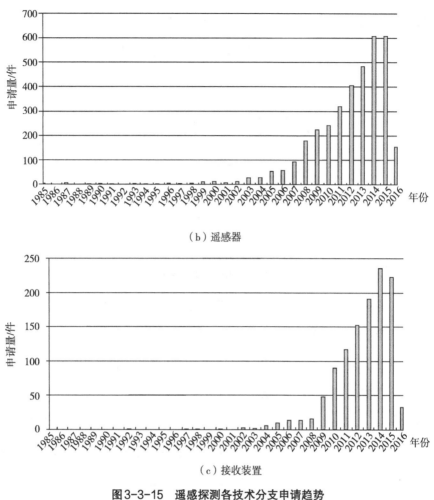

（b）遥感器

（c）接收装置

图3-3-15　遥感探测各技术分支申请趋势

3.7.1　遥感平台

将遥感平台领域进一步细分，其分布情况如图3-3-16所述。在遥感平台领域的专利申请中主要涉及航空遥感平台、航天遥感平台和地面遥感平台三个技术分支。其中，航空遥感平台是主要部分，占比84%；其次是地面遥感平台，占比9.4%；航天遥感平台的申请量最少，占比6.6%。航天技术关系到国防实力，对于各个国家而言，航天技术由于涉及保密等诸多因素，公开的资料较少。在我国，航天领域的研究主要集中在中航科技工业集团下属的科研院以及国防院校中，专利申请一般均为国防专利类型。随着民用卫星导航卫星等的发展，出现了少量的普通专利申请，另外随着近年无人机领域的快速发展，航空遥感平台的专利申请量也出现了明显的增长。

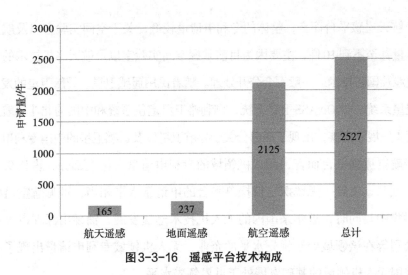

图3-3-16　遥感平台技术构成

对于航天遥感、地面遥感和航空遥感而言，各自又可由多个技术分支构成，将其分别进行细分对比情况如图3-3-17所示。

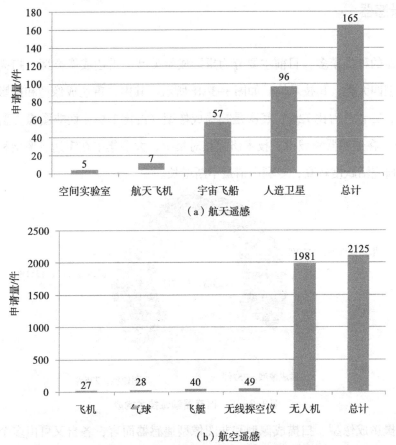

（a）航天遥感

（b）航空遥感

图3-3-17　遥感平台各技术分支的技术构成

对于航天遥感平台而言，整体的专利申请量较低，关于空间实验室以及航天飞机的专利申请量甚至不到10件，主要因为目前掌握空间实验室以及航天飞机技术的国家寥寥无几，且涉及国防技术，一般不会公开处理。随着民用遥感卫星、导航卫星的发展，尤其是GPS卫星系统、GLONASS卫星系统、伽利略卫星定位系统和中国的北斗导航卫星定位系统的逐步发展和完善，出现了一部分关于导航卫星以及遥感卫星的中国专利申请。

对于航空遥感平台而言，无人机领域的专利申请量占绝大部分，占比93%，而载人飞机、气球、飞艇、无线探空仪探测平台的申请量水平相当，可见航空遥感的技术研究相对集中。同时，近年来国内的无人机技术迅猛发展，涌现出深圳市大疆创新科技有限公司等在该领域处于领先水平的企业，无人机领域专利申请量出现了井喷式增长，使我国无人机领域的基础发展处于世界领先水平。

3.7.2 遥感器

遥感器的种类繁多，目前主要分为摄影成像类型、雷达成像类型、扫描成像类型和非图像型四大类，其技术构成如图3-3-18所示。其中，雷达成像型和摄影成像型占主要部分，二者总占比72%；其次是扫描成像型，占比21%，而非图像类型的占比为6%。可见，在遥感器领域中，技术研究相对集中，大多集中在雷达成像型和摄影成像型，技术研究活跃度较高，专利申请量不断增长。

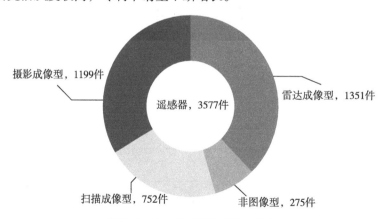

图3-3-18 遥感器领域技术构成

对于摄影成像型、扫描成像型和非图像型遥感器而言，各自又可由多个技术分支构成，将其分别进行细分对比情况如图3-3-19所示。

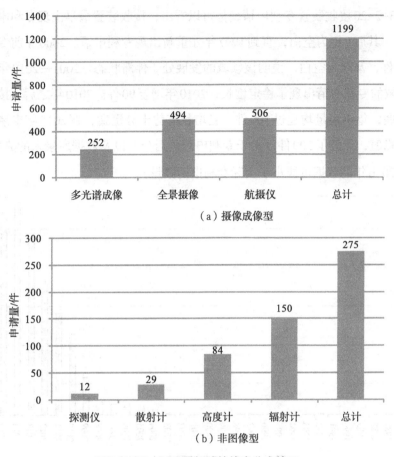

（a）摄像成像型

（b）非图像型

图3-3-19 遥感器领域的技术分支情况

对于摄影成像型遥感器领域的专利申请而言，主要涉及多光谱摄影机、全景式摄影机以及航摄仪，三个技术分支各占一定的比例，呈现基本均衡的发展态势。而扫描成像型的遥感器主要涉及光机扫描、推帚扫描和成像光谱扫描，各占20%、32%和48%，其中成像光谱扫描类型占扫描成像型遥感器专利总数的近一半的比例，是扫描成像型遥感器的研发重点分支。在非图像型遥感器专利申请主要涉及的测深仪、散射计、高度计和辐射计中，专利申请主要集中在高度计和辐射计中，二者相对于非图像型遥感器的占比分别为30%和55%，但是相对于整个遥感器而言，占比仅为2%和4%。由此可见，在遥感器领域的专利申请主要集中在成像雷达、航摄仪、全景摄像三个技术分支。

3.7.3 接收装置

由于接收装置下面的技术分支只有卫星接收机，所以只分析接收装置的申请情况。从图3-2-20接收装置专利申请趋势可以看出，接收装置最早出现专利申请的年份为1992年，其后5年为空白，直到1997年才重新出现专利申请。2000年前专利申请量都小于10件，甚至为空白，说明该领域的发展处于停滞状态。2001—2010年的十年期间，该领域的专利申请出现了稳定增长，2010年增至90件。2010年之后，接收装置技术迅速发展，年申请量均超过100件，且增长态势十分迅猛，在2015年申请量到达到一个新的峰值，突破了200件（由于专利申请延迟公开以及数据库录入的滞后性所致，2015年、2016年的数据可能小于实际专利申请数量）。

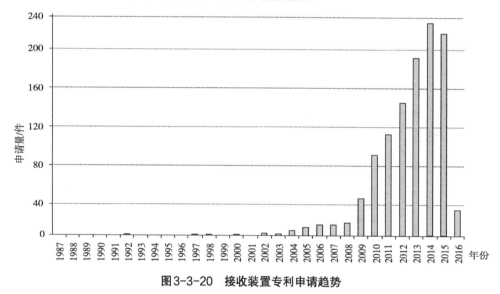

图3-3-20　接收装置专利申请趋势

第4章 小结

（1）遥感探测技术领域全球专利申请量共21846项，相关专利的申请趋势明显分为萌芽期、缓慢发展期和快速发展期三个阶段，2009年专利申请量突破1000项。

（2）从遥感探测技术三大技术分支：遥感平台、遥感器类型与接收装置的全球专利历年专利申请量变化情况可知，接收装置技术领域的专利布局起步较晚；遥感平台技术领域的专利发展长期呈现稳定、缓慢的增长态势；遥感器类型技术领域的专利申请相较于遥感平台的专利申请更早地迈入快速增长期，19世纪七八十年代的专利申请量逐年攀升，快速、稳步增长。

（3）中国、美国、日本、韩国、法国、德国、俄罗斯与英国为全球专利申请量排名前列的八个主要申请国。中国和韩国在遥感探测领域的专利申请时间较晚，但是在2002年以后专利申请量增长显著，特别是中国近年来的专利申请量增幅很大，这得益于两国在遥感探测领域内技术、设备等研究水平的提升。德国、英国、法国、俄罗斯在较早时均对遥感探测领域的专利申请开始布局，虽然每年专利申请一直有稳步提升，但增幅均较小，说明在遥感探测技术在以上四国已经处于技术成熟期，未出现改变格局的新技术促进本领域技术专利申请的大面积井喷式跃进。美国和日本均属于起步相对较早、专利申请增幅相对较快的国家，均于1998年突破100项大关，随后美国专利申请一路保持高歌猛进、持续快速增长，而日本于2004年出现拐点，专利申请出现小幅下滑，随后呈现震荡攀升的态势。

（4）来源于中国的绝大部分专利只在本国国内布局，很少一部分布局到了美国和日本，在英国和法国并无专利布局，说明我国遥感探测领域技术基本还处于只在国内保护阶段。美国、日本与德国之间的相互专利布局，说明遥感探测领域的主要市场在此，此三国间存在一定的竞争关系。

（5）全球专利申请排名前八的申请人依次为三菱电机、雷神公司、佳能公司、霍尼韦尔、泰雷斯公司、欧洲宇航防务集团、高通公司以及波音公司。

（6）在遥感探测领域的专利布局中，全球专利主要集中的领域分别包括：飞机、位置确定、合成孔径雷达、地图、导航、分光光度法、摄影测量；开放水域测量、图像分析、特定软件产品、地理信息系统、GPS接收机、车载微机系统、用棱镜或衍射光栅产生谱线强度、非车载导航、无人机等。在近几年的关注热点——无人机领域，排名前列的主要申请人分别为霍尼韦尔、BAE系统、波音公司、大疆、Topcon株式会社、浩顺科技（LIUZHOU HAOSHUN SCI & TECHNOLOGY CO LTD）以及鸿海精密集团。

（7）中国遥感探测相关的专利申请量为7263件。我国遥感探测技术的萌芽较早，但发展缓慢，直到2010年之后，遥感探测技术才得到迅猛发展，尤其是近五年来一直保持了专利申请量的高增长，成为现阶段一个较为热点的技术产业。

（8）遥感探测技术相关的中国专利申请中，我国国内的申请人占绝对优势，占比95%，而源自外国申请人的专利申请仅占5%，遥感探测技术在我国的专利布局主要以国内申请人为主。

（9）遥感平台的申请人类型分布中，60%的申请人来自企业，说明遥感平台方向的技术具有良好的应用前景和市场价值，社会上的相关企业对其研究较热。在遥感器的申请人类型分布中，大专院校和科研院所所占的比例相当，排名前十的申请人全部来自科研院所和大专院校。接收装置的申请人类型中，超过一半的申请人来自企业，说明社会上有较多的企业进行接收装置方向的研究。

（10）在遥感平台专利中，处于有效状态的专利数量最多的是佛山市神风航空科技有限公司，但同时该公司的失效专利也是最多的；在遥感器类型专利中，有效状态专利申请量排名第一的是西安煤航信息产业有限公司，其次是中测新图（北京）遥感技术有限责任公司；在接收装置方向，各申请人处于有效状态的专利申请量都较接近，包括上海海积信息科技有限公司、中国电子科技集团公司第五十四研究所和天津七六四通信导航技术有限公司等。

（11）在遥感探测的全部7263件中国专利中，涉及遥感器的专利数量最多，占比49.2%，其次的遥感平台占比34.8%，而涉及接收装置（卫星导航接收机）的专利共有1159件，占比16%。由此可见，遥感探测的各技术领域的发展比较均衡，而遥感器的种类繁多，无法穷举，在检索的主要的遥感器类型中，专利申请量数量较遥感平台和接收装置略多。

（12）在遥感平台领域的专利申请中主要涉及航空遥感平台、航天遥感平台和地面遥感平台三个技术分支，其中，航天遥感平台是主要部分，航天遥感平台的申请量最少。对于航空遥感平台而言，无人机领域的专利申请量占绝大部分，占比93%，而载人飞机、气球、飞艇、无线探空仪探测平台的申请量水平相当，可见航空遥感的技术研究相对集中。

（13）遥感器的种类繁多，目前主要分为摄影成像类型、雷达成像类型、扫描成像类型和非图像型四大类。在遥感器领域中，技术研究相对集中，大多集中在雷达成像型和摄影成像型，技术研究活跃度较高，专利申请量不断增长，具体分为成像雷达、航摄仪、全景摄像三个技术分支。

第四部分　工程测量

第1章　研究概况

1.1　工程测量技术

工程测量仪器是工程建设的规划设计、施工及经营管理阶段进行测量工作所需用的各种定向、测距、测角、测高、测图以及摄影测量等方面的仪器（图4-1-1）。目前地理信息的数据很大一部分来自实际测量，并将所得到实测数据通过GIS（地理信息系统）的汇总与处理运用到工程建设中，需要用到的仪器主要包括水准仪、测距仪、经纬仪、全站仪等。

对于运用在工程中的地理信息实测数据的收集而言，所测得的数据需要具有一定的精确度，有的需要毫米级或更高精度；有的由于其在空间变化的不规则性、多样性、复杂性、超规模而无先例，增加了测量的难度。除了运用以上专业的测量工具之外，还运用了各类高新技术，将卫星定位、激光扫描和激光跟踪、电子计算机、摄影测量、电子测量技术以及自动化技术等众多科学技术在实际测量中渗透与融合，并在GIS（地理信息系统）中得以应用。许多测量工具与方法实现了数据采集和处理自动化、实时化，数据管理趋向集成化、标准化、可视化，数据传输与应用网络化、多样化。在现阶段工程测量中，常用的仍是常规大地测量仪器和方法。但是随着电子技术、激光技术的发展，常规大地测量仪器越来越多地与激光技术、电子技术相结合，使得测量在变得更加便捷的同时，精度也大大地提高了。

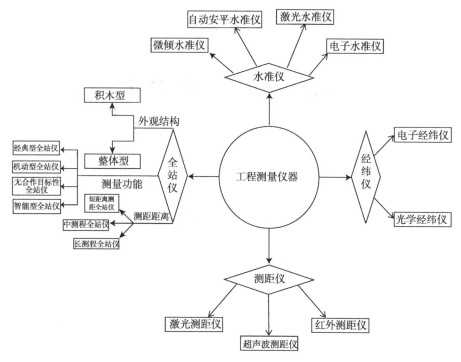

图 4-1-1　工程测量仪器的分类

1.2　技术分解

根据工程测量仪器的对象类型，对于工程测量仪器的分析研究，主要从四大仪器经纬仪、水准仪、测距仪和全站仪进一步开展，见表4-1-1。

表4-1-1　工程测量技术分解表

一级 技术分支	二级 技术分支	三级 技术分支	四级 技术分支	五级 技术分支
工程测量	测量仪器	经纬仪		
		水准仪		
		测距仪		
		全站仪		

第2章　工程测量技术全球专利概况

采用Derwent Innovations Index专利数据库对工程测量技术领域内的全球专利进行检索，经筛选后共包括1299项相关专利，涵盖了1967年以来的工程测量技术领域内的相关全球专利。

2.1　申请态势

图4-2-1所示为1990—2016年工程测量技术全球专利的历年专利申请量变化情况。从图中可以看出，工程测量技术全球专利的申请数量呈震荡增长态势，整体增长较缓慢，且历年的专利申请数量不多，直至2014年以后才超过100项。专利申请的技术来源国、地区主要集中在中国、日本、德国和欧洲，其他国家、地区的申请数量很少。

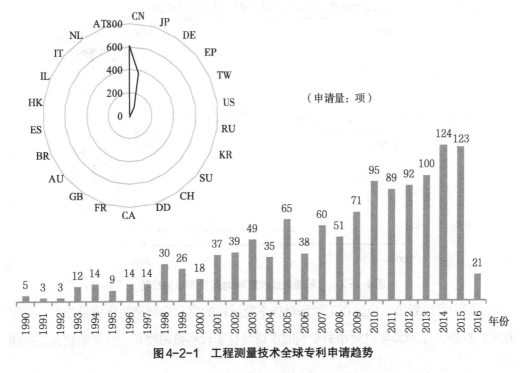

图4-2-1　工程测量技术全球专利申请趋势

2.1 四国/地区专利申请趋势

图4-2-2为全球专利申请量排名前列的4个主要申请国/地区（中国、日本、德国和欧洲）在工程测量技术领域内在1990—2016年间的各年度专利申请情况，各主要申请国的专利申请量依次递减。图4-2-2是上述四大申请国、地区的专利申请趋势图，柱状趋势表示各年专利申请量情况，饼状图表示对应国家、地区在全球专利申请总量中的占比情况。

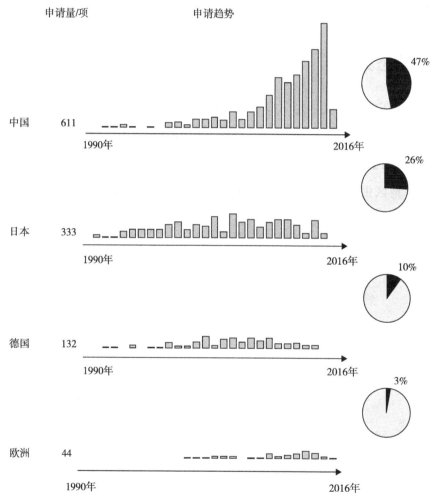

图4-2-2　工程测量技术四国/地区专利申请趋势

从图中可以看出，中国在工程测量技术领域内的专利申请期初申请量较少，且没有增长趋势，自2000年以后相关专利的申请量有了较明显的增长，且增幅较大，中国的专利申请处于快速增长期。日本自1990年开始一直都保持一定的专利申请量，但整体的年增长幅度不大，专利申请量一直保持在20项左右，专利产出稳中有增，日本的专利申请处于稳定增长期。德国的年专利申请量增长情况和日本类似，但是近年来的专利申请量有下降的趋势。欧专局在相关技术领域内的专利申请开始时间较晚，自2000年以后才有相关专利申请，申请量不大且增长趋势不明显。

2.3　全球专利布局

（申请量：项）

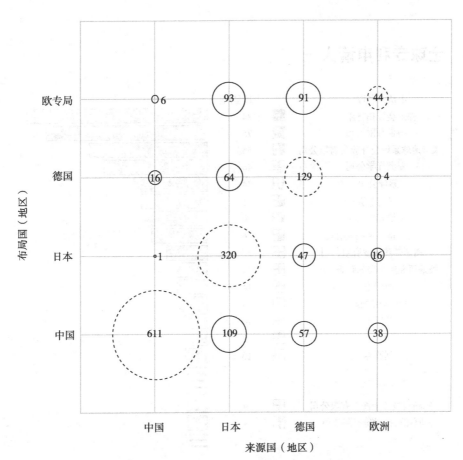

图4-2-3　工程测量技术全球专利布局情况

图4-2-3为专利申请量排名前列的4个国家（地区）之间的专利布局情况，具体为专利申请来源国（地区）中国、日本、德国、欧洲在中国国家知识产权局、日本特

许厅、德国专利商标局和欧洲专利局的专利布局情况，各国在本国、本地区内的专利申请数量均是最多的，在其他国家、地区的专利布局量多少可以看出该国对布局国、地区市场的重视程度。从图中可以看出，来源国中国的绝大部分专利只在本国国内布局，很少一部分布局到了德国和欧专局，说明中国的工程测量技术向国外拓展程度较低，基本还处于只在国内保护阶段。来源国日本的专利布局除了本国国内，还布局了数量可观的专利到中国、欧专局和德国，可见日本相关技术产业在海外扩展程度较高，相关专利具有较大的覆盖面。德国和日本的情况类似，除本国国内外，在其他国家/地区有较多专利布局。通过欧洲专利局布局到其他国家的专利中，布局到中国的专利数量最多，其次是日本和德国。

2.4 全球专利申请人

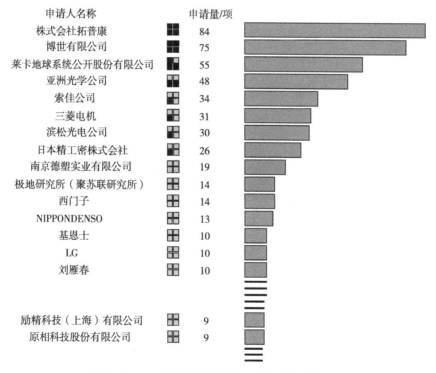

图4-2-4 工程测量技术领域全球专利申请人排名

图4-2-4是工程测量技术领域内全球主要专利申请人的排名情况，从图中可以看出，工程测量技术领域内全球主要申请人大部分来自日本，专利申请量排名首位的申

请人为日本的拓普康株式会社，有84项专利申请量；中国申请人在全球主要申请人中也占据一定席位，包括南京德朔实业有限公司、刘雁春、励精科技（上海）有限公司、原相科技股份有限公司，分别有19项、10项、9项、9项专利申请量，且其中刘雁春为个人申请。

2.5　全球专利技术分布

主要集中在视线光学测距仪测量距离（Measuring distances in line of sight）、光学测量（Optical measurement）、非无线电电磁波（Non-radio E.M. wave, e.g. light, systems）、测量高度，距离横向视线；平之间的分离点等（Measuring height, distances transverse to line of sight; levelling between）、测量倾角（Measuring inclination）、测量角度（包括经纬仪；六分仪）[Measuring angles（incl. theodolites; sextants）]、光学仪器（光学测试）[Optical apparatus（also optical testing）]、功能综合/分析或方程求解（For function synthesis/analysis or equation solving）、用于视频和图像处理（For video and image processing）、电气设备（For electrical equipment），涉及的专利分别有644项、242项、222项、214项、139项、125项、62项、46项、35项、31项。

图4-2-5所示是全球工程测量技术领域内主要申请人的专利技术布局情况，选取了专利申请量排名前8位的主要申请人，分析各自在视线光学测距仪测量距离、光学测量、非无线电电磁波、测量高度，距离横向视线，平之间的分离点等、测量倾角、测量角度（包括经纬仪；六分仪）、光学仪器（光学测试）、功能综合/分析或方程求解、用于视频和图像处理、电气设备技术领域内的专利布局。从图中可以看出，各申请人在视线光学测距仪测量距离、非无线电电磁波、光学测量三个技术领域内基本有较多专利布局。全球专利申请量最多的拓普康株式会社在多个技术领域内均有专利布局，而博世公司主要涉及视线光学测距仪测量距离和非无线电电磁波两个技术领域，另外在大部分申请人都涉及不多的测量角度（包括经纬仪；六分仪）技术领域内，莱卡公司有较多专利布局。

申请量/项		拓普康	博世	莱卡	亚洲光学公司	索佳公司	三菱电机	滨松光电	精工
644	在视线光学测距仪测量距离	45	61	21	37	24	20	24	23
242	光学测量	21	25	13	7	6	6	11	11
222	非无线电电磁波，如光系统	35	55	24	10	22	17	16	5
214	测量高度，距离横向视线；平之间的分离点等	6	1	5	3	7	0	0	0
139	测量倾角	13	5	1	1	3	0	0	1
125	测量角度（包括经纬仪，六分仪）	8	1	19	0	2	0	0	0
62	光学仪器（光学测试）	0	5	1	2	1	1	0	0
46	功能综合/分析或方程求解	5	1	2	2	8	3	5	1
35	用于视频和图像处理	7	2	4	2	0	2	0	3
31	电气设备	6	1	2	3	4	0	1	1

图4-2-5　工程测量技术领域主要申请人的专利技术布局情况

第3章 工程测量技术领域中国专利概况

3.1 申请态势

截至2016年，在工程测量技术领域，中国的专利申请数量共为832件，其中中国申请人共589件，国外申请人共243件，详见图4-3-1。

工程测量技术的迅速发展是在20世纪80年代以后，随着各种新兴的地面测量仪器的应用，与仪器配套的工程测量技术迅速在工程中得到发展与应用，最早专利申请在1987年，由国内申请人梁才侬提出。到了20世纪90年代以后，计算机技术在我国得到迅猛发展，此时的测量技术正积极与计算机技术迅速融合，更多新的电子测量设备逐渐取代了光学仪器，2000—2003年，我国完成北斗一号卫星定位系统的组建，为我国测量技术的卫星定位测量打下了坚实的基础，同时这3年的专利申请量相比于早期也有长足发展，申请量逐步上升。至此，GPS、北斗一号等卫星定位系统在工程测绘领域得到广泛应用。随着我国现代化科技的快速发展，工程测量技术逐渐过渡到数字化测量技术时代。一些新的自动化、智能化的测量仪器、设备以及数据处理系统的应用，实现了数据获取及处理自动化，测量过程控制智能化及测量成果的数字化等。测量技术的发展，使得工程测量逐渐从地上工程测量渗透到地下工程测量，从地面工种测量发展到太空测量等多领域测量，为测量技术的扩大应用提供了技术方法。

图4-3-1是工程测量中国专利申请量的发展态势情况，从图中可以看出，工程测量仪器的中国专利申请始于1987年，随后保持非常缓慢的增长态势；直到进入21世纪以后，工程测量仪器的中国专利申请量开始有了明显的增长，2009年迎来一个小的申请量峰值，此后专利申请量增速放缓甚至有所回落，直至2011年工程测量仪器的专利申请量又创新高，突破200件（由于专利申请延迟公开以及数据库录入的滞后性所致，2015年、2016年的数据可能小于实际专利申请数量）。

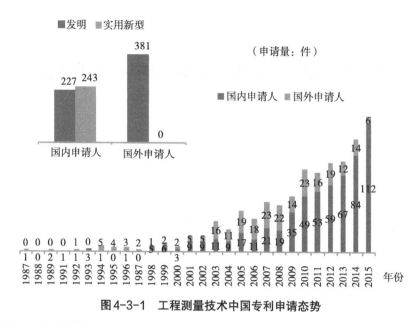

图 4-3-1　工程测量技术中国专利申请态势

中国地理信息数据处理市场虽然起步较晚，却是增速飞快的市场。中国专利申请的数量在进入21世纪后呈现出的增长态势也表明，随着中国经济结构转型、人口结构变化以及产业结构升级的持续进行，中国GIS的数据处理市场仍然存在巨大的潜力。同时，从上述专利申请类型比例中也不难发现，工程测量仪器属于有一定技术难度和深度的专业市场，实用新型的申请量占比不足1.2%，专利质量相对较高。

3.2　申请国构成

在专利技术来源方面，我国自主知识产权的申请量为608件，占到中国专利申请总量的71%；源自外国申请人的申请量则为243件，约占中国专利申请总量的29%。可见中国专利申请人还是以我国申请人为主。从图4-3-2中可以看出，在外国申请人中，日本、德国、瑞士、美国、列支敦士登的专利申请分别占中国专利申请总量的13%、6%、6%、1%、1%，其他国家占比2%。这种分布情况与全球专利申请国分布信息大致相同，也再次证明了上述主要专利技术申请国在工程测量技术领域的主导地位，另外外国申请人在中国的专利布局情况也反映出了上述5个国家对中国市场的重视程度。

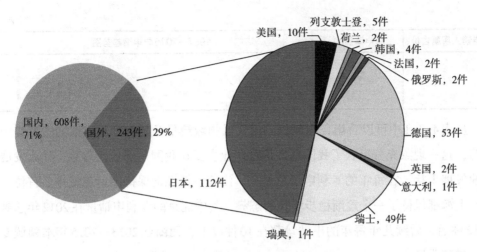

图4-3-2　中国专利申请的申请国分布

3.3　国内申请人区域分布

国内工程测量技术领域的申请人区域数量分布如表4-3-1所示。从图中可以看出，中国各省市/地区在工程测量技术领域的专利申请达50件以上的省市/地区有3个，依次为江苏、北京、上海，主要申请区域集中在经济相对发达的城市地区。

表4-3-1　国内各省市/地区专利申请量排名

申请人所属省份	总申请量/件	1987—2015年申请趋势图
江苏	104	
北京	60	
上海	50	
台湾	34	
浙江	33	
湖北	31	

续表

申请人所属省份	总申请量/件	1987—2015年申请趋势图
陕西	31	

从表4-3-1中可以看出，在工程测量仪器领域最早开始有专利申请的主要集中在江苏，这一现象充分反映了我国地理信息产业主要在我国东部地区萌芽、壮大发展的产业发展现状。在每年的专利申请总量上，江苏一惯性地保持申请总量排名首位，北京、上海都保持了一个逐渐稳步增长的态势，其中北京的专利申请量在2012年达到高峰12件后，后续几年每年的申请量都在10件以上，而浙江2013—2015年本领域专利申请增速明显。

3.4 主要申请人

在主要申请类型方面，图4-3-3给出了全部申请人的类型分布，申请量最多的申请人类型主要集中在企业，超过50%；其次是个人，占19%；产学研合作申请的申请量最少，约占1%。

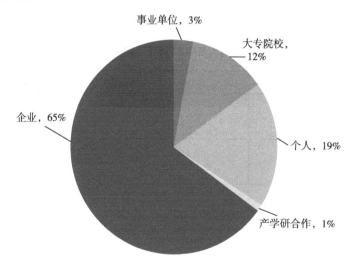

图4-3-3 申请人类型分布

在主要申请人方面，图4-3-4给出了专利申请量排名前十的主要申请人以及申请量情况。从图中可以看出，专利申请量高居首位的是株式会社拓普康，达到56件；其后为莱卡地球系统公开股份有限公司和罗伯特·博世有限公司，分别为40件和34件，排名前三位的申请人都为外国人，说明排名前三的公司在该领域进行了较多的研究，非常重视该领域在中国的专利布局，且该领域大量的技术是掌握在外国人手中。排名三到十位的申请人均为中国人，申请量都不超过20件；排名六到十位的申请人的申请量接近，均为9~10件，说明中国的企业或科研机构在该领域的研究或掌握的技术不相伯仲。

（专利申请量：件）

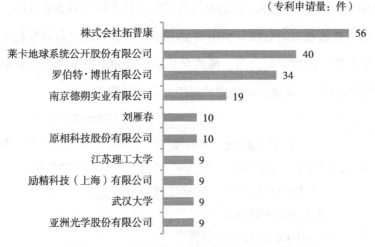

图4-3-4 专利申请量排名前十的主要申请人

3.5 法律状态分析

专利的法律状态主要包括专利文件申请、公开、授权、有效和失效。一般认为，申请量的大小反映了对技术的关注程度，申请量较大表明专利申请人在一定时间段内对该技术的关注程度，申请量较大表明专利申请人在一定时间内对该技术进行了较多的研究。如果专利申请能够获得专利授权，则意味着该技术相对现有技术具备新颖性和创造性，因此授权量的大小可反映出申请人对该领域技术的掌握程度。有效的专利通常是企业较为重视的技术，也是其在市场中的有力武器，是保护企业知识产权的主要工具，因此有效量在一定程度上体现了专利权人的核心技术。有效专利越多，越容易构建企业专利池，形成知识产权壁垒。

从图4-3-5主要申请人的专利法律状态分布可以看出，掌握有效专利排名前十的都是企业，这与图4-3-3中所表示的申请量最多的申请人来自企业相对应。有效专利申请量排名前三位的分别是株式会社拓普康、莱卡地球系统公开股份有限公司和罗伯特·博世有限公司，分别是38件、32件和9件。这与图4-3-4专利申请量排名前十的主要申请人的排名是一致的。有效专利反映了核心技术，在市场上能形成技术壁垒，说明该领域掌握核心技术的公司主要是株式会社拓普康、莱卡地球系统公开股份有限公司。其他公司处于有效状态的专利均不到10件。处于审中状态的专利申请量排名前三位的分别是莱卡地球系统公开股份有限公司、罗伯特·博世有限公司和株式会社拓普康，分别是7件、6件和5件。其他公司处于审中状态的专利为0~3件，说明截至目前，主要申请人在该领域的后续专利申请量不多。处于失效状态的专利申请量排名前三的分别是罗伯特·博世有限公司、株式会社拓普康和南京德朔实业有限公司，分别是19件、13件和10件，其他公司失效状态的专利申请量均较少。

（专利申请量：件）

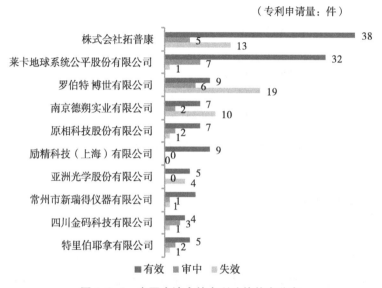

图4-3-5 主要申请人的专利法律状态分布

3.6 主要发明人分析

在工程测量仪器的主要发明人中，排名前四位的是大友文夫、P.沃尔夫、刘雁春和K.伦茨，分别是25件、17件、16件和13件，其后的发明人的申请量为8~12件，如图4-3-6所示。他们是所属领域的技术专家，可以追踪他们的专利申请或发表的学术论文，全面了解其研究成果。其中大友文夫属于株式会社拓普康，P.沃尔夫和K.伦茨属于罗伯特·博世有限公司，而株式会社拓普康和罗伯特·博世有限公司，不管是专利申请量还是有效专利申请量，都处于该领域的前三位。值得注意的是，排名第三位的发明人刘雁春是中国人，其申请人类型为个人。

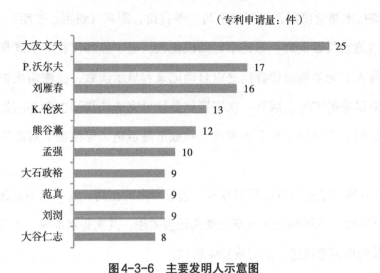

（专利申请量：件）

图4-3-6　主要发明人示意图

3.7　技术构成分析

工程测量仪器是工程建设的规划设计、施工及经营管理阶段进行测量工作所需用的各种定向、测距、测角、测高、测图以及摄影测量等方面的仪器。目前地理信息的数据很大一部分来源于实际测量，并将所得到实测数据通过GIS（地理信息系统）的汇总与处理运用到工程建设中，需要用到的仪器主要包括水准仪、测距仪、经纬仪、全站仪等。

水准仪（level）是建立水平视线测定地面两点间高差的仪器。原理为根据水准测量原理测量地面点间高差。主要部件有望远镜、管水准器（或补偿器）、垂直轴、基座、脚螺旋。按结构分为微倾水准仪、自动安平水准仪、激光水准仪和数字水准仪（又称电子水准仪）。按精度分为精密水准仪和普通水准仪。

测距仪是利用光、声音、电磁波的反射、干涉等特性而设计的用于长度、距离测量的仪器。新型测距仪在长度测量的基础上，可以利用长度测量结果，对待测目标的面积、周长、体积、质量等其他参数进行科学计算，在工程应用、GIS调查、军事等领域都有很广的应用范围。常见的测距仪从量程上可以分为短程、中程和高程测距仪；从测距仪采用的调制对象上可以分为光电测距仪和声波测距仪。

经纬仪，测量水平角和竖直角的仪器；是根据测角原理设计的。目前最常用的是电子经纬仪。

全站仪，即全站型电子测距仪（Electronic Total Station），是一种集光、机、电为一体的高技术测量仪器，是集水平角、垂直角、距离（斜距、平距）、高差测量功能于一体的测绘仪器系统。与光学经纬仪比较，电子经纬仪将光学度盘换为光电扫描度盘，将人工光学测微读数代之以自动记录和显示读数，使测角操作简单化，且可避免读数误差的产生。因其一次安置仪器就可完成该测站上全部测量工作，所以称之为全站仪。广泛用于地上大型建筑和地下隧道施工等精密工程测量或变形监测领域。

图4-3-7给出了这四种仪器的专利申请量所占的比例。其中申请量最多的是测距仪，占到了48%，说明测距仪的研究受到较多关注。其次是水准仪，占到27%。全站仪和经纬仪的申请量接近，分别是13%和12%。

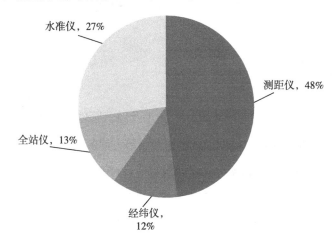

图4-3-7　各类仪器专利申请量占比

图4-3-8分别给出了四个技术分支测距仪、水准仪、全站仪和经纬仪1987年至2015年专利申请量及趋势。从图中可以看出：工程测量仪器在2000年前申请量不大且发展较为缓慢，2000年后开始呈现小爆发式的增长。尽管各年申请数量相较有高有低，但整体还是呈上升趋势，从侧面看出各个对工程测量仪器有所需求的行业都在快速的发展，四种仪器的研究近年来越来越受到人们的关注。其中，测距仪每年的申请量都是最大的，这与图4-2-7中测距仪在各类仪器专利申请量中占比最大是一致的。另外，最早有专利申请的年份，测距仪和水准仪的要早于全站仪和经纬仪，这说明测距仪和水准仪的研究较早受到人们的关注。

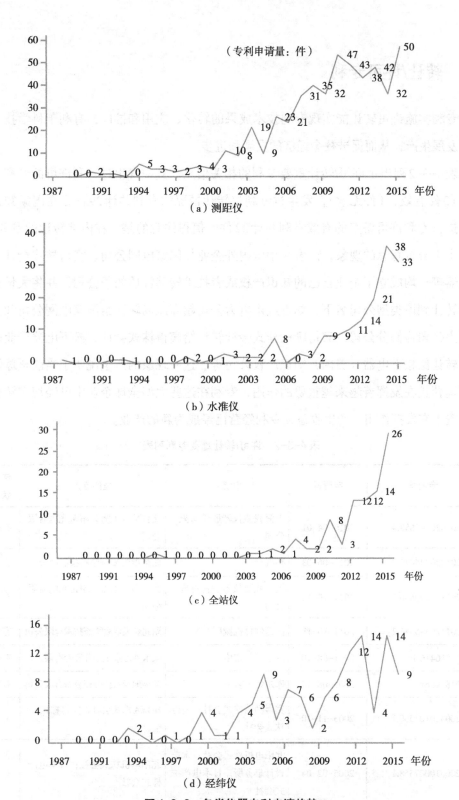

（a）测距仪

（b）水准仪

（c）全站仪

（d）经纬仪

图4-3-8 各类仪器专利申请趋势

3.8 转让/许可专利

专利实施许可转让能实现专利技术成果的转化、应用和推广，有利于科学技术进步和发展生产，从而促进社会经济的发展和进步。

表4-3-2列出了许可/转让重要专利的相关信息。其中发生过专利许可的专利共计4件（3件有效，1件无效），发生过专利权转让情况的专利共计29件，在国家知识产权局进行专利许可备案的有效专利共计22件。值得注意的是，在内部转让的专利中，有一个十分有意思的现象，许多大型国内外企业如国家电网公司、宾得株式会社、松下电器等，均成立了企业自己的知识产权或者技术转移性质的子公司，并将大量自有专利转让到该类型公司名下，如重庆市电力公司超高压局转让给国家电网公司和重庆市电力公司检修分公司，宾得励精株式会社转让给宾得株式会社，松下电器产业株式会社转让给松下电器（美国）知识产权公司等。这一现象的产生说明了当前全球知识产权运营正在发挥着越来越重要的作用，专利在这些大型全球企业中已经切实转化为无形资本在发挥作用、产生收益，专利经营已经成为新的产业。

表4-3-2 许可/转让重要专利列表

专利号	申请日	申请人	被许可人	法律状态
CN201020148658.4	2010-04-01	上海我要仪器股份有限公司	艾普瑞（上海）精密光电有限公司	有效
CN201020224875.7	2010-06-08	杨红林	曲靖市野阳测绘科技有限公司	失效
CN201120390686.1	2011-10-14	上海我要仪器股份有限公司	艾普瑞（上海）精密光电有限公司	有效
CN201120395386.2	2011-10-18	国营红林机械厂	湖北航天双菱物流技术有限公司	有效
CN01816416.1	2001-08-10	库尔特·吉格	莱卡地球系统公开股份有限公司	有效
CN01814664.3	2001-08-10	库尔特·吉格	莱卡地球系统公开股份有限公司	有效
CN200310103560.1	2003-11-10	宾得励精株式会社；宾得株式会社	HOYA株式会社；宾得株式会社	失效
CN200510007368.1	2005-02-04	北阳电机株式会社；木造设计事务所；日本电产株式会社	北阳电机株式会社；日本电产株式会社	有效

续表

专利号	申请日	申请人	被许可人	法律状态
CN200510110504.X	2005-11-18	上海双微导航技术有限公司	上海司南卫星导航技术有限公司	有效
CN200680050706.2	2006-11-27	罗博图兹有限公司	罗伯特博世有限公司	失效
CN200680045942.5	2006-12-08	贝盈科技有限公司	罗伯特.博世有限公司	有效
CN200820100123.2	2008-09-26	重庆市电力公司超高压局	国家电网公司;重庆市电力公司检修分公司	有效
CN200820181591.7	2008-12-31	北京北阳电子技术有限公司;凌通科技股份有限公司;凌阳科技股份有限公司	北京凌阳益辉科技有限公司;凌通科技股份有限公司;凌阳科技股份有限公司	有效
CN200920005793.0	2009-3-16	华北电网有限公司北京超高压公司	国家电网公司;华北电网有限公司北京超高压公司	有效
CN200910063071.5	2009-7-7	中国船舶重工集团公司第七一七研究所	湖北久之洋红外系统有限公司	有效
CN201080001501.1	2010-2-18	松下电器产业株式会社	松下电器（美国）知识产权公司	有效
CN201080014824.4	2010-2-26	松下电工株式会社	松下电器产业株式会社	有效
CN201010132836.9	2010-3-24	国网电力科学研究院;南京南瑞集团公司	国家电网公司;国网电力科学研究院;南京南瑞集团公司	失效
CN201020140992.5	2010-3-24	国网电力科学研究院;南京南瑞集团公司	国家电网公司;国网电力科学研究院;南京南瑞集团公司	有效
CN201020245983.2	2010-7-5	山西元亨利贞科技有限公司;张奥然	山西元亨利贞科技有限公司;张奥然	有效
CN201020250246.1	2010-7-6	刘松年;罗先照;徐艾芬	苏州凤凰索卡亚光电科技有限公司	失效
CN201120144836.0	2011-5-6	宋建明	深圳市东帝光电有限公司	有效
CN201110227503.9	2011-8-8	高行友;江苏兴邦建工集团有限公司;宿迁华夏建设（集团）工程有限公司	高行友;宿迁华夏建设（集团）工程有限公司	有效
CN201120363857.1	2011-9-26	上海兴润电力电缆发展有限公司	上海久隆电力（集团）有限公司	失效
CN201220294924.3	2012-6-21	水利部南京水利水文自动化研究所	江苏南水科技有限公司	有效

专利号	申请日	申请人	被许可人	法律状态
CN201220451764.9	2012-9-6	付建国，王海亭；刘雁春	大连圣博尔测绘仪器科技有限公司	有效
CN201220591355.9	2012-11-12	高冬梅；高坤；杨卫良	高冬梅；上海康成铜业集团有限公司；杨卫良	失效
CN201320148597.5	2013-3-29	付建国，王海亭；刘雁春	大连圣博尔测绘仪器科技有限公司	有效
CN201320341691.2	2013-6-16	成都绿迪科技有限公司	四川鑫圆建设集团有限公司	有效
CN201310250649.4	2013-6-21	江苏紫峰光电科技有限公司	江苏南大五维电子科技有限公司	有效
CN201410323725.4	2014-7-8	刘雁春	大连圣博尔测绘仪器科技有限公司	审中
CN201420382719.1	2014-7-11	刘雁春	大连恒基电子技术有限公司	有效
CN201410381403.5	2014-8-5	四川金码科技有限公司	成都祥瑞世纪工程安全网络技术有限公司	有效

第4章 小结

（1）工程测量技术全球专利申请量共1299项，其中中国专利申请量832件，占比64.0%，工程测量技术全球专利申请整体呈震荡增长态势，年增长率不高；全球专利申请量排名前列的4个主要申请国/地区分别为中国、日本、德国和欧专局，中国自2000年以来相关专利申请量增长明显，处于技术发展期，而另外三个主要申请国/地区的专利申请量增长缓慢，且申请量不大。

（2）中国相关专利除了在本国布局外，只有少部分布局到了德国和欧专局，向国外拓展程度较低，而日本和德国的相关技术产业在海外扩展程度较高，相关专利具有较大的覆盖面。中国企业要注意防范专利逆差地位带来的专利侵权风险。

（3）相关专利申请量排名首位的是日本株式会社拓普康，中国申请人在全球主要申请人中也占据一定席位，包括南京德朔实业有限公司、刘雁春、励精科技（上海）有限公司、原相科技股份有限公司等。

（4）全球工程测量技术专利主要集中在视线光学测距仪测量距离、光学测量和非无线电电磁波技术领域，全球主要申请人的专利技术也主要涉及上述三个技术领域。

（5）中国自主知识产权的申请量占到中国专利申请总量的71%，外籍申请人主要来自日本、德国、瑞士、美国等国，这与全球专利申请国分布信息大致相同；中国工程测量技术专利主要集中在江苏、北京、上海等地，浙江2013—2015年本领域专利申请增速明显。

（6）中国相关专利申请人多为企业类型，产学研合作申请的申请量较少；中国专利主要申请人中排在前列的是拓普康株式会社，与全球主要申请人排名大致相同；外籍申请人的有效专利占比普遍高于中国籍申请人。

（7）工程测量技术中国专利中以测距仪的专利申请量最多，其次是水准仪；水准仪和全站仪近年来的专利申请有明显增长，测距仪和经纬仪的专利申请时间较早；测距仪、全站仪和水准仪专利申请量最大的省份都是江苏。

第五部分　数据处理

第1章　研究概况

1.1　数据处理技术

遥感信息处理（Remote-sensing Information Processing）是对遥感器获得的信息进行加工处理的技术。遥感信息通常以图像的形式呈现，故这种处理也称遥感图像信息处理。随着遥感科学技术、计算机科学技术的发展，遥感影像的摄影测量处理已进入了数字摄影测量时代，数字摄影测量已融合了遥感、地理信息系统、计算机图形学、数字图像处理、计算机视觉、模式识别等学科。

1.1.1　无人机影像数据处理

由无人机平台获得的遥感图像的畸变主要是由数码相机镜头非线性畸变和拍摄时无人机姿态的变化造成的图像旋转和投影变形引起的。在数据处理中，由于图像数据可能是卫星影像、航空图像等，所以使用的几何纠正方法也不尽相同。目前在理论上可以用野外实地采集控制点来获取传感器的外方位元素，之后进行单张影像纠正；依据已有的大比例尺地形图选取控制点，用传统摄影测量的方法进行几何纠正；对已经有正射影像图的地区进行作业时，可以将无人机影像和正射影像进行配准来实现纠正；可以在无人机上加装惯性导航系统（Inertial Navigation System，INS）和（Global Position System，GPS）定位系统，从而获得相机姿态、位置，进而对图像几何纠正。一般遥感数字影像纠正步骤如图5-1-1所示。

图5-1-1　一般遥感数字影像纠正步骤

1.1.2　高光谱数据处理

高光谱遥感图像的主要特征是图像信息的多维性，它包含了地球表面的空间、辐射和光谱三重信息，以三维数据的形式存储。人们可以在任何波长位置上得到该波段的图像，获得地物大小、形状、相对位置等空间信息，也可以在图像中任何空间位置上得到一个像元的光谱特性，获得该像元对应地物的类型或成分的信息。在高光谱数据应用过程中，数据处理是非常重要的环节，目前在我国，也是制约该类数据应用进一步普及应用的重要因素之一。

我国的高光谱成像技术一直紧跟世界同类仪器的最新发展水平，典型代表为上海技术物理研究所开发研制的OMIS系列和PHI系列，前者为扫描成像方式，后者为推帚成像方式。近年来，国内外在高光谱遥感信息处理方面的研究主要集中在高光谱成像信息的定标与定量化、成像光谱数据信息可视化及多维表达、图像—光谱变换、大数据量数据处理、波段选择与特征提取、高光谱分类、混合像元分解等方面。

1.1.3　图像数据融合

简单地说，遥感图像融合就是图像合成技术，将不同平台（卫星与机载）上的同一或不同传感器获取的不同空间与光谱分辨率图像按特定的算法进行处理，以使所产生的新图像同时具有原来图像的多光谱特性以及高地面分辨率，来实现不同的应用需求。按照融合在处理流程中的阶段可分为像素级、特征级以及分类决策融合（图5-1-2～图5-1-4）。从目前应用情况来看，应用最多、算法开发最多的是特征级融合。在我国高光谱图像融合算法研究已经起步，但是尚处于初始阶段，大多数发表的算法并不是针对高光谱，而是针对多光谱图像，大多数仍以彩色图像的融合算法为基础，这与国际上关于高光谱融合的算法发展有一定的距离，相信随着国内高光谱数据应用范围的扩大，该类算法的研究也会有一个新的局面。

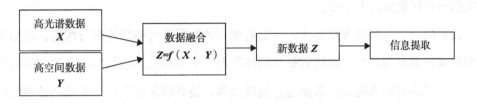

图5-1-2　高光谱图像与高空间图像的像素级融合

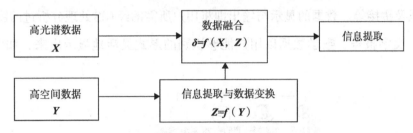

图5-1-3　高光谱图像与高空间图像的特征级融合

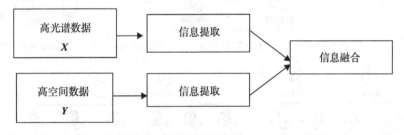

图5-1-4　高光谱图像与高空间图像的决策级融合

1.1.4　计算机数据处理

计算机数据处理主要包括数据采集、转换、分组、组织、计算、存储、检索与排序等多个方面。其中，数据的获取包括数据的采集与输入。GIS所需的原始数据分为空间数据和属性数据两类。空间数据是指图形实体数据，常采用的输入方法有键盘输入、利用数字化仪和扫描仪进行数字化和扫描化等。属性数据是指空间实体的特征数据，一般采用键盘输入。

数据的存储主要分为栅格数据和矢量数据两大类。数据的管理主要包括图形库管理和属性库管理。图形数据的构模包括矢量数据模型和面片数据模型，而专题属性数据模型一般采用关系数据模型。两者之间的连接方式目前有：专题属性数据作为图形数据的悬挂体、用单项指针指向属性数据、属性数据与图形数据采用统一的结构、图形数据与属性数据自成体系。

数据的处理包括两方面工作：一是对输入的数据进行质量检查与纠正，包括图形数据和属性数据的编辑、图形数据和属性数据之间对应关系的校验、空间数据的误差校正等；二是对输入的图形数据进行整饰处理，使其满足地理信息系统的各种应用要求，如对矢量数据的压缩与光滑处理、拓扑关系的建立、矢量栅量数据的相互转化、地图裁减及拼接等。数据的显示与输出即将用户所需的经GIS处理分析过的图形，数据报表、文字报告、数学数据以用户能够识别的形式灵活地显示出来，如图5-1-5所示。

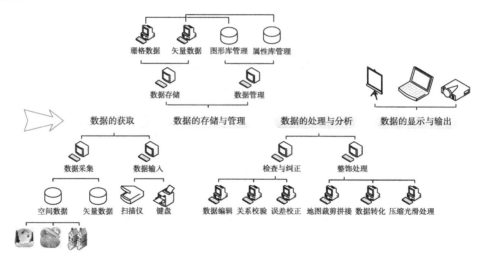

图5-1-5　地理信息系统构成

1.2　技术分解

根据数据处理的对象类型与处理方法，对于遥感信息的数据处理研究，主要从图像数据处理与计算机数据处理两个方面进行，见表5-1-1。

表 5-1-1 数据处理技术分解表

一级 技术分支	二级 技术分支	三级 技术分支	四级 技术分支	五级 技术分支
数据处理	图像数据处理	图像类型	光学摄影成像	
			数字扫描成像	光谱扫描图像
				多波段扫描图像
				雷达扫描图像
				其他
		处理过程	图形识别	图像识别
				图像预处理
				图像捕获
				其他
			图像增强或复原	
			图像融合	
			图形图像转换	
			图像编码	
			图像分析	
			三维图像处理	
			其他	
	GIS 数据处理	数据来源	地图数据	
			遥感数据	
			实测数据	野外试验
				实地测量
			多媒体数据	
			其他	
		处理方法	数据采集	
			压缩存储	
			数据编码	
			解析转换	
			数据融合	
			数据管理	分类聚类
				数据标注
			数据输出	数据传输
				数据发布

续表

一级 技术分支	二级 技术分支	三级 技术分支	四级 技术分支	五级 技术分支
数据处理	GIS 数据处理	处理方法	其他	诊断
				渲染
				安全
				仿真

第2章 图像数据处理技术全球专利概况

采用Derwent Innovations Index专利数据库对图像数据处理技术领域内的全球专利进行检索，经筛选后共包括8501项相关专利，涵盖了1977年以来的图像数据处理技术领域内的相关全球专利。

本节对图像数据处理技术领域内的全球专利进行总体上的统计分析。

2.1 申请态势

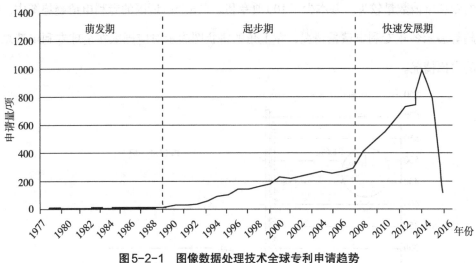

图5-2-1 图像数据处理技术全球专利申请趋势

图5-2-1所示为1977—2016年图像数据处理技术全球专利的历年专利申请量变化情况。从图中可以看出，全球专利的申请趋势明显分为萌芽期、起步期和快速发展期三个阶段（2015年、2016年的申请量下降与专利申请延迟公开以及数据库录入的滞后性有关）。1977—1990年为图像数据处理技术全球专利的萌芽期，这一阶段的图像处理技术从无到有，专利年申请量几乎没有增长，且始终处于较低水平；1990—2008年为起步阶段，随着各国对图像数据处理技术的重视以及相关鼓励政策的刺激，技术申

请人不断加大研发投入，使得专利申请量呈现稳步增长，年申请量在300项以下；2008年之后，相关专利的申请量出现快速增长势头（这可能和中国在2008—2014年这段时间内加入图像数据处理技术研发热潮，专利申请量增长迅速有关），2014年专利申请量突破1000项。

2.2 八国专利申请趋势

图5-2-2所示为全球专利申请量排名前列的6个主要申请国中国、美国、日本、韩国、法国、德国在图像数据处理技术领域内从1990—2016年的各年度专利申请情况，各主要申请国的专利申请量依次递减，分别为：中国2689项、美国2460项、日本1848项、韩国608项、法国146项、德国132项，除上述主要申请国外，其他国家或区域的专利申请数量较少，基本少于100项专利。在6个申请国的专利申请趋势图中，柱状趋势表示各年专利申请量情况，左上角的饼状图表示对应国家在全球专利申请总量中的占比情况。

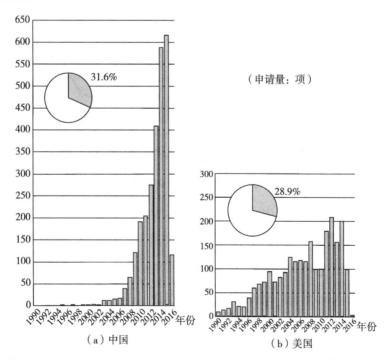

（a）中国　　　　　（b）美国

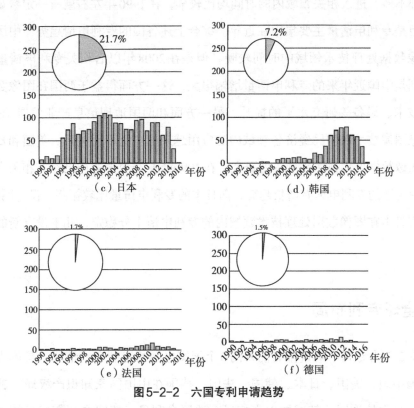

图 5-2-2　六国专利申请趋势

　　从图中可以看出，中国在图像数据处理领域内的专利申请比较有特色，其在1990—2006年之间的专利申请量很少，且几乎没有数量的增长。而从2008年开始，中国在相关技术领域内的专利申请量有十分明显的增长速度，2012年开始年专利申请量超过250项，在2015年存在专利尚未公开的情况下专利年申请量超过了600项，中国的专利申请处于快速增长期。相较中国的专利申请趋势，专利申请量排名第二位的美国的申请趋势则完全不同，美国自1990年开始一直都保持一定的专利申请量，从1996年开始专利申请出现缓慢增长，但整体的年增长幅度不大，专利申请量一直保持在200项以下，专利产出稳中有增，美国的专利申请处于稳定增长期。专利申请量排名第三位的日本的申请趋势与上述两国不同，日本在1994年之后专利申请开始有50项左右的数量，但是此后年申请量基本一直保持在50~100项之间未有明显的增长，专利的申请量进入稳定期。韩国在图像数据处理技术领域内的研究成果出现于1996年，此后专利申请量增长不明显且数量不多，直至2008年专利申请量有了较明显的增长，但是数量仍然不多，未超过100项。法国和德国的专利申请趋势比较类似，两者的专利申请总量都不多，进入相关领域内的时间均比较早，在1990年左右就有一定数量的专利申请，但是专利申请量主要集中在近年。综合上述各国的专利申请趋势，中国和韩国进入图像数据处理技术领域的时间较晚，但是在2008年以后相关专利申请量增长显著，特别是中国近年来的专利申请量增幅很大，这一方面得益于两国在图像数据处理领域内技术、设备等研究水平的提升，另一方面和两国地理信息产业发展越来越好、地理信息图像技术在国民经济各领域内的应用越来越广泛不无关系。美国和日本很早就开始图像数据处理技术领域内的研究，在1990年甚至更早之前已经有相关专利的申请，此后美国的专利申请有增长趋势，而日本的专利申请量比较振荡，没有明显增长，相较而言日本在图像数据处理技术领域内的专利申请十分稳定，几乎没有新的研发力量加入。

2.3 全球专利布局

图5-2-3为专利申请量排名前列的6个国家之间的专利布局情况，具体为专利申请来源国中国、美国、日本、韩国、法国、德国在中国国家知识产权局、美国专利商标局、日本特许厅、韩国知识产权局、法国专利局、德国专利商标局的专利布局情况，各国在本国内的专利申请数量均是最多的，在其他国家的专利布局量多少可以看出该国对布局国市场的重视程度。从图中可以看出，来源国中国的绝大部分专利只在本国国内布局，很少一部分布局到了美国和日本，说明中国的图像数据处理技术向国外拓展程度较低，基本还处于只在国内保护阶段，这是由中国申请人绝大部分是大学/科研机构而企业很少决定的。来源国美国的专利布局除了本国国内，还布局了数量可观的专利到日本和德国，可见美国对上述两国市场的重视程度。同样的，来源国日本除了本国布局外，在美国有最多数量的专利布局，在韩国和德国有少量的专利布局，美国和日本的相互专利布局说明其在图像处理技术领域内存在一定的竞争关系。另外韩国、法国和德国除了在美国有较多专利布局外，在日本的专利布局数量也不少。

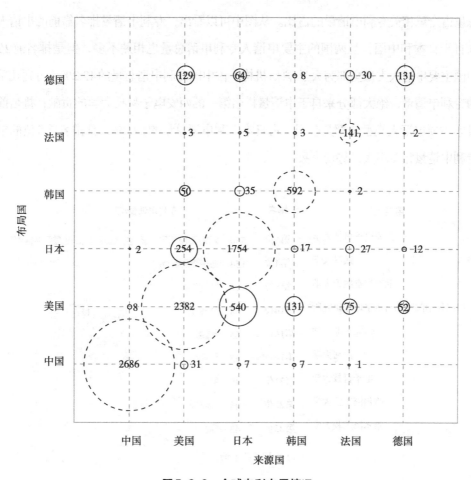

图5-2-3　全球专利布局情况

　　可见在图像处理技术领域内，美国和日本不仅专利申请时间早，申请量排名前列，而且各国在全球的专利布局也主要集中在这两个国家，美国和日本在相关技术领域内的技术研发和产业市场发展良好。而中国的申请专利除了在本国布局外几乎没有国外布局现象，其他国家在中国的专利布局数量十分少，说明目前为止中国在相关技术领域内的发展还是以国内发展为主，而我们也要抓住其他国家申请人对我们的忽视，抓紧时间做好专利技术布局，筑好专利壁垒。

2.4　全球专利申请人

　　数据处理技术全球专利申请排名前25的申请人分别来自中国、美国、日本和韩国，各有9名、5名、10名和1名申请人，图5-2-4所示为中国、美国和日本主要申请人的专利总量占全球相关专利申请量的占比。从图中可以看出，专利申请量排名靠前的申请人主要来自于日本和中国，且两国的主要申请人专利申请总量也相差不多，但是排名前25位的中国主要申请人类型全部为大学/科研机构，占中国专利申请总量的42.2%，占到几乎一半的专利申请量，绝大部分来自于申请量排名第一的西安电子科技大学的贡献；排名前列的日本主要申请人类型全部是公司，占日本专利申请总量的52.9%，且排名前5位的申请人专利申请量相差不大，势均力敌。

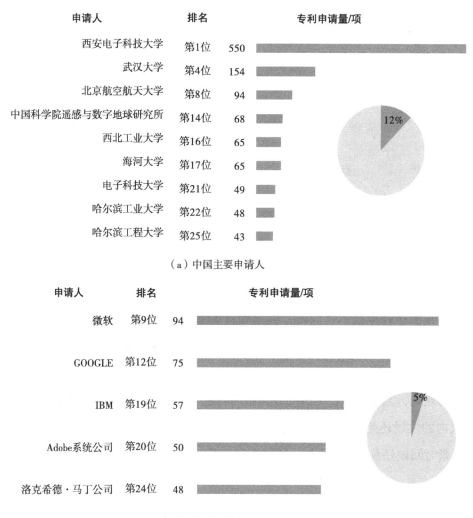

（a）中国主要申请人

（b）美国主要申请人

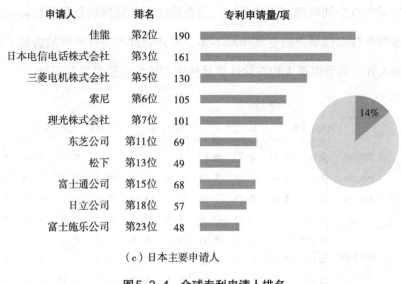

申请人	排名	专利申请量/项
佳能	第2位	190
日本电信电话株式会社	第3位	161
三菱电机株式会社	第5位	130
索尼	第6位	105
理光株式会社	第7位	101
东芝公司	第11位	69
松下	第13位	49
富士通公司	第15位	68
日立公司	第18位	57
富士施乐公司	第23位	48

（c）日本主要申请人

图5-2-4　全球专利申请人排名

2.5　全球专利技术分布

全球专利申请主要集中在图像分析（Image analysis）、图像增强（Image enhancement）、软件产品（Claimed software products）、三维（3-dimensional）、识别（Recognition）、物体放大缩小和旋转（Object enlargement, reduction and rotation）、图像数字化/编码/压缩（Image digitisation/coding/compression）、物体颜色处理和色彩系统转换（Object colour processing and colour system conversion）、排序、选择、合并或比较（Sorting, selecting, merging or comparing data）、图像的预处理（Image preprocessing），涉及的专利分别有3269项、1895项、1634项、1452项、1132项、976项、647项、638项。

图5-2-5所示是全球图像数据处理技术领域内主要申请人的专利技术布局情况，选取了专利申请量排名前10位的主要申请人，分析各自在图像分析、图像增强、软件产品、三维、识别、物体放大缩小和旋转、图像数字化/编码/压缩、物体颜色处理和色彩系统转换、排序/选择/合并/比较、图像的预处理技术领域内的专利布局。从图中可以看出，各申请人在图像分析、图像增强和图像数字化/编码/压缩三个技术领域内基本有较多专利布局，在三维、识别、物体放大缩小和旋转以及排序/选择/合并/比较

四个技术领域内有个别申请人比较关注，而在物体颜色处理和色彩系统转换、图像的预处理技术两个技术领域内的专利布局不多。另外软件产品技术领域内除了中国的三位主要申请人外，其余申请人均在软件产品技术领域内有较多专利布局。

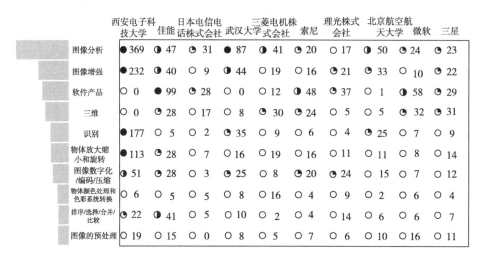

图5-2-5 主要申请人的专利技术布局情况

2.6 重要申请人

对全球专利申请量排名第一的西安电子科技大学在图像数据处理技术领域内的专利技术进行梳理，提炼出其在图像分析技术领域内的专利申请主要集中在图像变化检测方法技术方面，将西安电子科技大学申请的图像变化检测方法技术专利按照申请时间的先后顺序进行排列，结果如图5-2-6所示。从图像变化检测方法技术的路线发展图中可以看出，西安电子科技大学在针对遥感图像的检测方法方面具有较大的突破，2009年开始截至检索日共有40项相关专利申请量。发明人团队主要集中在焦李成老师团队，所申请的专利技术对噪声具有较好的鲁棒性，能够较好地保持变化区域的边缘信息，减少伪变化信息，具有较高的检测精度。

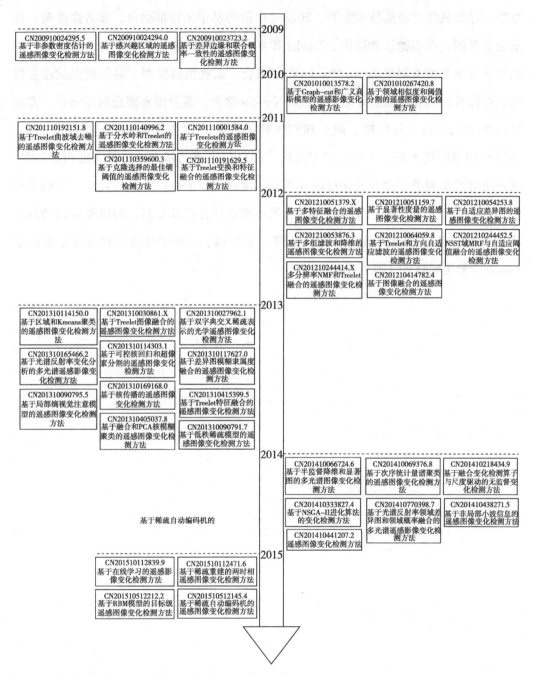

图5-2-6 西安电子科技大学图像变化检测方法技术专利的技术发展路线图

在申请的40项专利中，基于多种方式来实现图像的精度检测，包括2009—2010年申请的基于差异边缘和联合概率一致性、非参数密度估计、Graph-cut和广义高斯模型、邻域相似度和阈值分割技术专利，2011年申请的基于Treelet变换去噪技术和克隆选择的最佳熵阈值技术专利，2012年申请的基于多特征融合、显著性度量、自适应差异图、多组滤波和降维、Treelet 和方向自适应滤波等技术专利，2013年申请的基于双字典交叉稀疏表示、Treelet 图像融合、低秩稀疏模型、局部熵视觉注意模型、可控核回归和超像素分割、区域和Kmeans聚类、差异图模糊隶属度融合、光谱反射率变化分析、核传播、融合和PCA核模糊聚类技术等专利。值得注意的是，2013年的专利技术公开了较多模型方法，2014年申请的基于半监督降维和显著图、次序统计量谱聚类、融合变化检测算子与尺度驱动、NSGA-Ⅱ进化算法、非局部小波信息、基于光谱反射率邻域差异图和邻域概率融合技术专利，2015年申请的基于稀疏重建、稀疏自动编码机、RBM模型技术专利。其中有9项专利技术涉及基于Treelet 变换去噪技术（图5-2-6）。

第3章　GIS数据处理全球专利概况

各种类型的数据中存贮了海量的地理信息数据，且数据还在以指数级方式不断增长，不同类型的数据之间需要互相访问、通讯存储，迫切需要高效、精确、普适的方法来分析这些数据，以实现越来越多的功能需求，为科学决策提供必需的信息。

本章采用Derment专利数据库进行GIS数据处理的全球专利检索，经筛选后共包括3761项相关专利，涵盖了1984年以来GIS数据处理相关的全球专利。主要对地理信息领域GIS数据处理分支全球专利申请进行总体分析，重点研究了全球专利申请态势、主要申请国申请趋势、全球专利布局、主要申请人分析等。

3.1　申请态势

图5-3-1所示为1984—2016年全球范围内GIS数据处理技术的历年专利申请量变化情况。通过数据检索可知，1984—1993年，GIS数据处理技术的专利年申请量增长缓慢，始终处于较低水平；1994—2004年，随着各国对GIS数据处理技术的重视，技术申请人不断加大研发投入，使得GIS数据处理技术的专利申请量呈现逐步平稳增长的趋势。2005年起，专利申请量突飞猛进，呈现快速增长，在2011年达到高点317项，随后略有下降，到2015年再次达到一个高位。同时由于部分专利未公开的原因，2015、2016年的专利统计数量存在比实际略少的情形。

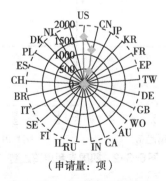

（申请量：项）

图5-3-1　全球专利申请趋势

从右上角的各国专利申请分布图中可以看出，美国、中国、日本、韩国是申请量排名前列的几个主要申请国，下面将对各国申请趋势分别统计分析。

3.2　四国专利申请趋势

图5-3-2所示为美国、中国、日本、韩国4个主要申请人国家在GIS数据处理技术领域的近30年各年度专利申请情况。从图中可以看出，美国、中国、日本、韩国是该技术领域内的主要申请人国家，专利申请量保持缓步增长的趋势。美国的专利申请量较为平稳，一直保持较高的申请量。中国2011年超越美国成为全球专利申请量最多的国家，但随后两年有一个异常跌落，直到2014年恢复正常。韩国和日本两国相对于美国和中国的专利申请总量相对较少，申请量从1997年以后开始缓慢增长。

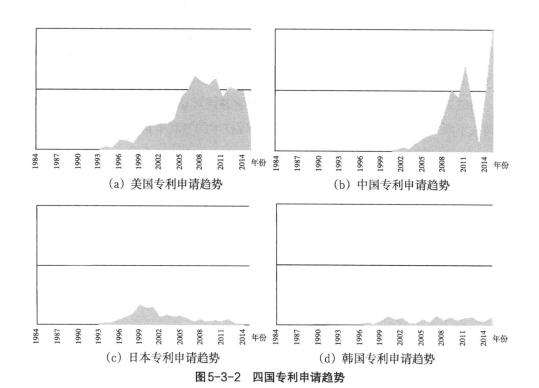

（a）美国专利申请趋势　　　　　　（b）中国专利申请趋势

（c）日本专利申请趋势　　　　　　（d）韩国专利申请趋势

图5-3-2　四国专利申请趋势

3.3 全球专利布局

图5-3-3（a）为选取专利申请量较多的7个国家或地区，比较7个不同来源国的申请人在该7个目的国家或地区的专利布局情况。具体为美国、中国、日本、韩国、法国、欧专局、德国的申请人在美国专利商标局、中国国家知识产权局、日本特许厅、韩国知识产权局、欧洲专利局以及德国专利商标局的专利申请情况。从图中可以看出，中国、美国、日本、韩国、法国、德国均主要在本国申请专利；欧洲专利局中以中国、美国的专利申请为主。从各国申请人在不同国家进行专利布局的侧重不同，可以看出其对该国GIS数据处理技术的重视程度，总体而言7个主要申请国在美国、日本、中国有较多专利布局，可见对这三个市场的重视；其中美国籍申请人相对其他6国在中国专利布局最多。此外，日本、韩国籍申请人在美国，美国籍申请人在日本、中国、欧专局、中国，法国、德国籍申请人在欧专局、美国的专利局中均有一定的申请覆盖，这一方面说明他们在GIS数据处理领域技术发展的领先，也说明他们在全球范围内的专利布局意识很高。相比而言，中国申请人在除中国局之外，在其他国家专利局的申请比例均非常低，可见中国相对于美国、日本、德国、韩国等国家均处于较大的专利申请逆差地位。

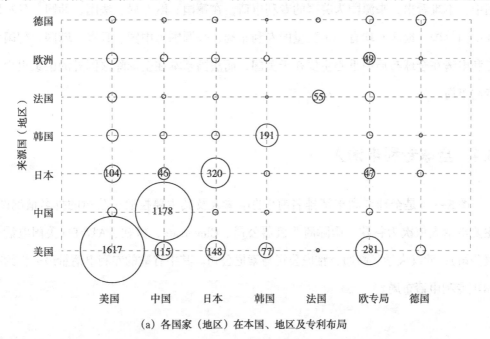

（a）各国家（地区）在本国、地区及专利布局

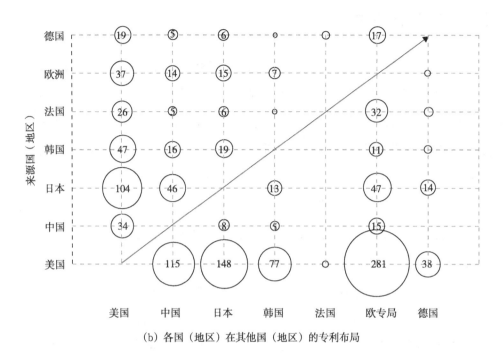

（b）各国（地区）在其他国（地区）的专利布局

图5-3-3　全球专利国家布局情况

图5-3-3（b）为上述7国在除本国申请外的其他6国（地区）的专利布局情况，图中，不难看出，来源国为美国的专利申请，在德国、欧专局、法国、韩国、日本以及中国等国（地区）均有一定数量的专利布局，来源国为中国、日本、韩国、德国的专利申请在全球布局中重心主要在于美国，而法国基本在全球除法国外的国家很少有专利布局。

3.4　全球专利申请人

图5-3-4是全球专利申请排名前9的申请人及其主要控股子公司的排名情况图，主要申请人依次为谷歌、国际商业机器公司、Cleversafe、微软、AT&T（美国电话电报公司）、武汉大学、高通、雅虎公司与索尼公司。其中谷歌的专利申请量最多，约有98项专利申请布局。

GOOGLE INC	
GOOGLE TECHNOLOGY HOLDINGS LLC	GOOG-C
INT BUSINESS MACHINES CORP	
NETEZZA CORP	IBMC-C
CLEVERSAFEINC	
	CLSF-C
MICROSOFT CORP	
MICROSOFT TECHNOLOGY LICENSINGLLC	MICT-C
AT & T INTELLECTUAL PROPERTY I LP	
AT & T INTELLECTUAL PROPERTY II LP	AMTT-C
AT&T MOBILITY II LLC	
AT&T INTELLECTUAL PROPERTY I LP	
AT&T BLS INTELLECTUAL PROPERTY I NC	
AT&T LABS INC	
AT & T DELAWARE INTELLECTUAL PROPERTY IN	
AT & T CORP	
AMERICAN TELEPHONE & TELEGRAPH CO	
UNIV WUHAN	
	UNIV WUHAN
QUALCOMM INC	
	QCOM-C
YAHOO INC	
YAHOO KK	YAHO-C
SONY CORP	
SONY COMPUTER ENTERTAINMENT INC	SONY-C
SONY UKLTD	
AIWA KK	
SONY FRANCE SA	
SONY DEUT GMBH	
SONY ERICSSON MOBILE COMMUNICATIONS AB	
SONY MOBILE COMMUNICATIONS AB	

图5-3-4 全球主要申请人排名

3.5　全球专利技术分布

在 GIS 数据处理领域的专利布局中，全球专利主要集中的领域分别包括：数据库应用（Database applications）、软件产品（Claimed software products）、搜索引擎（Search engines and searching）、信息检索（Information retrieval）、数据传输（Data transfer）、硬件（Hardware）、存储（Storage）、非车载导航（Non-vehicle navigation）、来自远程服务器（From remote site or server）、排序选择等数据处理（orting, selecting, merging or comparing data）。全球专利申请排名前列的九大主要申请人主要技术分布参见图5-3-5。

	谷歌	国际商业机械公司	CLSF-C	微软	AMTT-C	武汉大学	高通	雅虎	索尼
T01-J05B4P	39	17	17	16	23	36	1	24	4
T01-S03	43	34	5	36	30	0	33	1	7
T01-J05B3	19	10	0	10	2	6	1	7	6
T01-J05B	69	43	29	29	29	53	9	35	16
T01-N01D	21	27	48	12	22	10	21	23	8
T01-N02A3	20	27	40	10	20	1	8	8	5
T01-J05B2	11	16	13	10	5	11	3	4	4
T01-C01D3C	17	18	41	8	11	0	11	21	2
T01-J21	21	0	0	9	2	9	3	3	2
T01-N01D3	10	15	45	5	12	5	8	8	6
T01-N01A	12	19	19	3	10	0	1	11	1
T01-E01	22	11	9	5	11	2	6	11	4

图5-3-5　全球专利主要技术方向分布

谷歌公司作为本领域排名第一的专利申请人，其申请主要来源于谷歌公司以及谷歌技术控股有限责任公司，其中谷歌技术控股有限责任公司拥有专利3项。谷歌在本领域的专利布局多分布在软件产品（Claimed software products）、数据库应用（Database applications）、搜索引擎（Search engines and searching）、检索（Search and retrieval）、服务器（Servers）、路径规划（Route planning）、文件传输（Document transfer）等几大方面。具体参见图5-3-6所示。

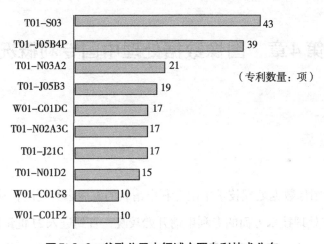

图5-3-6　谷歌公司本领域主要专利技术分布

第4章 图像数据处理中国专利概况

4.1 申请态势

图5-4-1是图像数据处理技术中国专利申请量的发展态势情况，从图中可以看出，中国在图像数据处理技术方面的专利申请开始较晚，直到进入21世纪以后，图像数据处理技术领域内才有一定数量的中国专利，申请量维持逐年增长态势，近年来的专利申请数量维持达到500件以上。

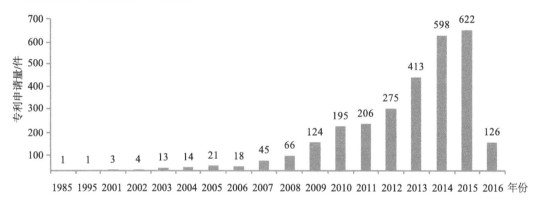

图5-4-1 图像数据处理技术中国专利申请态势

4.2 申请人区域构成

在专利技术来源方面，大部分的图像数据处理技术中国专利是我国自主知识产权，申请量为2701件，占到中国专利申请总量的98%，其余2%的专利量来源于国外，可见中国专利申请人还是以我国申请人为主。从图5-4-2中可以看出，在国外申请人中，美国、日本是主要的国外申请人来源国，其他国家在中国的布局专利数量很少，说明国外在图像数据处理技术领域对在中国进行专利布局的兴趣并不大。

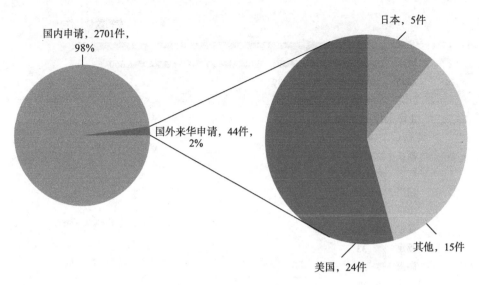

图5-4-2 中国专利申请人区域分布

4.3 国内申请人区域分布

国内图像数据处理技术的申请人区域分布如图5-4-3所示，具体申请量数值列于图中。中国各省市自治区在图像数据处理技术领域的专利申请达100件以上的省市自治区有6个，依次为北京、陕西、湖北、江苏、上海和黑龙江，浙江相关技术领域的专利申请量为98件。其中北京和陕西的专利申请量远超其他省份，分别达到758件和660件，占比27.5%和24.0%，两个省份的专利申请量总和超过全国其他省份的专利申请量，可见北京和陕西是图像数据处理技术的主要申请人聚集区。专利申请人区域分布和各省份经济发展的关联度不大，可能与当地图像数据处理技术领域的行业发展有关，或者与该技术领域内的科研实力有关。

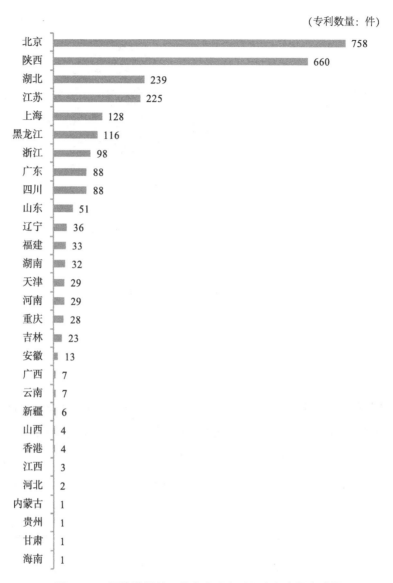

（专利数量：件）

图 5-4-3　图像数据处理技术中国专利国内各省份申请量

4.4　技术构成

图像数据处理技术领域内的专利以发明专利为主，其中发明专利申请量为 2728 件，占比 99%，实用新型专利申请量仅有 27 件，说明该技术领域内专利具有较高的技术含量，主要是对产品、方法或者其改进所提出的新的技术方案，而对产品的形状、构造或者其结合所提出的适于实用的新的技术方案数量不多。

4.4.1　图像成像类型

将该技术领域内的中国专利按照成像方式分，可以分为光学摄影成像和数字扫描成像两种类型，两类成像方式的中国专利申请量以及近年来的专利申请趋势如图5-4-4所示，从图中可以看出，光学摄影成像技术的专利申请量只有773件，占比28%，而数字扫描成像技术的专利申请量达到1988件，占比72%（其中有6件专利涉及两类成像技术的数据处理），由此可见数字扫描成像技术是地理信息产业中图像数据处理技术的主要处理对象，具有较多的研究成果。两类图像数据处理技术的专利申请趋势比较类似，均自2000年以后有一定的专利申请量，且在近几年有较高的专利申请增长量。

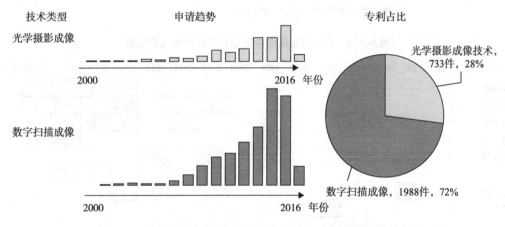

图5-4-4　两种类型的图像数据处理中国专利申请量及申请趋势

（1）光学摄影成像技术。光学摄影成像的中国专利申请人排名情况如图5-4-5所示，该技术领域内的主要申请人为武汉大学、中国科学院遥感与数字地球研究所和南京大学，专利申请量分别为82件、24件、18件，武汉大学专利申请量占比10.6%，可见武汉大学在光学摄影成像技术领域内具有较深入的研究，对其申请专利的第一发明人开展进一步分析，以提取出在光学摄影成像技术领域内具有较多研发投入的研究团队，为企业以及其他科研机构的后续合作提供参考，统计结果如图5-4-6所示。

（申请量：件）

图5-4-5 光学摄影成像中国专利主要申请人申请量

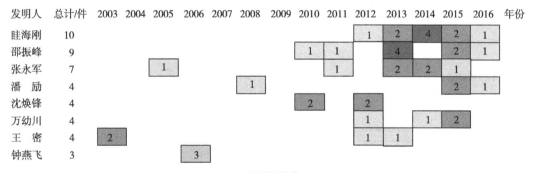

图5-4-6 2003—2016年武汉大学光学摄影成像专利第一发明人团队专利申请量

从图5-4-6可以看出，武汉大学在光学摄影成像技术领域内中国专利申请量排名中位于前列的是眭海刚团队，其次是邵振峰团队和张永军团队，其余的发明人相关专利申请数量并不多，说明武汉大学在该技术领域内的专利申请并不集中在某些团队手中，相对还是比较分散的。从图中还可以看出，主要申请人的相关专利申请时间大多集中在2012年以后。对于申请量较多的眭海刚团队、邵振峰团队和张永军团队，他们的相关专利申请主要集中在2013年、2014年和2015年，除了张永军团队在2005年有1件专利申请外，其余两个团队均是在近年才有专利申请，虽然研发投入时间较晚，但是发展比较迅速。

（2）数字扫描成像技术。

数字扫描成像技术领域内的中国专利申请量排名第一的申请人为西安电子科技大学，有544件专利，占比为27.4%，对其在数字扫描成像技术领域内的专利进行深入分析，提取第一发明人团队，结果如图5-4-7所示。从图中可以看出西安电子科技大学在数字扫描成像技术领域内的中国专利申请量最多的为焦李成团队，有97件相关专利申请，占比为17.8%；其次是侯彪团队和王桂婷团队，申请量分别为44件和37件，再往后有7个团队的专利申请量在20件以上，有12个团队的专利申请量在10件以上。西安电子科技大学在数字扫描成像技术领域内发明人团队的中国专利申请时间较晚，集中在2008年以后，在2014年时达到申请量的峰值，特别是焦李成团队在2014年有41件相关专利的申请量。

将西安电子科技大学在数字扫描成像技术领域内，中国专利申请量排名前三位的发明人团队的所有专利，按照时间和专利价值度的维度进行排布，研究三个团队专利的价值度情况，结果如图5-4-8所示（图中横坐标是时间维度，表示时间跨度为2008年到2016年的专利申请；纵坐标是专利价值度维度，价值度从9到2依次降低，图中圆形标注表示专利申请量，专利申请量越多则圆形直径越大）。专利价值度的判定是从技术稳定性、技术先进性和保护范围三个方面综合评价专利的价值，其中技术稳定性的判定包括专利目前的法律状态、有无诉讼行为发生、有无发生过质押保全、有无提出复审请求、有无被申请无效，技术先进性的判定包括该专利及其同族专利在全球被引用次数、涉及的IPC分类小组（应用领域广泛性）、研发人员投入人数、是否发生许可、是否发生转让，保护范围的判定包括有几项权利要求、在几个国家申请专利布局。

从图中可以看出，三个第一发明人团队在2008—2016年的申请专利价值度横跨2~9，整体分布呈现2011年以前是高价值度的专利申请，2013年往后则的专利申请价值度均不高，近年来鲜有高价值度的专利申请。三者相比较而言，焦李成团队在2014年和2015年虽然有较多专利申请，但是申请专利的价值度不是很高，价值度低于5，反而在2008年之前的所有专利申请均具有较高的专利价值度，因此焦李成团队在2011年之前申请的专利可以作为该领域内研发人员重点关注的技术专利；侯彪团队在整个时间跨度中的年专利申请量比较均衡，每年均有一定数量的专利产出，但是近年来产出的专利价值度不高；王桂婷团队申请的专利数量虽然不多，但是其专利的价值度还是比较高的，大部分专利价值度均在5以上。

发明人	总量	2007	2008	2009	2010	2011	2012	2013	2014	2015	2016
焦李成	97		5	8	4	4	6	7	41	18	4
侯彪	44		4	3	4	7	4	5	12	5	
王桂婷	37		1	7	1	5	8	10	4	1	
缑水平	30			2	3	6	5	5	5	3	1
刘芳	30			1		3	6	4	8	11	
王爽	29			3	5	3	2	2	11	2	1
钟桦	25		1	6		3	2		4	8	1
公茂果	24			1	2	5	5	5	4	1	1
张向荣	24	1	1	1		4	2	3	9	3	
杨淑媛	23			3		1		3	6	9	1
白静	15							3	10	2	
马文萍	10			1		1			4	4	
杜兰	8								4	4	
李明	8					1		2	3	2	
慕彩红	8							3	4	1	
吴艳	8						1	2	3	2	
尚荣华	7							3	1	3	
张小华	7			1	1	1	2	1			
李阳阳	6			1	2	3					
刘宏伟	6			1					4		
王英华	6					1			2	3	
田小林	5			2				2	1		

（专利申请量：件）

图5-4-7　西安电子科技大学数字扫描成像专利第一发明人团队专利申请量

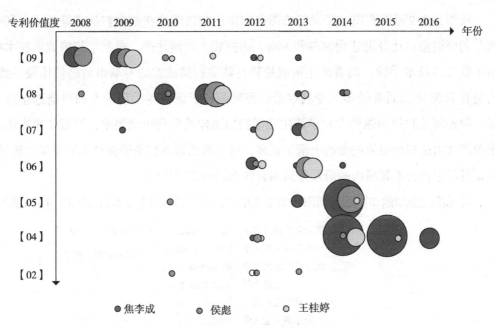

图5-4-8 三个第一发明人团队中国专利的价值度情况

数字扫描成像按照成像技术手段又可分为光谱扫描图像、雷达扫描图像、多波段扫描图像以及其他四种类型。其中光谱扫描图像和雷达扫描图像是数字扫描成像中两类重要的成像技术，专利申请量均占据该类成像技术专利申请量的较大比例，对光谱扫描图像和雷达扫描图像两种成像技术分别进行深入分析，两种成像技术的专利申请量、占比以及专利申请趋势如图5-4-9所示。

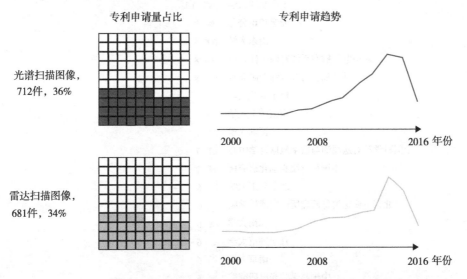

图5-4-9 光谱和雷达扫描图像数据处理中国专利申请量及申请趋势

从图5-4-9可以看出，光谱扫描图像和雷达扫描图像在数字扫描成像技术专利中的专利申请量占比分别达到36%和34%，占据较大申请比例，是数字扫描成像技术中的主要成像技术手段，两者的年申请趋势与数字扫描成像的专利申请趋势比较一致，均是在2008年以后有较多的专利申请。虽然两种成像技术手段的专利申请总量差不多，但是雷达扫描图像的专利申请比光谱扫描图像的专利申请要早，而近年来光谱扫描图像比雷达扫描图像的专利申请量要多，可见虽然雷达扫描图像技术的发展比较早，但是近年来该技术领域内的研发方向略有向光谱扫描图像偏。

对光谱扫描图像和雷达扫描图像的主要申请人进行比较分析，结果如图5-4-10所示。

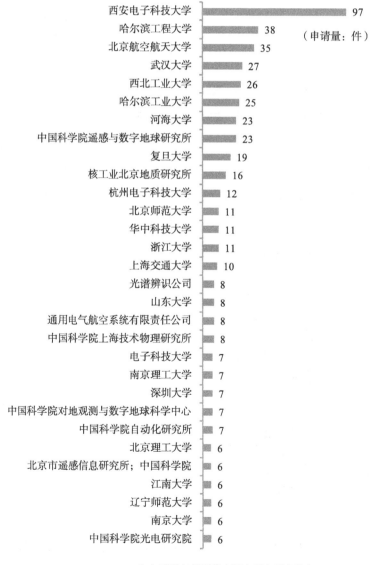

（a）光谱扫描图像中国专利申请人排名

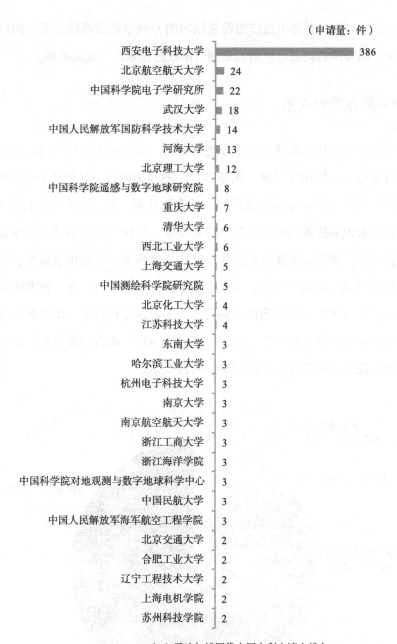

（申请量：件）

西安电子科技大学	386
北京航空航天大学	24
中国科学院电子学研究所	22
武汉大学	18
中国人民解放军国防科学技术大学	14
河海大学	13
北京理工大学	12
中国科学院遥感与数字地球研究院	8
重庆大学	7
清华大学	6
西北工业大学	6
上海交通大学	5
中国测绘科学院研究院	5
北京化工大学	4
江苏科技大学	4
东南大学	3
哈尔滨工业大学	3
杭州电子科技大学	3
南京大学	3
南京航空航天大学	3
浙江工商大学	3
浙江海洋学院	3
中国科学院对地观测与数字地球科学中心	3
中国民航大学	3
中国人民解放军海军航空工程学院	3
北京交通大学	2
合肥工业大学	2
辽宁工程技术大学	2
上海电机学院	2
苏州科技学院	2

（b）雷达扫描图像中国专利申请人排名

图5-4-10　光谱扫描和雷达扫描图像数据处理中国专利申请人情况

从图5-4-10中可以看出，光谱扫描图像和雷达扫描图像的主要申请人比较一致，专利主要集中在西安电子科技大学、北京航空航天大学以及武汉大学的手中，特别是雷达扫描图像领域内的专利，超过一半以上的专利集中在西安电子科技大学，专利申请量占比高达56.7%，而光谱扫描图像领域内的专利申请虽然排名第一的仍为西安电子科技大学，但是排名其后的申请人专利申请数量并未拉开太大差距。

4.4.2 图像数据处理技术

将图像数据处理技术按照处理手段进行分类，可以分为图形识别、图像分析、图像的增强或复原、三维图像处理、图像融合、图像编码以及其他共7种技术手段，其中图形识别技术又可以细分为图像识别、图像预处理、图像捕获以及其他共4种技术手段。涉及图形识别技术的中国专利申请量最多，有1095件专利涉及该图像数据处理技术，占比33%；其次是图像分析技术，有1019件专利；专利申请量排名第三位的是涉及图像的增强或复原技术专利，有651件专利，占比19%。在专利申请量最多的涉及图形识别技术专利中，涉及图像识别技术、图像预处理技术、图像捕获技术以及其他技术的专利数量分别有697件、337件、61件、9件。图像数据处理技术领域内的涉及各个技术手段的专利申请量占比如图5-4-11所示。

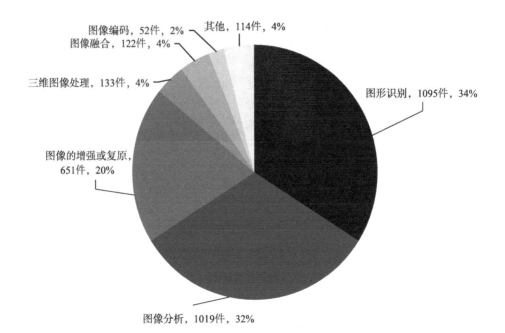

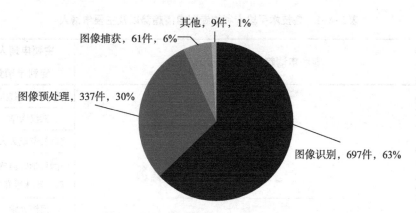

图5-4-11　图像数据处理技术领域中国专利申请中的技术手段占比

　　对图像数据处理技术领域中国专利申请中涉及图形识别、图像分析、图像的增强或复原、三维图像处理、图像融合、图像编码以及其他共7种技术手段的专利申请趋势以及主要专利申请人进行分析，结果如表5-4-1所示。从表中可以看出，涉及图形识别、图像分析、图像的增强或复原、三维图像处理、其他技术手段的专利在2008年左右有较明显的专利申请量，此后专利申请量增长明显，而涉及图像融合技术手段的专利申请在2013年以后才有明显的专利申请量增长，并且增长幅度一直不大。涉及图形识别技术手段的专利增长幅度较其他技术手段明显，特别是2014年和2015年有明显的数量提升。

　　各个技术手段的专利主要申请人方面，西安电子科技大学除三维图像处理技术手段外的其余几类技术手段专利都是排名首位的主要申请人，专利申请量远超其他几位申请人的申请数量；武汉大学在图形识别、图像分析、图像的增强或复原、图像融合技术领域内的专利申请量排在第二位，三维图像处理技术手段专利的申请量排名首位；北京航空航天大学在图形识别、图像分析、图像的增强或复原、三维图像处理技术领域内均有所涉及，专利申请量排名靠前。

表 5-4-1　各技术手段专利的专利申请趋势以及主要申请人

技术手段	专利申请趋势(2001—2016年)	主要申请人及其专利申请量/件	
图形识别		西安电子科技大学	238
		武汉大学	61
		北京航空航天大学	34
		中国科学院遥感与数字地球研究所	32
		河海大学	31
图像分析		西安电子科技大学	236
		武汉大学	61
		中国科学院遥感与数字地球研究所	35
		北京航空航天大学	35
		河海大学	31
图像的增强或复原		西安电子科技大学	150
		武汉大学	33
		北京航空航天大学	25
		中国科学院遥感与数字地球研究所	23
		西北工业大学	18
三维图像处理		武汉大学	8
		中国科学院遥感与数字地球研究所	6
		北京航空航天大学	5
		深圳先进技术研究院	5
		浙江大学	4
图像融合		西安电子科技大学	15
		武汉大学	6
		河海大学	4
		中南大学	3
		北京师范大学	3
图像编码		西安电子科技大学	8

续表

技术手段	专利申请趋势（2001—2016年）	主要申请人及其专利申请量/件	
		西北工业大学	4
		哈尔滨工业大学	3
		上海交通大学	2
		中国科学院计算技术研究所	2
其他	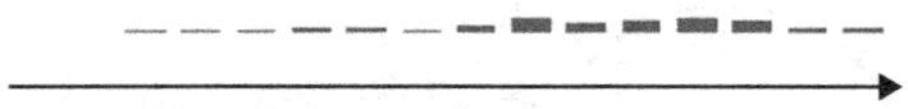	西安电子科技大学	8
		南京师范大学	6
		上海大学	5
		上海交通大学	4
		株式会社博思科	3

对图像数据处理技术领域内涉及各技术手段的专利按照专利价值度进行梳理，将专利价值度在8以上的专利按照申请时间的顺序进行排布，结果如图5-4-12所示。图5-4-12为2007—2014年涉及各技术手段的具有高价值度（价值度8以上）专利历年的申请趋势，从图中可以看出，涉及图形识别、图像分析以及图像的增强或复原三个技术手段的具有较多的高价值度专利，分别有191件、192件、184件高价值度专利申请，分别占各自专利申请总量的17.40%、18.90%、28.30%；其次具有较高产出的是三维图像处理以及其他技术手段，有34件、35件高价值度的专利申请，分别占各自专利申请总量的25.60%、30.07%；最后是图像融合和图像编码技术手段，高价值度专利申请分别占各自专利申请总量的9.80%和11.50%，这与两种技术手段的总体专利申请量不高不无关系。综上可见，图像数据处理技术领域内的高价值度专利占专利总量的20.20%左右，该技术领域内的专利申请总体技术价值较高。

年份

(专利数量：件)

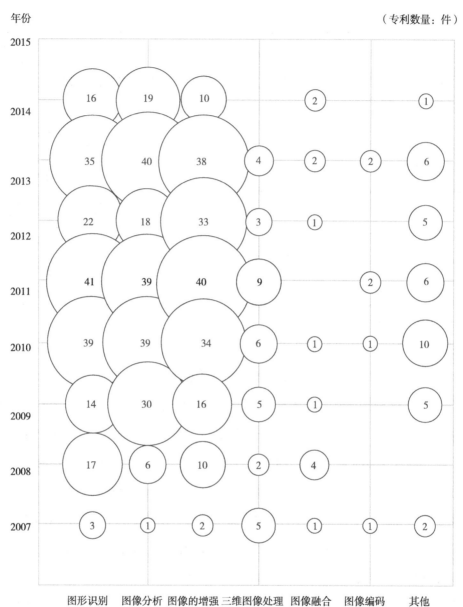

图形识别　图像分析　图像的增强　三维图像处理　图像融合　图像编码　　　其他

技术手段

图5-4-12　各技术手段的高价值度(价值度8以上)专利历年申请趋势

不同技术手段的高价值度专利申请趋势略有不同，研究各个技术手段的研发人员可以重点关注对应技术手段内高价值度专利的集聚申请，抓住高价值度专利开展研究，提供研发的效率及质量。涉及图形识别、图像分析以及图像的增强或复原三个技术手段的高价值度专利主要集聚在2010—2013年，除2012年外基本每年都有35件以上的高价值度专利申请；而三维图像处理、图像融合、图像编码以及其他的高价值度专利则分别在2011年、2008年、2011年（2013年）、2010年有专利申请峰值。

对图像数据处理技术领域内涉及各技术手段的专利按照专利被引用次数进行排序，结果如图5-4-13所示。专利的被引证次数可以反映出该专利对往后的技术发展影响程度，如果一件专利被后续的专利所引用次数越高，一定程度上说明该专利对后来的技术发展影响越大，因此可以通过研究被引证次数较多的专利来获取基础专利的技术成果并从侧面探究技术的发展脉络。

从图5-4-13中可以看出，各技术手段的专利被引证次数为0次的专利占较大比例，大部分专利的被引证次数为1~5次，被引证次数在10次以上的专利数量很少，主要集中在涉及图形识别、图像分析以及图像的增强或复原三个技术手段的专利，上述三种技术手段不仅专利申请量多，且高被引证次数的专利数量多，在图像数据处理技术领域内的技术发展脉络中占据重要部分。其中图像分析和三维图像处理技术手段各有1件专利的被引证次数超过20次，属于对往后的技术发展有较大影响程度的重要技术脉络专利。

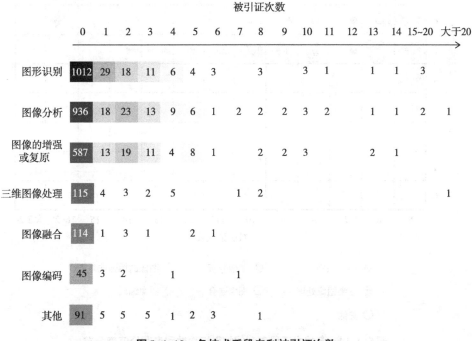

图5-4-13 各技术手段专利被引证次数

将涉及7种技术手段的专利按照被引证次数和专利价值度进行排布，以获取图像数据处理技术领域内的具有高专利价值度和高被引证次数的重要专利，结果如图5-4-14所示。图中圆圈的大小表示专利申请量多少。

根据各技术手段的专利被引证次数和专利价值度分布图，可以从价值度的高低来判定专利技术的稳定性、技术先进性和保护范围三个方面，从专利的被引证次数来反映出该专利对往后的技术发展影响程度。图中越是靠近图示右上角的专利，其专利价值度和被引证次数数值越大，表明专利的重要程度越高；越是接近图示左下角的专利，其专利价值度和被引证次数数值越小，表明专利的重要程度越低。从图中可以看出，图像数据处理技术领域内的中国专利（被引证次数在5次以上）全部具有3以上的专利价值度，且大部分的专利价值度均在5以上，而被引证次数方面，大部分的专利被引证次数在10次以下，只有部分涉及图形识别、图像分析、图像增强或复原、三维图像处理的专利被引证次数在10次以上。

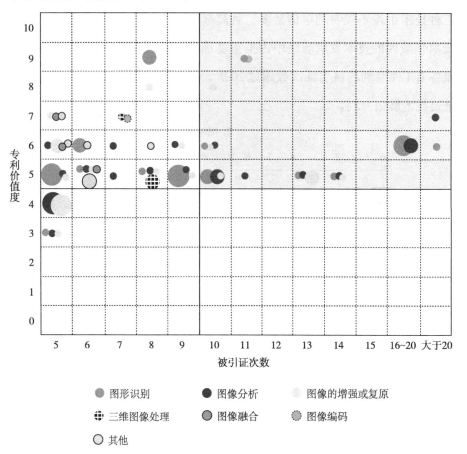

图5-4-14　各技术手段专利的被引证次数和专利价值度分布

专利价值度在5以上，被引证次数在10以上的重要专利涉及的技术手段及申请趋势汇总于图5-4-15中（图中的圆圈大小表示专利的被引证次数多少）。从图5-4-15中可以看出，重要专利的申请时间集中在2009年和2010年，特别是涉及图形识别技术手段的专利，9件中有5件重要专利是在2010年申请的，而涉及图像分析技术手段的重要专利则全部集中在2009年和2010年。涉及图像增强或复原技术手段的重要专利，6件中有3件申请集中在2009年和2010年。可见在2009—2010年这一时间段内，上述三个技术手段的研究有较大的突破，申请的专利具有有较高技术的稳定性和技术先进性，具有较大的保护范围，具有较高的被引证次数，该时间段申请的专利对后续的技术发展具有最强的影响程度。因此对于上述三个技术手段的研究可偏向于对应技术领域内在2009年和2010年申请的专利，以提高研究的效率和质量。

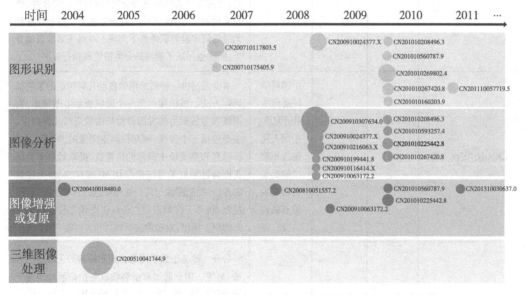

图5-4-15 图像数据处理技术领域内重要专利的技术分布及申请趋势

其中专利价值度在5以上，被引证次数在10以上的重要专利共有20件，按涉及的技术手段分别为：9件涉及图形识别、10件涉及图像分析、6件涉及图像增强或复原、1件涉及三维图像处理。其中专利CN201010208496.3、CN201010560787.9、CN200910024377.X、CN201010267420.8、CN201010225442.8、CN200910063172.2均涉及两个技术手段。

重要专利的主要来源省份为西安和北京，主要申请人是西安电子科技大学，其中CN201010269802.4、CN201010160203.9、CN200910116414.X为个人申请专利，被引证次数分别达到18次、10次、11次数。另外除了CN201010208496.3、CN201310030637.0

两件专利的当前法律状态为审中外，其余18件专利的当前法律状态均是失效状态，因此对于18件失效专利均可以借鉴其专利技术而没有专利侵权风险，但是需注意对其引用专利的侵权风险。重要专利的详细情况按照涉及的专利技术手段列于表5-4-2~表5-4-5中。

表5-4-2　涉及图形识别技术手段的重要专利列表

申请号	价值度	被引证次数	申请人	技术主题
CN201010208496.3	【09】	11	北京师范大学	本发明提出了一种基于分割单元聚类的遥感影像自动分类方法。首先对遥感影像进行分割，得到一系列空间上相邻、同质性较好的分割单元，然后对分割单元进行特征提取，得到分割单元的光谱特征、纹理特征、形状特征、结构特征等多特征信息。进而根据分割单元的特征信息对分割单元进行聚类。最后，通过对聚类结果进行分类后处理(类别合并、错分类别调整等)得到最终的分类结果。整个过程在无需任何先验知识条件下实现了对遥感影像自动分类，同时也保证了较高的分类精度和执行效率
CN201010560787.9	【06】	10	中国科学院遥感应用研究所；中国人民解放军第二炮兵装备研究院第五研究所	本发明提供一种遥感图像自动几何纠正的系统框架和方法。该框架包含一个区域级参考图像集，利用该参考数据为基准图像对新图像进行几何纠正。主要包括三个步骤:利用待纠正图像的四个角点坐标信息和系统校正误差的估算值，提取对应于待纠正图像区域的参考图像和DEM(或DTM)作为控制影像;将控制图像与待纠正图像进行自动匹配，获得控制点;基于控制点建立待纠正图像和控制图像之间的纠正模型，对图像进行纠正
CN201010269802.4	【06】	18	郑茂	公开一种基于数字图像识别和检索的无线定位方法、系统。用户通过移动终端设备拍摄所处地理环境数字图像、撰写所处地理位置描述文字传送给本系统,本系统对从用户移动终端接收到的数字图像建立二值位图序列，并从中提取多个基元(基元,指图像中不同于像素的要素,如线段、曲线、封闭图形、纹理等)特征,对应基元相关范围提取原始数字图像的像素数据;依据基元特征和像素数据同定位电子地图的实景数字图片比对、识别和检索结果,结合用户发送的所处地理位置描述文字信息的识别和检索结果,对用户终端进行位置定位,并将相关定位信息及周边地理信息发送给用户终端;本方法和系统适用于所有通信网络终端用户

申请号	价值度	被引证次数	申请人	技术主题
CN200910024377.X	【06】	19	西安电子科技大学	本发明公开了一种基于谱聚类的半监督多光谱遥感图像分割方法,其分割过程是:(1)提取输入多光谱遥感图像的特征;(2)对具有S个像素点的多光谱遥感图像,随机均匀采样N个无标签的点和M个有标签的点的集合n=N+M,其中M个有标签的点用来构造成对限制信息Must-link和Cannot-link集合;(3)对采样的点集合采用半监督的谱聚类进行分类,得到这n=N+M个点的类别标签;(4)将采样的n=N+M个点作为训练样本,对剩余的(S-N-M)个点用最近邻的准则进行分类,为每个像素点按其所在的类别赋一个类标,作为输入图像的分割结果。本发明与现有技术相比分割效果良好,可操作性强,分类精度有所提高,避免反复试验寻找最优的参数,对图像大小限制小,可更好的应用于多类别的多光谱遥感图像的分割
CN201110057719.5	【05】	13	西安电子科技大学	本发明公开了一种基于字典学习和稀疏表示的SAR图像分割技术,主要解决现有特征提取需要花费大量时间以及距离测度具有一定缺陷的问题。其实现过程是:(1)输入待分割图像,确定分割类数k;(2)为待分割图像每个像素点提取p×p窗口得到测试样本集,从测试样本集中随机选择少量样本得到训练样本集;(3)提取训练样本集小波特征;(4)利用谱聚类算法对训练样本集进行划分;(5)对每一类训练样本,应用K-SVD算法训练字典;(6)求解测试样本在字典上稀疏表示向量;(7)计算测试样本的重构误差函数;(8)根据重构误差函数求测试样本标签,得到图像分割结果。本发明具有分割快速且效果好的优点,该技术可以进一步用于SAR图像自动目标识别
CN201010267420.8	【05】	14	西安电子科技大学	本发明公开了一种基于邻域相似度和阈值分割的遥感图像目标变化检测方法,主要解决传统方法对含有较高噪声的目标变化检测抗噪性能差,检测精度低的缺点。其实现过程包括:(1)利用强度归一化公式对两幅遥感图像进行灰度匹配;(2)利用邻域相似性距离测度构造两幅遥感图像的相似矩阵;(3)结合相似矩阵构造两幅遥感图像的差异影像;(4)对差异影像构造二维灰度直方图,采用2D-OTSU方法确定分割阈值,将目标区域和背景区域分离;(5)用模

申请号	价值度	被引证次数	申请人	技术主题
CN201010267420.8	【05】	14	西安电子科技大学	糊熵的方法对未处理的边缘和噪声点继续进行分类。本发明具有抗噪性强,检测变化目标精确度高的优点,可用于检测多时相遥感图像变化的目标
CN201010160203.9	【05】	10	霍振国	基于半监督核自适应学习的遥感高光谱图像分类方法,它涉及一种遥感高光谱图像的分类方法,它解决了目前遥感高光谱图像分类方法存在分辨率低的问题。本发明的过程为:判定高光谱图像训练样本集的标注形式,获得优化目标函数,然后获得最优参数或数据依赖核参数;根据获得的参数,得到不变结构或变结构的最优核函数,进而获得最优半监督分类器,利用该分类器即可实现对实测遥感高光谱图像的分类。本发明能够准确地对遥感高光谱图像的端元进行分类,提高了遥感高光谱图像的分辨率,能够应用于地形军事目标侦察、高效的战事打击效果评估、海军潜艇实时海上环境监测、突发自然灾害的应急响应技术领域
CN200710117803.5	【05】	19	北京航空航天大学	一种适用于高光谱遥感图像的自动波段选择方法,有利于地物精确分类和目标探测。该方法充分考虑了高光谱图像各波段的空间相关性和光谱间相关性,使得信息丰富并且与其他波段相关性小的波段被选择出来,降低了后继处理的计算量,适合于高光谱成像仪实时处理数据。最终波段选择的方法有两种:一是系统根据设定的阈值选择进行目标探测与分类的波段数目,阈值的设定可以根据后续的处理需要自动地选择适合的指数值,确定了阈值之后,指数大于该阈值的波段就被选择出来;另一种方法就是选择波段指数排在前面的d(d≤n)个波段,n为高光谱遥感图像的波段总数。该方法可通过计算机自动执行
CN200710175405.9	【05】	10	北京交通大学	本发明公开了一种从合成孔径雷达遥感图像上探测湖岸线与提取湖泊轮廓方法。它包括以下步骤:首先对获得的合成孔径雷达遥感图像利用全方向自适应动态窗口滤波器进行斑点噪声抑制,再利用边缘和噪声的奇异性在二进小波变换中随尺度变化具有不同的传播规律来检测边缘点,而后利用传统轮廓跟踪方法连接边缘点,最后利用基于梯度矢量流的主动轮廓模型拟合湖泊轮廓。该方法可以有效地

续表

申请号	价值度	被引证次数	申请人	技术主题
CN200710175405.9	【05】	10	北京交通大学	消除SAR图像中存在的斑点噪声对水陆边界提取的影响,准确地探测湖岸线,并最终获得湖泊的轮廓形状

表5-4-3　涉及图像分析技术手段的重要专利列表

申请号	价值度	被引证次数	申请人	技术主题
CN201010208496.3	【09】	11	北京师范大学	本发明提出了一种基于分割单元聚类的遥感影像自动分类方法。首先对遥感影像进行分割,得到一系列空间上相邻、同质性较好的分割单元,然后对分割单元进行特征提取,得到分割单元的光谱特征、纹理特征、形状特征、结构特征等多特征信息。进而根据分割单元的特征信息对分割单元进行聚类。最后,通过对聚类结果进行分类后处理(类别合并、错分类别调整等)得到最终的分类结果。整个过程在无需任何先验知识条件下实现了对遥感影像自动分类,同时也保证了较高的分类精度和执行效率
CN200910307634.0	【07】	30	哈尔滨工业大学	对多种传感器遥感图像进行高精度稳健配准的方法,它涉及遥感图像处理领域,它针对配准过程中控制点分布不均匀的问题,而采用了如下步骤:步骤1:联合点特征和区域特征的粗配准,消除参考图像和输入图像之间比较大的尺度、旋转和平移的差异,通过联合点特征和区域特征匹配实现;步骤2:尺度空间特征提取和大量配准控制点对的匹配,在于提取精细配准所需的大量的控制点对;步骤3:基于控制点信息量的筛选和精细配准,目的在于对控制点按各自包含信息量进行筛选,完成高精度的精细配准。本发明为了运用在多种传感器遥感图像进行高精度稳健配准的方法
CN200910024377.X	【06】	19	西安电子科技大学	本发明公开了一种基于谱聚类的半监督多光谱遥感图像分割方法,其分割过程是:(1)提取输入多光谱遥感图像的特征;(2)对具有S个像素点的多光谱遥感图像,随机均匀采样N个无标签的点和M个有标签的点的集合n=N+M,其中M个有标签的点用来构造成对限制信息Must-link和Cannot-link集合;(3)对采样的点集合采用半监督的谱聚类进行分类,得到这n=N+M个点的类别标签;(4)将采样的n=N+M个点作为训练样本,对剩余的(S-N-M)个点用

续表

申请号	价值度	被引证次数	申请人	技术主题
CN200910024377.X	【06】	19	西安电子科技大学	最近邻的准则进行分类,为每个像素点按其所在的类别赋一个类标,作为输入图像的分割结果。本发明与现有技术相比分割效果良好,可操作性强,分类精度有所提高,避免反复试验寻找最优的参数,对图像大小限制小,可更好的应用于多类别的多光谱遥感图像的分割
CN200910199441.8	【06】	10	上海电机学院	本发明提供了一种SAR图像中道路的提取方法,包括步骤:对SAR图像进行前期处理,以调整其对比度及亮度;对经过前期处理的SAR图像进行二值化,以便后续进行滤波处理;对经过二值化后的SAR图像进行数学形态学滤波,使得SAR图像更加平滑干净;对经过数学形态学滤波后的SAR图像进行道路几何滤波,以去除虚警区域;对经过道路几何滤波后的SAR图像进行Canny算子处理,寻找道路的边缘;以及利用Hough变换检测道路,最终从SAR图像中提取出道路。经过上述各个步骤的处理,不仅能够将SAR图像中的道路区域提取出来,而且计算量较小,能够较快地处理SAR图像;可以比较快捷地提取主干道;基本自动提取,较少人工干预
CN200910216063.X	【06】	18	电子科技大学	一种基于极化特征分解的水平集极化SAR图像分割方法,属于雷达遥感或图像处理技术。本发明通过对原始极化SAR图像数据每一像素点的极化特征分解得到由H、α和A三个极化特征构成的极化特征矢量v,然后将所有像素点的极化特征矢量v组合成极化特征矩阵Ω,从而将极化SAR图像的分割问题由数据空间转化到极化特征矢量空间,利用特征矢量定义适用于极化SAR图像分割的能量泛函,采用水平集方法实现偏微分方程的数值求解,从而实现极化SAR图像的分割。本发明充分有效利用了极化SAR图像的极化信息,分割得到的图像边缘比较完整,能更好地保持区域的特性,对于噪声具有较强的鲁棒性,算法稳定性较高,分割结果精确;同时,本发明降低了数据的复杂度,能够有效提高图像分割速度

续表

申请号	价值度	被引证次数	申请人	技术主题
CN201010593257.4	【05】	10	住房和城乡建设部城乡规划管理中心	本发明提供了一种基于高分辨率遥感影像的城市绿地分类的方法,以解决在现有的城市绿地确认方法中,工作量较大的问题。该方法包括从获取的城市高分辨率卫星遥感影像中提取城市绿地;按照城市用地性质对城市用地进行功能分区,划分为居住用地、工业用地、道路用地、公园绿地或防护绿地;提取的城市绿地按所处的功能分区确定绿地性质,分为公园绿地、附属绿地、生产绿地、防护绿地或其他绿地。本发明首先将城市高分辨率卫星遥感影像中的城市绿地按照城市用地性质分区,然后再对分区赋以相对应绿地属性,能够快速划分城市绿地的类型,减少了工作量,并且具有结果准确的优点
CN201010225442.8	【05】	13	西安电子科技大学	本发明公开了一种基于 NSCT 域边缘检测和 Bishrink 模型的 SAR 图像去噪方法,主要解决非下采用轮廓波变换对 SAR 图像去噪过程带来的划痕效应及细节丢失问题。其步骤为:对选取的 SAR 图像进行非下采样轮廓波变换,将图像分成 6 层子带系数;保持第 1 层和第 2 层的子带系数不变,用 Bishrink 模型对第 3~6 层的子带系数进行收缩;非下采样轮廓波逆变换重构图像,检测重构图像的边缘,对边缘检测后的图像进行均值滤波,得到滤波后图像;对输入图像和滤波后的图像相减获得的差值图像进行非线性各向异性扩散,得到去噪后的图像。本发明能较好地保持图像的边缘信息和点目标特征信息,可用于 SAR 图像中的解译分析和图像理解的预处理
CN200910116414.X	【05】	11	陈贤巧;吴文字;程蕾	本发明公开了一种光学遥感图像的配准方法,特征是首先提取小面元进行预处理和一次匹配,以更有效地提取封闭边界,同时降低算法复杂度;其次,根据封闭边界链码的相似函数和区域不变矩匹配策略建立边界对应关系,实现区域之间的二次匹配;最后提取匹配区域的质心即匹配点进行一致性检测,并估算仿射变换参数进行图像配准。本发明改进了传统的基于链码配准方法的缺点,提高了配准精度和时间效率,能满足光学遥感图像的自动配准要求

申请号	价值度	被引证次数	申请人	技术主题
CN201010267420.8	【05】	14	西安电子科技大学	本发明公开了一种基于邻域相似度和阈值分割的遥感图像目标变化检测方法,主要解决传统方法对含有较高噪声的目标变化检测抗噪性能差,检测精度低的缺点。其实现过程包括:(1)利用强度归一化公式对两幅遥感图像进行灰度匹配;(2)利用邻域相似性距离测度构造两幅遥感图像的相似矩阵;(3)结合相似矩阵构造两幅遥感图像的差异影像;(4)对差异影像构造二维灰度直方图,采用2D-OTSU方法确定分割阈值,将目标区域和背景区域分离;(5)用模糊熵的方法对未处理的边缘和噪声点继续进行分类。本发明具有抗噪性强,检测变化目标精确度高的优点,可用于检测多时相遥感图像变化的目标
CN200910063172.2	【05】	10	武汉大学	本发明公开了一种顾及多特征多尺度MRF场的SAR图像分割方法,用于遥感影像处理,该方法包括:(1)对原始图像利用灰度共生矩阵提取纹理信息,在得到的纹理特征图像上进行多尺度分割;(2)利用小波变换检测原始图像的边缘信息,得到边缘特征图像;(3)利用线性加权法融合纹理多尺度分割结果与边缘特征,即直接对两幅图像的对应像素点进行加权叠加,得到最终分割结果。本发明方法减少了SAR图像的错误分割率,在消除斑点噪声的同时,很好地保留了图像的边缘等细节信息

表5-4-4　涉及图像的增强或复原技术手段的重要专利列表

申请号	价值度	被引证次数	申请人	技术主题
CN201310030637.0	【08】	10	西安电子科技大学	本发明公开了一种基于PCA与Shearlet变换的遥感图像融合方法,主要解决多光谱和全色图像融合过程中光谱信息和空间分辨率难以平衡的问题。其实现步骤是:对上采样后的多光谱图像进行PCA变换,得到各个分量图像;计算每个分量图像与全色图像的相关系数,并计算其与最大相关系数的差值;对差值小于给定阈值的分量图像和全色图像分别进行Shearlet分解,根据分解结果得到融合后的分量图像;将融合后的分量图像和差值不小于给定阈值的分量图像组成数据集,对该数据集进行逆PCA变换,得到融合图像。本发明具有融合图像的光谱保持性和空间分辨率高的优点,可用于到军事目标识别、气象监测、环境监测、城市规划以及防灾减灾

申请号	价值度	被引证次数	申请人	技术主题
CN201010560787.9	【06】	10	中国科学院遥感应用研究所；中国人民解放军第二炮兵装备研究院第五研究所	本发明提供一种遥感图像自动几何纠正的系统框架和方法。该框架包含一个区域级参考图像集，利用该参考数据为基准图像对新图像进行几何纠正。主要包括三个步骤：利用待纠正图像的四个角点坐标信息和系统校正误差的估算值，提取对应于待纠正图像区域的参考图像和DEM（或DTM）作为控制影像；将控制图像与待纠正图像进行自动匹配，获得控制点；基于控制点建立待纠正图像和控制图像之间的纠正模型，对图像进行纠正
CN200910063172.2	【05】	10	武汉大学	本发明公开了一种顾及多特征多尺度MRF场的SAR图像分割方法，用于遥感影像处理，该方法包括：(1)对原始图像利用灰度共生矩阵提取纹理信息，在得到的纹理特征图像上进行多尺度分割；(2)利用小波变换检测原始图像的边缘信息，得到边缘特征图像；(3)利用线性加权法融合纹理多尺度分割结果与边缘特征，即直接对两幅图像的对应像素点进行加权叠加，得到最终分割结果。本发明方法减少了SAR图像的错误分割率，在消除斑点噪声的同时，很好地保留了图像的边缘等细节信息
CN200810051557.2	【05】	13	中国科学院长春光学精密机械与物理研究所	本发明提出了一种基于中值滤波的图像小波去噪方法，属于数字遥感图像处理领域。该方法首先对含噪图像进行中值预滤波，然后进行小波变换，阈值处理和去噪处理，最终进行小波逆变换，并输出滤波后的图像。本发明的优点：使用中值滤波方法对含噪图像进行预滤波，去除了大部分椒盐类的噪声，并避免了对图像高频部分的影响。然后采用了小波阈值方法结合小波系数尺度相关性的去噪方式，避免了单纯使用小波阈值方法信号系数与噪声系数的混淆，同时也减少了单纯采用小波系数尺度相关性去噪方法所需的巨大运算量。经试验证明采用本方法的去噪效果稳定，所需的运算量适中
CN200410018480.0	【05】	14	上海交通大学	一种基于影像局部光谱特性的遥感影像融合方法，结合遥感影像的局部相关矩和局部方差进行融合，在对多光谱影像进行IHS变换的基础上，对变换后得到的I分量和高光谱影像进行直方图匹配，然后对匹配后的I分量和高光谱影像分别进行小波变换。对小波分解后的低频分量采取基于局部归一化

申请号	价值度	被引证次数	申请人	技术主题
CN200410018480.0	【05】	14	上海交通大学	相关矩融合准则进行融合,而对高频分量采取基于方差的融合准则进行融合,对融合后的各小波分量进行重建,得到新的I分量,最后用新的I分量和原来的H、S分量进行IHS反变换,得到融合结果。本发明在很好地保持多光谱影像的光谱信息的同时,提高了多分辨率遥感影像的空间分辨率,其融合效果比较好

表5-4-5　涉及三维图像处理技术手段的重要专利列表

申请号	价值度	被引证次数	申请人	技术主题
CN200510041744.9	【06】	36	西安四维航测遥感中心	本发明涉及地图测绘领域,具体是以摄影测量与遥感技术测绘各种比例尺地形图,特别是城区三维可视与可量测立体地形图制作方法。本发明通过如下步骤实现:(1)数据采集;(2)城市建筑物三维建模;(3)三维地图整饰;(4)等视角投影变换;(5)三维模型消隐处理;(6)三维模型渲染处理;(7)对生成立体效果图进行平面整饰;(8)成图输出。由于本发明所依据的地形图制作方法和原则基本不变,新的城区三维地形图也是传统地形图的自然发展与延伸;城区三维地形图立体可视,即凭视觉可观察城区景观和分辨建筑物的高低;城区建筑物的比高可量测,量测精度视成图比例尺而定。本发明适用于制作各种比例尺、各种视角的三维立体数字地形图

对被引证次数多达36次的CN200510041744.9(申请日:2005年03月02日,专利名称:城区三维可视与可量测立体地形图制作方法,专利申请人:西安四维航测遥感中心,因被驳回而失效)专利进行进一步分析,该专利研发人员投入13人、无诉讼行为发生、未发生过质押保全、申请人未提出过复审请求、未被申请无效宣告、未发生许可及转让,该专利的被引证专利申请人均为图像数据处理技术领域内的主要申请人,包括武汉大学、深圳先进技术研究院、比亚迪股份有限公司、南京师范大学、浙江大学、杭州镭星科技有限公司、煤航(香港)有限公司、中国科学院深圳先进技术研究院、上海交通大学、中国地质大学(武汉)、中煤地航测遥感局有限公司、香港中文大学、上海博泰悦臻电子设备制造有限公司、中国神华能源股份有限公司、神华地质勘

查有限责任公司、株式会社吉奥技术研究所、刘庆国、苏州云都网络技术有限公司、北京四维图新科技股份有限公司、中国人民解放军国防科学技术大学。

在CN200510041744.9被引证专利中，有不少专利都具有后续的被引证专利，其中又以CN101916299 [专利申请号：CN201010269095.9，申请日：2010年09月01日，专利名称：一种基于文件系统的三维空间数据存储管理方法，专利申请人：中国地质大学（武汉），目前法律状态：有效] 和CN101872492（专利申请号：CN201010196338.0，申请日：2010年06月09日，专利名称：基于条件互信息的遥感高光谱图像波段选择方法，专利申请人：中国科学院深圳先进技术研究院，目前法律状态：有效）的后续多级被引证专利最多，可见原专利CN200510041744.9中的某些技术已经被上述两个引证专利引用并得到技术的发展延伸，而对于其他被引用专利的技术挖掘也有助于相关行业内企业的技术挖掘和专利布局。

4.5 主要申请人

图像数据处理技术领域内的中国专利申请人类型分布如图5-4-16所示，从图中可以看出，该技术领域内的中国专利申请人类型主要集中在大专院校和科研单位类型，一共占比83.7%，企业、个人、机关团体以及其他的申请入类型只占到16.3%。可见图像数据处理技术的中国专利申请人还是以科研机构为主，企业的申请量很少，我国该技术领域的工业化水平不高，基本还处于科研实验阶段。

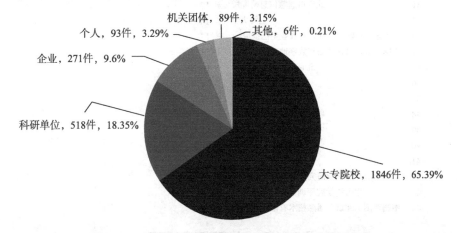

图5-4-16　图像数据处理技术中国专利申请人类型分布

对图像数据处理技术领域内的主要申请人按照专利申请量进行排名，结果如图5-4-17所示。

（申请量：件）

排名	申请人	申请量
1	西安电子科技大学	556
2	武汉大学	155
3	北京航空航天大学	92
4	中国科学院遥感与数字地球研究所	85
5	西北工业大学	65
6	河海大学	64
7	电子科技大学	49
8	哈尔滨工业大学	46
9	中国科学院电子学研究所	44
10	哈尔滨工程大学	44
11	北京师范大学	39
12	浙江大学	37
13	北京理工大学	34
14	中国科学院自动化研究所	32
15	华中科技大学	32
16	南京大学	30
17	上海交通大学	29
18	中国科学院地理科学与资源研究所	26
19	复旦大学	25
20	中国科学院遥感应用研究所	23
21	南京理工大学	21
22	中国人民解放军国防科学技术大学	20
23	中国资源卫星应用中心	20
24	杭州电子科技大学	20
25	核工业北京地质研究院	19
26	福建师范大学	19
27	中国测绘科学研究院	18
28	清华大学	18
29	中国地质大学（武汉）	17
30	中国科学院上海技术物理研究所	17
31	北京市遥感信息研究所	17
32	上海大学	16
33	中国科学院东北地理与农业生态研究所	15
34	中国科学院对地观测与数字地球科学中心	15
35	北京空间机电研究所	15
36	重庆大学	14
37	南京师范大学	13
38	航天恒星科技有限公司	13
39	中国科学院光电研究院	12
40	南京航空航天大学	11
41	同济大学	11
42	中国林业科学研究院资源信息研究所	10
43	中国科学院深圳先进技术研究院	10
44	中测新图（北京）遥感技术有限责任公司	10

图5-4-17　中国专利申请人排名

从图5-4-17中可以看出，西安电子科技大学在图像数据处理技术领域内的专利申请量远超其他申请人，有556件数量之多，而排名第2位的武汉大学以及排名第3位的北京航空航天大学仅有155件和92件。从中国专利的申请人专利申请量排名来看，排名在前的专利申请人几乎都是大专院校和科研单位，只有航天恒星科技有限公司和中测新图（北京）遥感技术有限责任公司两家企业在榜，不过专利申请量也不多，分别仅有13件和10件中国专利申请量。

4.6　重要申请人

在图像数据处理技术领域内排名靠前的申请人中，武汉大学有155件专利申请，专利申请量排名第二位，且武汉大学与企业的合作较紧密，产学研合作模式较其他申请人成熟，因此接下来拟对武汉大学在图像数据处理领域内的技术作梳理，对其发明人情况、技术发展路线作进一步深入分析，为企业全面了解武汉大学在该技术领域内的研究能力情况，有针对性开展产学研合作提供参考。

图5-4-18为武汉大学在图像数据处理技术领域内涉及不同方面技术手段的申请专利，按照发明人申请专利的数量进行排序的情况，图中纵向为技术手段专利对应的发明人专利申请数量。

图形识别/64件		图像分析/61件		图像的增强或复原/33		三维图像处理/8件		图像融合/6件		图像编码/2件	
张良培	13	眭海刚	15	张良培	9	李德仁	3	潘励	2	张良培	1
邵振峰	10	刘俊怡	10	沈焕锋	9	王密	2	谈家英	2	张乐飞	1
眭海刚	9	张良培	7	李德仁	4	龚健雅	2	任关宝	1	代登信	1
钟燕飞	5	马国锐	7	潘俊	4	刘佳莹	1	余磊	1	杜博	1
孙开敏	4	孙开敏	6	王密	4	刘俊怡	1	刘慧琴	1	杨文	1
杨文	4	张永军	6	袁强强	4	孙涛	1	叶昱青	1	章梦飞	1
涂继辉	4	徐川	6	邵振峰	4	宋志娜	1	吴鹏海	1		
陈光	4	杜博	6	孙明伟	3	张叶廷	1	孙开敏	1		
马国锐	4	邵振峰	6	张祖勋	3	张过	1	孙明伟	1		
代登信	3	涂继辉	5	马佳义	3	朱庆	1	张永军	1		
何楚	3	张乐飞	4	黄珺	3	李从敏	1	张羽飞	1		

发明团队及发明数量（件）

图5-4-18　武汉大学各技术手段专利的发明人情况

从图5-4-18中可以看出，武汉大学申请的155件专利中，分别涉及图形识别、图像分析、图像的增强或复原、三维图像处理、图像融合以及图像编码技术手段，各技术手段拥有的专利申请量为64件、61件、33件、8件、6件、2件，可见其申请专利涉及的技术手段还是以图形识别、图像分析为主，其次是图像的增强或复原，其余三种技术手段的专利申请量很少。图中的各技术手段对应的纵列为发明人姓名以及对应的专利申请数量，各个技术手段专利申请量排在前列的发明人不尽相同，具有较大差异，另外三维图像处理、图像融合两个技术手段专利排名靠前的发明人和其他技术手段的主要发明人有较大不同，可见武汉大学的发明人在图像数据处理技术领域内的研究方向较全面，且侧重领域有所不同。

其中有不少发明人除了自身侧重的研究领域外，还涉猎其他技术手段的专利申请，具有多样研究成果。例如在图像数据处理技术领域内专利申请量排名第一的张良培，他在涉及图形识别、图像的增强或复原以及图像编码三个技术手段的专利申请量均排名第一，另外还涉猎图像分析的技术研究，其专利申请量排名第3位，可以说武汉大学在图像数据处理技术领域内的发明人中，张良培不仅专利申请量排名首位，并且研究几乎覆盖所有细分的技术手段，具有较系统的研究成果，建议开展产学研合作。另外还有邵振峰、眭海刚、刘俊怡、马国锐、孙开敏等发明人，不仅在图像数据处理技术领域内有较多专利申请，并且涉及的研究领域较广泛，具有较系统的研究成果。

对武汉大学在图像数据处理技术领域内的重要专利进行梳理，按照专利申请的时间先后进行排列，研究总结其技术发展路线，2014年之前的重要专利是指专利价值度在5以上，被引证次数超过1次的专利，而2015年和2016年申请的专利因为申请时间晚还没有被引证专利，所以2015年和2016年的重要专利选取专利价值度在4以上，权利要求数量在10个以上的专利。武汉大学在图像数据处理技术领域内的相关专利最早是从2003年开始申请，但是直至2006年才开始有稳定数量的专利成果产出。武汉大学在图像数据处理技术领域内的专利技术大致可以分为两个阶段，在2013年之前大部分的重要专利申请主题是图像处理的分类方法，在2013年之后研究侧重点开始往图像数据处理的提取方法方面倾斜；另外在重要专利的申请人方面，可以看出其历年来的重要专利发明人主要为张良培和眭海刚，而马国锐、孙开敏、刘俊怡等武汉大学的主要发明人和眭海刚是一个研究团队。

从具体的专利技术申请状况来看，武汉大学在2006—2013年间，有多篇重要专利涉及图像数据处理的分类方法，且全部为张良培团队研发。其中包括钟燕飞、张良培在2006年06月29日申请的专利CN200610019506.2（专利价值度：6，被引证次数：1，目前法律状态：失效）公开了一种遥感影像的人工免疫监督分类方法，其特征在于：（1）打开待分类遥感影像；（2）选择样区，输入参数；（3）计算亲和度阈值，选取各类初始人工识别球种群和初始抗体记忆库；（4）对样本数组中的所有抗原样本进行人工免疫系统训练，得到所有样区的抗体记忆库；（5）选择下一训练样本，重复步骤（3）到步骤（4），直到完成所有样区的样本训练，得到所有样区的抗体记忆库；（6）对整幅影像，比较每个像元到抗体记忆库中记忆抗体的距离，将该像元判决到距离最小的那个记忆抗体所属的类别中去。本发明方法智能性高，执行效率高，适用于多光谱、高光谱遥感影像分类，可有效提高遥感影像的分类精度。

在此基础上，此后张良培团队又在2011年01月27日申请了专利CN201110028401.4（专利价值度：5，被引证次数：3，目前法律状态：失效），公开了高光谱遥感影像的DNA计算光谱匹配分类方法，通过将DNA计算的思想引入光谱编码匹配算法中，按照优化原理将已有的地物光谱数据转化为相应的DNA链参数，建立在分子水平上的基于DNA编码机理和DNA控制机理的遗传信息模型，实现基于DNA计算的高光谱遥感数据光谱匹配分类，如图5-4-19所示。该方法利用高光谱遥感数据高维度的特征进行匹配分类，既解决了高光谱遥感图像处理过程中由于其数据量大、数据维度高所带来的问题，又充分地发挥了高光谱数据在光谱域精细区分地物种类的能力；该方法运用基于DNA基因操纵技术对特征编码进行组合优化，能够包容光谱多样性和光谱曲线误差，实现光谱智能化、快速、自适应匹配分类过程。此后张良培团队又继续追加申请了CN201110028597.7专利，公开了一种基于克隆选择的高光谱遥感影像亚像元定位方法，见图5-4-19所示。

除上述分类技术外，张良培团队在2006年09月11日申请的CN200610124494.X专利（专利价值度：5，被引证次数：4，目前法律状态：失效）公开了一种可调节的光谱和空间特征混合分类方法，基于多尺度背景、小波多分辨率分析，设置中心像元的一系列多尺度窗口，用Mallat变换建立每个窗口的多分辨率分析，小波分解的级数由窗口大小和影像分辨率确定；对每个窗口的每一次Mallat分解，都可以得到4个小波子频带，求取这4个子频带的信息熵测度，并用这4个值构造一个旋转不变的空间特征，同时减少空间信息的维数；选择相应类别的样本，根据样本的光谱和空间信息，用均值和方差测度构造偏离度向量，对不同的空间特征进行特征加权；选择光谱和空间特征在分类中所占的比例。本发明避免了窗口的选择问题，能更准确地表达各种不同大小和尺度地物的特征，提高解译的精度，人工干预少，适用于中高分辨率遥感影像的自动分类，可有效提高该类影像的分类精度和效率。

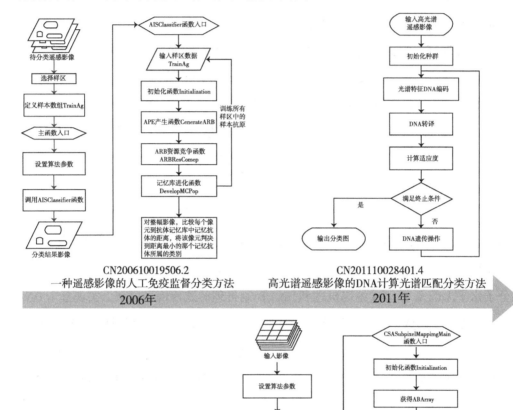

图 5-4-19　基于 DNA 选择的遥感影像分类方法附图

武汉大学在 2006—2013 年除了在图像的分类方法中有较大比重的研究成果产出外，还有王密申请的 CN200910062861.1 专利，公开了一种图像复原方法，包括以下步骤：①计算图像的 MTF 曲线；②构建二维 MTF 矩阵；③利用 MTF 矩阵在频率域中进行图像复原，目前，该方法已被成功应用于我国国产地面卫星预处理系统中。眭海刚团队申请的CN200910063172.2专利公开了顾及多尺度马尔科夫场的合成孔径雷达图像分割方法，该方法可以减少SAR图像的错误分割率，在消除斑点噪声的同时，很好地保留了图像的边缘等细节信息；以及CN200910063303.7专利，公开了基于PDE和小波的遥感图像放大方法，用该发明法放大图像的结果具有明显的边缘，消除了普通放大方法的边缘模糊情况，而且能够平滑边缘，基于自蛇模型的方法，消除了锯齿，平滑了边缘。

武汉大学在2013年之后，研究的热点偏向图像数据处理的提取方法，其中大部分专利技术为从影像中提取出损毁建筑或者道路信息的方法，另外还有建筑物或者建筑物轮廓线的提取方法、城市建成区边界的提取方法等。

（1）损毁建筑或者道路信息的提取方法。

眭海刚团队在2013年12月30日申请的专利CN201310750917.9（专利价值度：8，被引证次数：1，目前法律状态：审中）公开了基于矢量数据的SAR影像道路损毁信息提取方法，提出根据灾后的SAR影像的范围，获取对应区域的矢量数据；将矢量数据投影到SAR影像的坐标系之后，将矢量数据配准到SAR影像上；提取SAR影像的疑似道路损毁区，包括利用道路检测算子进行线检测，将道路宽度信息与道路矢量数据进行形状水平集分割，融合得到疑似道路损毁区；建立贝叶斯网络模型对疑似道路损毁区进行进一步判断，提取出道路损毁信息。

此后，眭海刚团队在2016年2月23日申请了CN201610097760.8，公开了一种基于阴影和纹理特征的航空影像建筑物损毁检测方法，首先利用灾前建筑物矢量数据和高程数据和太阳高度角估算出建筑物在影像上的理论阴影区域，再在阴影理论区域内利用约束的颜色不变性对实际阴影检测，获得建筑物的实际阴影区域，然后根据实际阴影区域与理论阴影区域的面积比例关系获得建筑物损毁等级，分为完全损毁、一般损毁和疑似完好，最后对于疑似完好的建筑物，利用视觉词袋模型对其顶面进行检测，进一步判定建筑物是否损毁。此发明融合建筑物阴影信息（高度）和顶面信息（纹理）特征情况进行了检测，回避了传统多数据融合中的配准困难，同时也提高了建筑物损毁检测的准确性。2016年02月26日，眭海刚团队申请的CN201610108535.X专利中公开了一种倒塌建筑物提取方法，通过获取灾区的极化SAR影像；构造所述极化SAR影像的分辨率单元的图像检索内容并基于所述图像检索内容建立样本库；以及对所述样本库中的样本进行距离测度学习以进行倒塌房屋提取。

此外还有杨杰、赵伶俐、李平湘在2014年01月23日申请的专利CN201410032188.8（专利价值度：8，被引证次数：1，目前法律状态：审中）公开了基于震后单张POLSAR影像的建筑物损毁评估方法，包括对原始的POLSAR影像进行噪声去除、研究区域提取及分块；非建筑物区域检测；将规范化圆极化相关系数NCCC大于设定阈值的建筑物归为倒塌建筑物类，小于等于设定阈值的建筑物归为非倒塌建筑物类，然后进行预评价；当某个属于严重损毁类的分块的均质性纹理特征HOM大于等于预设的HOM纹理阈值时，将该分块改为属于中等损毁类；对最终的损毁程度分类结果进行精度评价，如图5-4-20所示。

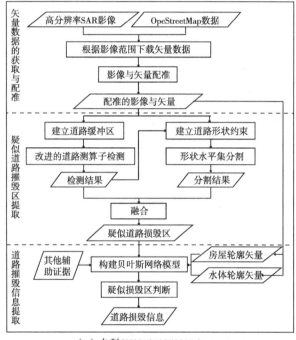

（a）专利CN201310750917.9

基于矢量数据的SAR影像道路损毁信息提取方法（2013年）

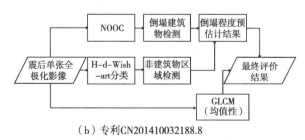

（b）专利CN201410032188.8

基于震后单张POLSAR影像的建筑物损毁评估方法（2014年）

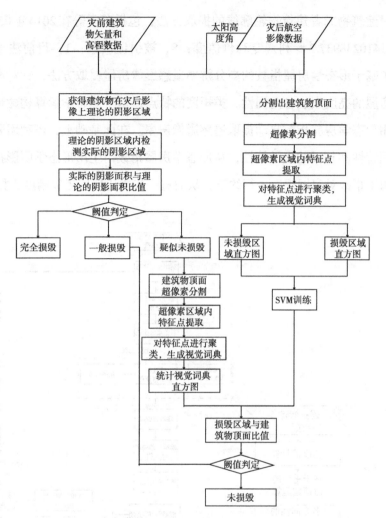

（c）专利CN201610097760.8

一种基于阴影和纹理特征的航空影像建筑物损毁检测方法（2016年）

（d）专利CN201610108535.X

一种倒塌建筑物提取方法（2016年）

图5-4-20　损毁建筑或者道路信息的提取方法

（2）建筑物或者建筑物轮廓线的提取方法。

除了提取损毁建筑或者道路信息的方法外，武汉大学在近年来的提取技术研究方面还包括对建筑物或者建筑物轮廓线的提取方法，包括黄昕等在2014年05月30日申请的CN201410238937.2专利（专利价值度：8，被引证次数：1，目前法律状态：审中）公开了基于形态学房屋指数的高分辨率遥感影像房屋提取方法，针对高分辨率遥感影像上房屋的亮度大、各向同性、类矩度的特点，基于形态学运算构建形态学房屋指数，采用形态学房屋指数自动提取遥感影像房屋。在此基础上，还利用阴影和房屋相似的空间特性和相反的光学特性，从形态学房屋指数衍生出形态学阴影指数，并采用形态学阴影指数对房屋提取进行约束，从而进一步优化房屋提取精度，如图5-4-21所示。

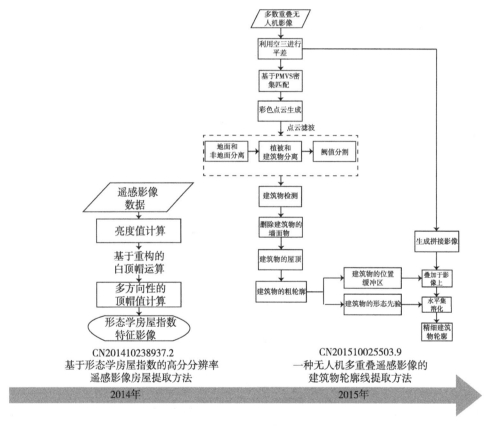

图5-4-21　建筑物或者建筑物轮廓线的提取方法

眭海刚团队在2015年01月19日申请的CN201510025503.9专利，公开了一种无人机多重叠遥感影像的建筑物轮廓线提取方法，包括利用空三结合密集匹配的方法生成三维点云，并对点云进行滤波处理，从其中检测出建筑物。对检测的建筑删除墙面后，从建筑物顶面信息提取建筑物粗轮廓。建筑物粗轮廓作为缓冲区叠加拼接影像上，利用建筑物粗轮廓作为形状先验信息，在缓冲区内用水平集算法进行演化，最后得到建筑物精确轮廓，如图5-4-21所示。

（3）其他方面的信息提取方法。

另外还有其他应用方面的提取技术，例如，刘耀林等在2014年3月12日申请的CN201410089596.7专利（专利价值度：8，被引证次数：1，目前法律状态：审中）公开了一种城市建成区边界自动提取方法，尤指应用于高分辨率全色遥感影像进行城市建成区边界自动提取，属于城市规划领域。能有效处理具有多个中心且空地水域面积较大的区域，弥补当前已有方法的不足，且提取的城市建成区边界具有较高的精度。张勇等在2015年7月15日申请的CN201510415932.7专利，公开了一种结合全球DEM与立体视觉的卫星影像云检测方法，利用密集匹配的DSM数据和现有的全球DEM数据SRTM，结合高程与影像灰度信息提取云区域。在有大面积雪的影像中，能有效地避免雪的干扰，准确地检测出云区，提高了遥感影像的利用率。

武汉大学在图像数据处理技术领域内除了提取方法的相关专利申请外，还有其他技术（图5-4-22）。例如郑顺义等在2015年12月21日申请了CN201510974855.9，公开了一种无人机影像实时全景拼接方法及系统，本发明通过对影像数据、定位仪数据和GPS数据的采集、定位仪数据和GPS数据数据同步和定位仪数据和GPS数据的快速解算实时进行影像全景拼接，相对于传统航空摄影测量流程，避免了空中三角测量等比较耗时的环节，大大提高了数据处理速度。邵振峰等在2016年01月28日申请的专利CN201610058303.8，公开了融合光谱与纹理特征的森林地上生物量反演方法及系统，是包括进行研究区样地地上生物量计算，得到样地生物量观测值；对高分辨率遥感影像全色数据和多光谱数据进行几何校正和辐射校正；将样地生物量观测值与相应的光谱特征植被指数分别进行统计回归，选取光谱特征反演模型；提取不同窗口下的多种纹理特征变量，将样地生物量观测值与相应的纹理特征变量分别进行统计回归，选取纹理特征反演模型；通过光谱关键因子与纹理关键因子的敏感性分析确定权重，构建生物量的光谱纹理特征联合反演模型，实现森林地上生物量反演。本发明融合了光谱与纹理特征，充分发挥两者反演生物量的优势，有效提高了森林地上生物量的定量反演精度。

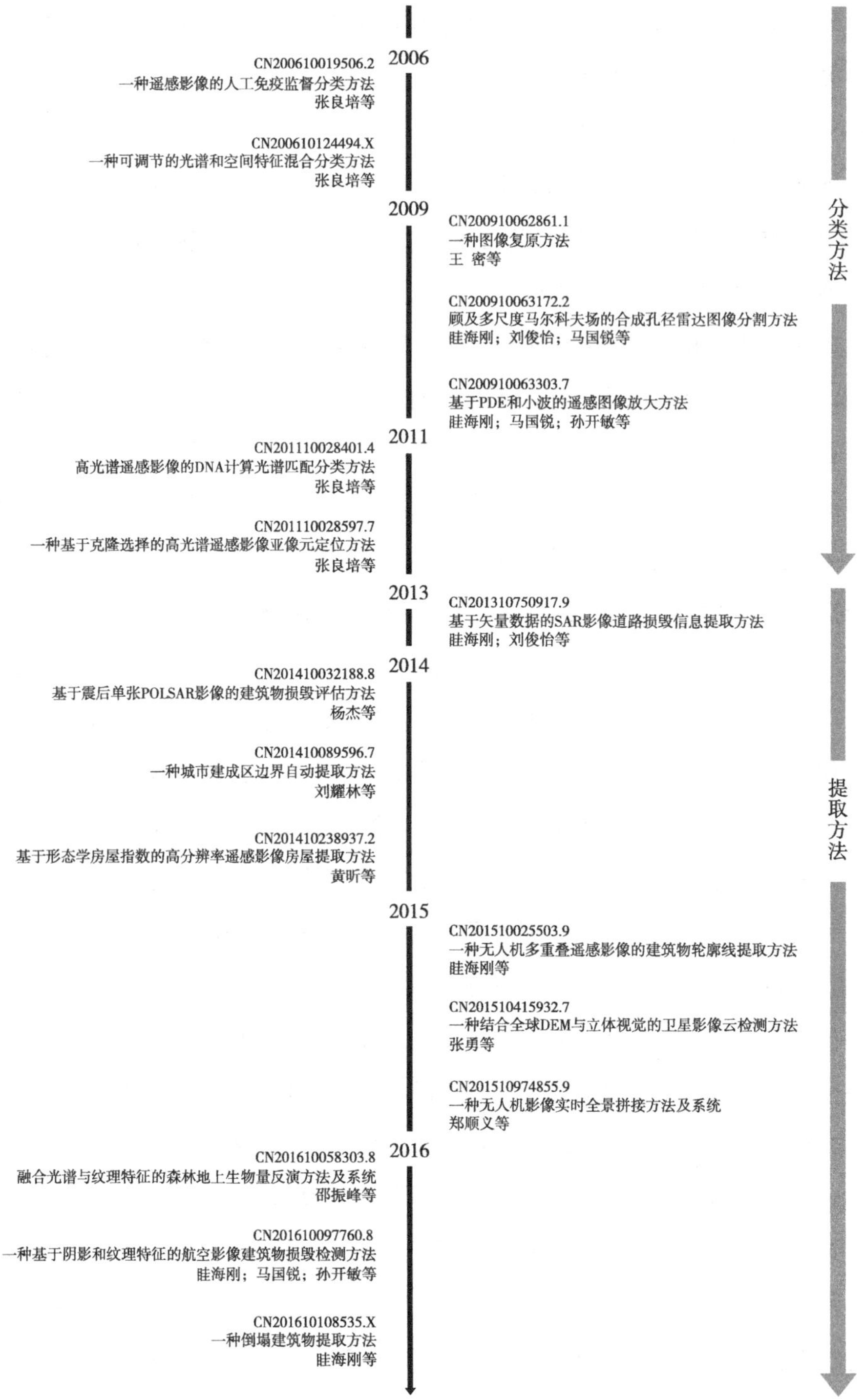

2006

CN200610019506.2
一种遥感影像的人工免疫监督分类方法
张良培等

CN200610124494.X
一种可调节的光谱和空间特征混合分类方法
张良培等

2009

CN200910062861.1
一种图像复原方法
王 密等

CN200910063172.2
顾及多尺度马尔科夫场的合成孔径雷达图像分割方法
眭海刚；刘俊怡；马国锐等

CN200910063303.7
基于PDE和小波的遥感图像放大方法
眭海刚；马国锐；孙开敏等

分类方法

2011

CN201110028401.4
高光谱遥感影像的DNA计算光谱匹配分类方法
张良培等

CN201110028597.7
一种基于克隆选择的高光谱遥感影像亚像元定位方法
张良培等

2013

CN201310750917.9
基于矢量数据的SAR影像道路损毁信息提取方法
眭海刚；刘俊怡等

2014

CN201410032188.8
基于震后单张POLSAR影像的建筑物损毁评估方法
杨杰等

CN201410089596.7
一种城市建成区边界自动提取方法
刘耀林等

CN201410238937.2
基于形态学房屋指数的高分辨率遥感影像房屋提取方法
黄昕等

提取方法

2015

CN201510025503.9
一种无人机多重叠遥感影像的建筑物轮廓线提取方法
眭海刚等

CN201510415932.7
一种结合全球DEM与立体视觉的卫星影像云检测方法
张勇等

CN201510974855.9
一种无人机影像实时全景拼接方法及系统
郑顺义等

2016

CN201610058303.8
融合光谱与纹理特征的森林地上生物量反演方法及系统
邵振峰等

CN201610097760.8
一种基于阴影和纹理特征的航空影像建筑物损毁检测方法
眭海刚；马国锐；孙开敏等

CN201610108535.X
一种倒塌建筑物提取方法
眭海刚等

图5-4-22 武汉大学技术发展路线图

第5章 GIS数据处理中国专利概况

本章对地理信息领域GIS数据处理分支的中国专利申请进行总体分析，重点研究了中国的专利申请趋势、各技术分支的申请发展趋势、中国专利申请主要国家或者地区分布、中国申请人态势等。本章所涉及的专利总量共计1923件。

5.1 申请态势

截至2016年，在GIS数据处理领域，中国的专利申请数量共为1923件，其中中国申请人共1640件，国外申请人共283件。

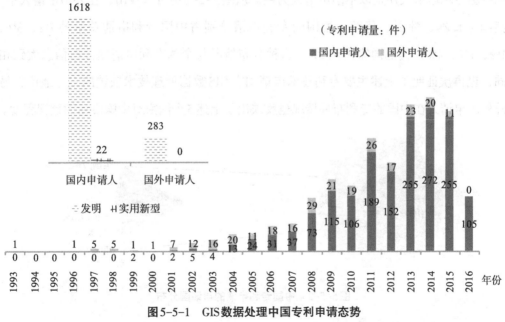

图5-5-1 GIS数据处理中国专利申请态势

图5-5-1是GIS数据处理中国专利申请量的发展态势情况，从图中可以看出，GIS数据处理的中国专利申请始于1993年，随后保持非常缓慢的增长态势；进入21世纪以后，GIS数据处理的中国专利申请量开始有了明显的增长，2009年迎来一个小的申请量峰值，此后专利申请量增速放缓甚至有所回落，直至2011年GIS数据处理的专利申请量又创新高，突破200件专利申请（由于专利申请延迟公开以及数据库录入的滞后

性所致，2015年、2016年的数据可能小于实际专利申请数量）。

中国地理信息数据处理市场虽然起步较晚，但却是增速飞快的市场。中国专利申请的数量在进入21世纪后呈现出的增长态势也表明，随着中国经济结构转型、人口结构变化以及产业结构升级的持续进行，中国GIS的数据处理市场仍然存在巨大的潜力。同时，从上述专利申请类型比例中也不难发现，GIS数据处理属于有一定技术难度和深度的专业市场，实用新型的申请量占比不足1.2%，专利质量相对较高。

5.2 申请国构成

在专利技术来源方面，我国自主知识产权的申请量为1640件，占中国专利申请总量的85%，源自外国申请人的申请量则为283件，约占中国专利申请总量的15%，可见中国专利申请人还是以本国申请人为主。从图5-2-2中可以看出，在外国申请人中，美国、日本、韩国、荷兰、德国的专利申请分别占中国专利申请总量的7%、3%、1%、1%、1%，其他国家占比2%。这种分布情况与全球专利申请国分布信息大致相同，也再次证明了上述主要专利技术申请国在GIS数据处理技术领域的主导地位，另外外国申请人在中国的专利布局情况也反映出了上述5个国家对中国市场的重视程度。

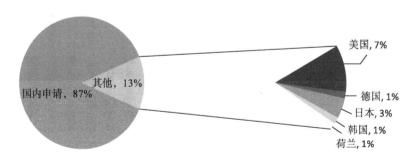

图5-5-2　中国专利申请的申请国分布

5.3 国内申请区域分布

国内GIS数据处理技术领域的申请人区域数量分布如表5-5-1所示。从表中可以看出，中国各省市/地区在GIS数据处理技术领域的专利申请达100件以上的省市/地区有5个，依次为北京、江苏、广东、湖北、上海，主要申请区域集中在经济相对发达的城市地区。

表5-5-1　国内各省市/地区专利申请量排名

申请人所属省份	总申请量/件	1999—2016年申请趋势图
北京	609	
江苏	167	
广东	146	
湖北	138	
上海	120	
浙江	93	
四川	47	
陕西	43	

从表5-5-1中可以看出，在GIS数据处理领域最早开始有专利申请的主要集中在北京，这一现象充分反映了我国地理信息产业主要在我国北部地区萌芽、壮大发展的产业发展现状。在每年的专利申请总量上，北京一惯性的保持申请总量排名首位，江苏、广东、湖北都保持了一个逐渐稳步增长的态势，其中上海的专利申请量在2011年

达到高峰后，后续几年申请量逐渐回落，而浙江近三年本领域专利申请增速明显。

5.4 主要申请人

在主要申请类型方面，图5-5-3给出了国内GIS数据处理技术全部申请人的类型分布，申请量最多的申请人类型主要集中在企业，超过50%，产学研合作申请人的申请量最少，约占2.1%。

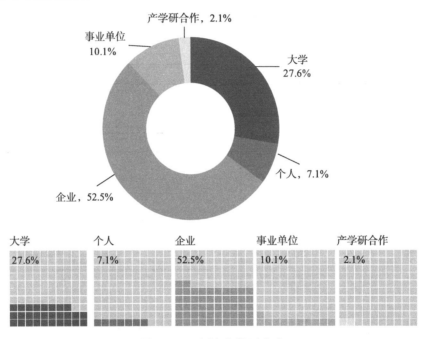

图5-5-3 申请人类型分布

在主要申请人方面，图5-5-3给出了中国专利申请量排名前十的主要申请人以及申请量情况。从图5-5-3中可以看出，专利申请量高居首位的是武汉大学，达到70件；其后为浙江大学、百度在线、南京师范大学和微软公司申请，分别有51件、42件和36件专利申请，排名前列的主要为大学申请人，如图5-5-4所示。

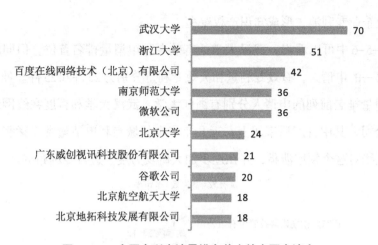

图5-5-4 中国专利申请量排名前十的主要申请人

在主要国外申请人中，排名前五的分别为微软、谷歌、三星、国际商业机器公司与飞利浦电子公司，申请量分别为36件、20件、15件、11件和7件，外国申请人非常重视在中国的专利申请，如图5-5-5所示。

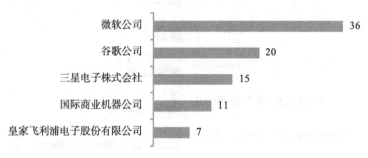

图5-5-5 排名前五的外国申请人

5.5 法律状态分析

专利的法律状态主要包括专利文件申请、公开、授权、有效和失效。一般认为，申请量的大小反映了对技术的关注程度，申请量较大表明专利申请人在一定时间段内对该技术的关注程度，申请量较大表明专利申请人在一定时间内对该技术进行了较多的研究。如果专利申请能够获得专利授权，则意味着该专利技术相对现有技术具有新颖性和创造性，因此授权量的大小可反映出申请人对该领域技术的掌握程度。有效的专利通常是企业较为重视的技术，也是其在市场中的有力武器，是保护企业知识产权的主要工具，因此有效量在一定程度上体现了专利权人的核心技术。有效专利越多，越容易构建企业专利池，形成知识产权壁垒。

从图5-5-6中可以看出，武汉大学的有效专利申请量排名首位，但同时也是失效专利排名第一的申请人，有效专利量和失效专利量分别为23件和25件。处于审中状态的专利申请量排名前列的申请人分别有浙江大学、武汉大学和百度在线网络技术（北京）有限公司，其中百度后来居上，近几年来本领域专利申请量突飞猛涨，说明近几年来百度在线对这个领域涉猎，并在逐步加大研发力度、进行专利布局。

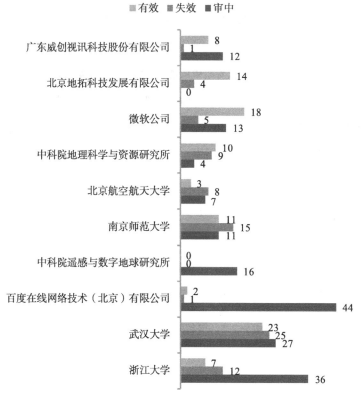

图5-5-6　主要申请人的专利法律状态分布

5.6　主要发明人分析

如图5-5-7所示，在国内GIS数据处理的主要发明人中，孙成宝、刘仁义、李霖、杜震洪等是本领域的主要发明人/发明人团队成员，可以追踪他们的专利申请或发表的学术论文，根据主要发明人的研发方向，有侧重性地进行人才引进。

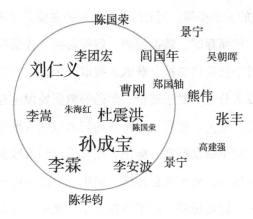

图5-5-7 主要发明人示意图

5.7 技术构成分析

根据GIS数据处理的固有特点，对GIS数据的主要来源做基本分类，划分为地图数据、多媒体数据、实测数据、遥感数据与其他几类。其中其遥感与实测数据分别指来源于卫星、航天、成像雷达等遥感器类型的数据与摄像头、实地测量等工程测量仪器的数据；多媒体数据主要指音频、多媒体等处理方法的数据类型；其他类型数据主要涉及多功能或特定功能集成系统的数据。各数据类型的专利量占比以及申请趋势如图5-5-8。

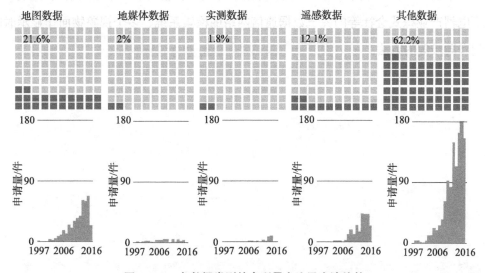

图5-5-8 各数据类型的专利量占比及申请趋势

根据GIS数据处理的主要步骤，对GIS数据处理的主要方法进一步增加标引项开展分析，包括数据采集、压缩存储、数据编码、解析转换、数据融合、数据管理、数据输出以及其他方法。对于数据的交换、获取、提取、生成、加载、查询、检索、更新等均划入数据采集的技术分类；对于解析、解码等数据处理过程均归入数据转换的技术分类；对于数据分类、聚类、编号、分析等均归入数据管理的技术分类并设立下级子分支——分类标签；对于数据标注、标记、编号等均归入数据管理的技术分类并设立下级子分支——标注标签；对于数据传输、同步、上传等均归入数据输出的技术分类并设立下级子分支——输出标签；对于数据发布、显示、分发等技术均归入数据输出的技术分类并设立下级子分支——发布标签；对于一些特定处理方式包括判读、渲染、安全与仿真等分别归入其他类并相应设立下级子分支。经统计，各技术分支的专利申请量分布如图5-5-9所示。

GIS数据处理中数据采集技术的专利从1993年就开始有专利布局，为来自于澳大利亚的Io研究有限公司的分布式数据库系统及其数据库接收机（CN93121698.2），涉及一种关于分布式数据库系统及其数据库的接收机的构成，可用于数据广播或数据卫星通信媒体。

随后几年，出现了专利申请的空白期，从1977年开始陆陆续续出现了本领域的专利申请，从数据采集、编码、压缩存储领域逐渐深入扩展，发展起来。早期的专利申请，基本都是来自国外的专利申请人，分别有摩托罗拉公司、日本电信电话株式会社、松下电器产业株式会社等的关于数据通信网络的检索系统、多个视象物面作显示时间标记和同步等的方法。

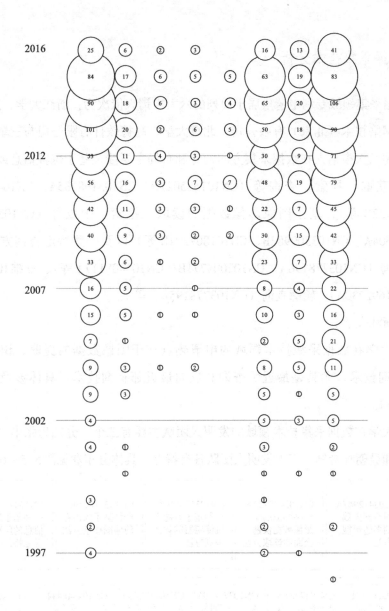

○其他 ○数据输出 ○数据管理 ○数据融合 ○解析转换 ○数据编码 ○压缩存储 ○数据采集

图5-5-9 各级技术分支申请量分布图

在所有数据处理的主要步骤方法中，数据采集、数据输出是常规的专利布局较多的领域，压缩存储与数据管理也有一定量的专利申请布局。数据编码、解析转换与数据融合是后期逐步发展起来的技术分支。

5.7.1 数据采集技术分析

在数据采集领域专利申请量居于前列的六大申请人依次为：浙江大学、武汉大学、百度在线网络技术（北京）有限公司、北京大学、高德软件有限公司与三星电子株式会社。上述六大申请人在数据采集方向的专利布局主要涉及基于位置信息或空间数据的识别、获取、检索、查询等（CN101685021B、CN103198135A、CN104182475B、CN102253932B 等），基于图像影像数据的读取、检索、生成等（CN103425752A、CN101241504A、CN103309982B、CN101807204B 等）以及一些特定查询方法：（反）最近邻查询（CN103778196A、CN102004771B、CN104408117A 等）、三维 R 树空间索引（CN101692230A）、轮廓查询（CN103778195A）等。

（1）浙江大学。

浙江大学在数据采集技术领域的申请热点在于图像数据的提取、识别与空间数据的查询技术，尤其是最近邻查询和反向最近邻查询技术。具体涉及专利见图5-5-10（a）。

浙江大学在数据采集技术领域的发明人团队主要有三个，分别为张丰、高云君以及陈华钧和吴朝晖带领，三大发明人团队各有特点，具体分布参见图5-5-10（b）。

（a）数据才具领域热点分布

发明人	2011	2012	2013	2014	研发方向
张丰 刘仁义 杜震洪					最短路径搜索、时空数据检索、空间实体增量提取等
高云君 赵靖文 柳晴					空间数据库的查询技术
陈华钧 吴朝晖					早期为路径查询技术，后期转为图片检索方向

(b) 数据采集领域发明人团队

图5-5-10 浙江大学数据采集领域的热点分布及发明人团队

以张丰为首的发明人团队，自2012年开始有专利申请，其后每年不断更新研究成果，研究方向较相对驳杂，刘仁义与杜震洪是其团队的固定班底，研发方向包括图像读取技术、时空数据检索技术、空间实体增量提取等方向的分析，其他成员如房佳、徐聪主要参与从事关于最短路径搜索方法方向的研究。

现有的最短路径的基本方法可分为：广度优先搜索法和深度优先搜索法。广度优先搜索法的典型方法为Dijkstra方法，它是目前GIS应用领域用于求解最短路径问题的首选方法，同时也是经典方法，其优点在于能够求得初始点到目标点之间的所有最短路径。这种方法在解决单对顶点之间的最短路径时会产生数据冗余，因此不适合应用于实际的求解过程中。目前广泛被采纳的优化方法有改进的A*方法、K则最优路径方法和最短路径的蚁群方法等。其中A*方法是人工智能中一种典型的启发式搜索方法，也是一种最优优先搜索方法，该方法在节点扩展过程中使用了启发信息，使得方法的搜索方向智能地趋向目标节点，从而很大程度上提高了搜索效率。而深度优先搜索法还未有普遍认可的典型方法。因此张丰及其团队对最短路径问题开展深入研究，提出基于方向寻优的启发式最短路径搜索方法（CN103425753A、CN103226581A等）。

空间数据库是用于存储空间（地理）和非空间数据的数据库系统，它能根据数据的空间分布特征进行索引，在数据模型上提供空间分析的方法，在查询语言中提供空间查询。目前，空间数据库被广泛应用于地理信息系统GIS、计算机辅助CAD、多媒体信息系统MMIS以及数据仓库DWH。在所有空间数据库的索引技术中，R-tree及其变种因为简单易用和有效性而应用最为广泛。R-tree是B-tree在高维空间上的扩展，空间位置相近的数据点被聚类到最小包围盒MBR里，这些最小包围盒又根据空间局部性递归的进行聚类，直至到达根节点。TPR-tree是R-tree在移动对象索引上扩展，它能够对移动对象进行有效的索引并进行未来查询。TPR-tree在结构上与R-tree类似，具备R-tree的大多数特性。

空间数据库上的查询方法多种多样，其中最常见的就是最近邻查询。最近邻查询通常依照深度优先或最好优先的策略对R-tree进行访问，获得离查询点最近的数据点。反向最近邻查询是在最近邻查询的基础上提出的另一种重要的空间查询，它能返回以查询点为最近邻的所有数据点的集合。以高云君为首的发明人团队的主要研发方向就在于空间数据库的查询技术，相对于其他两个发明人团队，该团队专利申请起步相对较晚，主要专利申请集中于2014年，提出了基于双色反最近邻查询的最优选址方法（CN103778196A），空间数据库中排序反向轮廓查询方法（CN103778195A）以及基于路网反空间关键字查询的最佳选址方法（CN104346444A）等查询方法，以达到降低、优化I/O开销和CPU时间，优化性能的目的。赵靖文与柳晴分别为其团队的主要班底成员，参与多数专利技术的研发工作。

吴朝晖与陈华钧团队最早于2011年开展路径查询方面的专利布局，但研发周期相对不够延续，2013年以后，开始与柳云超、郑国轴合作主攻图片检索方向的技术研发，提出加快空间图片在坐标空间中搜索效率的图片检索方法。

（2）武汉大学。

武汉大学在数据采集技术领域的重点申请集中于图像数据的检索与数据更新方法两大方面。数据更新方向的专利布局主要集中于位置数据的更新以及地图数据的增量式更新方面。

在图像数据采集检索研究中，目前绝大部分的现有研究成果集中于基于低层视觉特征的遥感影像检索［传统的低层视觉特征主要包括影像光谱（颜色）特征、纹理特征和形状特征，光谱（颜色）特征和纹理特征属于影像的全局特征］，而如何模拟人类的视觉注意机制以准确预测影像的视觉显著区已成为计算机视觉领域的热点问题。因此，武汉大学的图像数据采集检索方向研究团队在基于显著点特征的图像采集检索方面做出了大量的研究并申请了专利保护。具体涉及专利见图5-5-11。

在数据采集领域的发明人团队方面，武汉大学的发明人团队呈现一枝独秀的局面，邵振峰为其中的重要发明人。邵振峰不仅涉猎了数据更新领域的技术开发，还参与了绝大多数武汉大学图像数据采集领域的专利申请，引领武汉大学在模拟人类的视觉注意机制预测影像视觉显著区开展图像数据采集与检索的主流方向。在数据更新方向，发明人团队则各自为战，各个团队从各个角度均开展了该方向的专利申请布局。

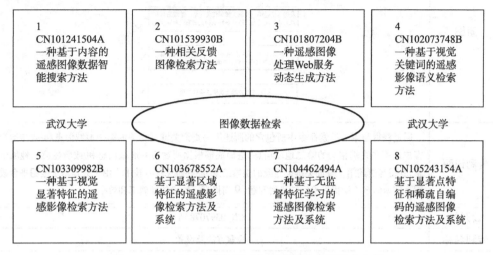

图5-5-11 武汉大学数据采集领域图像数据检索布局

（3）百度在线网络技术（北京）有限公司。

百度在线网络技术（北京）有限公司在数据采集技术领域的申请热点集中在位置信息的采集、识别、更新、获取上，尤其还包括LBS位置服务（Location Based Service，LBS）技术。具体涉及专利参见表5-5-2。

百度在线网络技术（北京）有限公司的发明人团队方面，分布极为分散，无明显固定合作团队，除了刘凯奎、李扬有多件专利申请以外，其他发明人均为单件专利申请。

表5-5-2 LBS相关重要专利分析

公开号	CN103942221A
专利名称	检索方法及设备
发明人	李扬
申请日	20130123
被引证情况	WO2016015431A1
法律状态	未授权

续表

附图	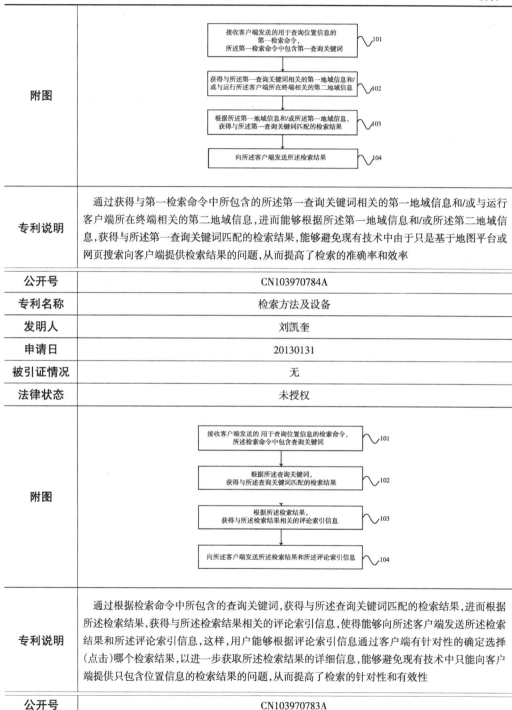
专利说明	通过获得与第一检索命令中所包含的所述第一查询关键词相关的第一地域信息和/或与运行客户端所在终端相关的第二地域信息,进而能够根据所述第一地域信息和/或所述第二地域信息,获得与所述第一查询关键词匹配的检索结果,能够避免现有技术中由于只是基于地图平台或网页搜索向客户端提供检索结果的问题,从而提高了检索的准确率和效率
公开号	CN103970784A
专利名称	检索方法及设备
发明人	刘凯奎
申请日	20130131
被引证情况	无
法律状态	未授权
附图	
专利说明	通过根据检索命令中所包含的查询关键词,获得与所述查询关键词匹配的检索结果,进而根据所述检索结果,获得与所述检索结果相关的评论索引信息,使得能够向所述客户端发送所述检索结果和所述评论索引信息,这样,用户能够根据评论索引信息通过客户端有针对性的确定选择(点击)哪个检索结果,以进一步获取所述检索结果的详细信息,能够避免现有技术中只能向客户端提供只包含位置信息的检索结果的问题,从而提高了检索的针对性和有效性
公开号	CN103970783A
专利名称	基于LBS的信息获取方法及设备
发明人	刘凯奎

续表

申请日	20130131
被引证情况	无
法律状态	未授权
附图	
专利说明	通过接收客户端根据评论索引信息和与所述评论索引信息对应的评论数目发送的第一访问命令，进而根据所述第一访问命令，获得与所述评论索引信息对应的评论摘要，使得能够向所述客户端发送所述评论摘要，能够避免现有技术中由于在与这些检索结果相关联的详情展示页面中显示评论全文而导致的需要通过多个页面才能显示完毕全部用户的评论信息的问题，从而提高了信息获取的效率和可靠性
公开号	CN103970786A
专利名称	基于LBS的信息获取方法及设备
发明人	刘凯奎
申请日	20130131
被引证情况	无
法律状态	未授权
附图	
专利说明	通过根据访问命令，获得与检索结果相关的评论索引信息，进而对所述评论索引信息进行聚类，以获得与所述评论索引信息对应的评论数目，使得能够向所述客户端发送所述评论索引信息和所述评论数目，这样，所述客户端能够将用户评论结构化显示成评论索引信息和与所述评论索引信息对应的评论数目，使得用户能够根据这种结构化显示结果快速获知所述检索结果的整体信息，能够避免现有技术中由于在与这些检索结果相关联的详情展示页面中显示评论全文而导致的需要通过多个页面才能显示完毕全部用户的评论信息的问题，从而提高了信息获取的效率和可靠性
公开号	CN103984683A

续表

专利名称	基于LBS的检索方法及设备
发明人	卓正兴
申请日	20130207
被引证情况	无
法律状态	未授权
附图	
专利说明	通过根据检索时间信息和检索项目关键词,对与为客户端确定的待检索位置相关的项目进行检索,以在所述待检索位置的可达轨迹上获得与所述检索项目关键词匹配的检索结果,其中,从所述待检索位置到所述检索结果的时间小于或等于所述检索时间信息所指示的可达时间阈值,使得能够向所述客户端发送所述检索结果,采用本发明提供的技术方案,能够获得从待检索位置经过一段时间范围内所能够到达的检索结果,因此,向客户端提供的检索结果对于检索者来说的意义很大,能够避免现有技术中由于一些交通的阻隔而导致的从待检索位置无法或者很难到达检索结果的问题,从而提高了检索的可靠性

公开号	CN103440306A
专利名称	一种搜索结果的展现方法及装置
发明人	李扬;李全乐
申请日	20131211
被引证情况	无
法律状态	未授权
附图	

接收搜索命令,所述搜索命令中包含查询关键词 —101

获得与所述查询关键词匹配的至少两个搜索结果 —102

根据所述至少两个搜索结果中每个搜索结果对所述查询关键词的需求强度,确定所述每个搜索结果的展现方式 —103

发送指示信息和所述至少两个搜索结果,所述指示信息用于指示所述每个搜索结果的展现方式 —104

专利说明	通过根据搜索命令中所包含的查询关键词,获得与所述查询关键词匹配的至少两个搜索结果,进而根据所述至少两个搜索结果中每个搜索结果对所述查询关键词的需求强度,确定所述每个搜索结果的展现方式,使得能够发送指示信息和所述至少两个搜索结果,所述指示信息用于指示所述每个搜索结果的展现方式,以使得查询端进行搜索结果的"强展现",即根据所述指示信息,展现所述每个搜索结果,这样,能够避免现有技术中由于用户需求的不确定性而导致的查询端所显示的搜索结果并不能满足用户的需求的问题,从而提高了搜索结果的展现方式的准确性

（4）北京大学。

北京大学在数据采集方向的主要发明人团队有两个,一个由高文、黄铁军、段凌宇、陈杰为固定班底代表的团队,主攻图像图片识别、搜索方面技术;另一个由程承旗带领,主要开展空间信息剖分、编码、预处理等方面的数据采集研究。参见图5-5-12。

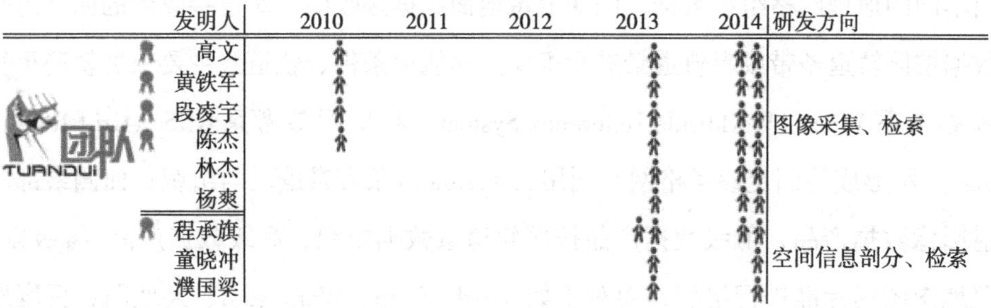

图5-5-12　北京大学数据采集方向发明人团队

基于文本的视频、图片的检索技术早已非常成熟。然而,由于某些图片无法用文字精确地描述,导致在文本检索的结果出现较多的错误信息或非用户需要的信息,视觉检索技术的检索结果不尽人意,特别是针对海量图片数据库的检索,由于数据库的图片数量庞大,应用完全基于内容的图像检索技术,不能达到满意的搜索准确率与效率。北京大学的图像采集团队,早期研发采用将图片搜索方法和搜索系统关联,实现客户端和服务端之间的低比特传输数据,缩短查询目标图片的等待时间,提高系统中服务端的响应时间,进而提高图片搜索方法中的效率（CN102063472B）。

随着智能终端的发展,移动视觉搜索应用越来越多。当前,基于智能终端的图像检索方法包括:①在移动客户端提取图像的局部特征描述子;②对提取到的局部特征描述子进行压缩;③通过网络将压缩后的局部特征描述子传输给服务器,以使服务器根据局部特征描述子在服务器的数据库中进行查找,并将查找的结果发送至移动客户端。然而，上述图像检索方法的局部特征压缩以及建立倒排等索引文件的计算量较高，特别地，图像检索方法中获取的局部特征描述子占用较大的空间，由此，根据当前的网络带宽，移动客户端存在无法较快地将局部特征描述子发送至服务器的问题。另外，由于局部特征描述子占用了较大的空间，故服务器根据移动客户端传送的局部特征描述子查找匹配的过程也非常迟缓，进而严重影响了检索系统的查询响应时间。因此，北京大学图像采集团队在对图像的紧凑全局特征描述子、可伸缩全局特征描述子以及全局特征描述子的获取方面也进行了深入研究（CN103226589B、CN104615614A、CN104615611A）。

空间信息管理系统与遥感数据相关的各个部门密不可分。空间信息管理系统经常按照事先规划的数据网格将遥感影像切分成数据体，并以数据体为单元对影像进行存储以及组织映射。由于不同行业具有不同的业务侧重，因此不同部门的信息管理系统应用不同的地理网格组织数据，例如卫星地面数据接收中心对于接收到的原始遥感影像数据按照轨道条带或者轨道景进行组织，而轨道条带、轨道景主要依据轨迹重复的世界参考系 WRS（Worldwide Reference System）和格网参考系 GRS（Grid Reference System）所形成的固定参考格网并利用 Path/Row 对条带景编码与组织；而测绘部门的正射影像数据产品，低级数据产品按照轨道景数据组织、高级数据产品（4级以上）按照地图图幅标准进行组织；而对于如 Google Earth、Worldwind、天地图、百度地图等的数据服务部门，则都采用构建影像金字塔的方式进行数据组织。这种不同部门建立各自独立的遥感影像数据组织和索引方式，虽然可以很好地适应本部门内影像数据提取业务的需要，但若需要跨部门间进行数据提取，则容易造成空间数据资源"共享""互操作"和"平滑迁移"的困难。

以程承旗为主的北京大学发明人团队对图像影像数据提取的剖分、采集开展了深入分析，提出能够统一遥感影像的分块方式（CN103150338A），具体为：使用设定层级的 GeoSOT 面片对待处理影像进行剖分，得到覆盖待处理影像的剖分面片集合；使用 GeoSOT 编码方案对得到的剖分面片集合中各剖分面片进行编码，记为索引号；确定每个剖分面片内的影像数据在待处理影像中的位置；将同一剖分面片的索引号以及位置信息对应写入剖分索引 gsot 文件中。

探索适用于多源空间数据关联的统一标识生成方法（CN103136371B），具体为将全球划分为规则的网格，对网格进行编码；对于待处理的空间数据，确定所述空间数据标识的地理范围,找到包含所述地理范围的网格,使用该网格的编码作为所述待处理空间数据的剖分标识;将所述待处理空间数据与其剖分标识相关联存储。

开发面向遥感数据内容的剖分预处理方法(CN104166695A),具体为采用GeoSOT剖分和编码方案中设定的剖分层级剖分该遥感数据并建立剖分索引gsot文件;对于剖分获得的每一剖分面片,将该剖分面片的GeoSOT编码作为索引号、该剖分面片内的影像数据在遥感数据中的位置信息以及该影像数据的属性对应存入剖分索引gsot文件;获取查询区域以及待查询的属性值,使用GeoSOT剖分和编码方案获得查询区域对应的剖分面片和GeoSOT编码,即查询面片及查询编码;当一个索引号与一个查询编码由左至右匹配一致且长度大于该查询编码,同时该索引号对应属性值等于待查询的属性值时,利用剖分索引gsot文件中的位置信息提取该索引号对应影像数据。

基于掩码技术和剖分编码的位置信息快速检索方法(CN104182475B),具体为在GeoSOT剖分和编码方案中,对应每个层级j创建层级掩码C_j,C_j与第32层级的GeoSOT编码长度一致,且对应层级1~j的位均为1、剩余位为0;1≤j≤32。针对检索区域,在GeoSOT剖分和编码方案中选定与检索区域有关联关系的剖分面片集,剖分面片集中剖分面片p的GeoSOT编码为Gdp。针对剖分面片集中的每一个剖分面片p获取检索结果:将剖分面片p的层级掩码进行逻辑非的位操作之后与Gdp进行逻辑或运算,获得剖分面片p范围内所包含的GeoSOT编码数值最大的第32级剖分面片的编码Gmaxp;采用位比较方式,检索获得GeoSOT编码大于或等于Gdp且小于或等于Gmaxp的所有剖分面片,检索获得的剖分面片的位置信息作为检索结果。最后,汇总剖分面片集中各剖分面片对应的检索结果。

(5)高德软件有限公司。

高德是中国领先的数字地图、导航和位置服务解决方案提供商。高德具备国家甲级导航电子地图测绘和甲级航空摄影的"双甲"资质,其优质的电子地图数据库成为公司的核心竞争力。

高德软件有限公司在专利申请布局上与百度在线网络技术(北京)有限公司存在研发方向的大面积交集,主要关注于位置信息、POI数据、兴趣点信息的查询、获取、采集、生成。发明人团队同样呈现百花齐放的态势,不具有延续性,但具有高度的方向集中度,可见对于企业专利申请人,在对于位置点信息的采集方面,均具有较大关注度(表5-5-3)。

5-5-3　高德位置信息采集相关专利布局

公开号	CN105574019A
专利名称	一种查询参数处理方法及装置
发明人	吴鹏杰
申请日	2014-10-14
被引证情况	无
法律状态	未授权
附图	101 接收用户输入的查询请求并获取所述查询请求中携带的查询参数 102 若根据所述查询参数中的查询数据类型参数,确定查询数据类型为POI类型,则根据所述查询参数中的查询串以及预设的语义分析规则,确定实际的查询数据类型
专利说明	接收用户输入的查询请求,获取所述查询请求中携带的查询参数,若根据所述查询参数中的查询数据类型参数,确定查询数据类型为POI类型,则根据所述查询 参数中的查询串以及预设的语义分析规则,确定实际的查询数据类型。也就是说,可通过分析用户输入的查询请求中携带的查询参数,来正确地获取用户的实际查询数据类型等信息,以便后续可根据获取到的用户的实际查询数据类型等信息对用户的查询请求进行重写,以构造更符合用户实际需求以及更符合计算机理解的查询方式

公开号	CN104572755A
专利名称	一种建立数据索引的方法、数据查询方法及相关装置
发明人	张毅倜
申请日	2013-10-24
被引证情况	
法律状态	未授权
附图	S101 按照预置的地图瓦片尺寸,将电子地图分割成大小相同的地图瓦片,并为分割得到的每个地图瓦片分配唯一的ID号 S102 针对每一个地图瓦片,建立瓦片坐标系,该瓦片坐标系以像素为单位将所述地图瓦片划分为像素矩阵 S103 对地图瓦片中包含的空间数据进行编号,得到每个空间数据的数据编号 S104 针对所述像素矩阵的每一行,根据地图瓦片中空间数据在该行的分布情况和空间数据的数据编号,生成行像素索引字符串 S105 将所述像素矩阵各行的行像素索引字符串,行索引字符串及地图瓦片尺寸字符串按预置规则拼接。得到用于索引所述地图瓦片中的空间数据的索引字符串 S106 关联存储所述电子地图比例尺,该电子地图比例尺下地图瓦片的ID号及索引字符串

续表

专利说明	一方面,针对每个地图瓦片,在该地图瓦片中以像素为单位建立瓦片坐标系,即将该地图瓦片划分为像素矩阵,并针对像素矩阵中的每一个行,生成用于描述所述地图瓦片中在该行像素有数据分布的空间数据在该行像素的数据分布情况和该空间数据的数据编号的行像素索引字符串;另一方面,在查询位置点对应的空间数据时,直接将该位置点定位到某一行像素,通过分析该行像素对应的行像素索引字符串,即可解析得到该位置点对应的空间数据的数据编号;再一方面,针对不同的比例尺下的电子地图,建立与各比例尺对应的精确到像素级的数据索引,使得在后续的数据查询中,不管用户是在哪个比例尺的电子地图中查询空间数据,均可以从与该比例尺对应的数据索引中查找到准确的空间数据
公开号	CN104216895A
专利名称	一种生成POI数据的方法及装置
发明人	彭钊
申请日	2013-05-31
被引证情况	后引证 CN104899243A CN104572956A
法律状态	未授权
附图	
专利说明	对不同来源的POI原始数据进行处理得到POI标准数据,并且在POI数据库中不存在该POI标准数据时,直接将该POI标准数据存储至POI数据库中,在POI数据库中存在与该POI标准数据描述同一POI的POI数据时,对该POI标准数据和该POI数据进行融合处理,用融合处理得到的POI数据更新所述匹配的POI数据
公开号	CN102541936A
专利名称	兴趣点流行度获取方法和装置
发明人	黄鹤;姜吉发
申请日	2010-12-31
被引证情况	前引证 102541936A US20100070165A1 后引证 CN101350154A
法律状态	已失效

续表

附图	
专利描述	结合互联网搜索引擎技术采集POI数据在网络上出现的频度,进而根据该频度计算POI数据的网络流行度,由于POI数据在网络出现的频度,基本反映了人们对该POI数据的关注度,因此,根据频度计算POI数据的网络流行度,能够客观地反映其在互联网上实际出现的频度,也就是说,能够客观地反映该POI数据在互联网上被人们实际关注的多少。可见,本发明实施例提供的POI流行度的获取方案,能够更加准确客观地反映POI数据被人们关注的重要程度

公开号	CN102446177B
专利名称	数据采集方法、设备、处理方法、系统及底图处理方法
发明人	王涛;李志建
申请日	2010-10-11
被引证情况	前引证CN102446177B　CN1435790A　CN1477567A　CN1838164A　JP2008243185A CN101079052A
法律状态	授权有效

附图	
专利描述	将图形数据和属性数据分别以数据库方式预置在外业数据采集设备中,且对应同一要素的图形数据和属性数据是相关联的,从而可以实现在外业数据采集过程中,能够根据数据采集的内容和关联关系,对图形数据库和属性数据库进行处理,比如对图形数据和属性数据进行添加、更新、查询和/或删除等操作,这样,便可以使得内业数据处理过程中省去大量的人工数据分析编辑工作,直接将在外业数据采集中经处理后的图形数据库和属性数据库的信息作为新的底图,根据需要形成所需的专题数据结果,比如导航电子地图等

公开号	CN101685021B
专利名称	一种兴趣点信息获取方法及装置
发明人	卢业恭
申请日	2008-09-24
被引证情况	前引证CN101685021B　US20070185650A1　JP2007213380A　CN101162146A　CN1428596A
法律状态	授权有效

续表

附图	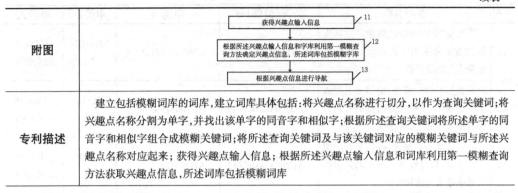
专利描述	建立包括模糊词库的词库,建立词库具体包括:将兴趣点名称进行切分,以作为查询关键词;将兴趣点名称分割为单字,并找出该单字的同音字和相似字;根据所述查询关键词将所述单字的同音字和相似字组合成模糊关键词;将所述查询关键词及与该关键词对应的模糊关键词与所述兴趣点名称对应起来;获得兴趣点输入信息;根据所述兴趣点输入信息和词库利用第一模糊查询方法获取兴趣点信息,所述词库包括模糊词库

（6）三星电子株式会社。

三星电子株式会社在数据采集方向的主要发明人团队由申孝燮代领，申请方向主要集中于元数据索引结构与方法，在全球有多件同族布局，最早提出的专利申请是2003年7月16日CN1606743A，披露了一种包含关键字信息的元数据的索引结构，关键字信息被编码一变允许更快的搜索关于内容的信息（表5-5-4）。

表5-5-4 元数据索引结构与方法专利申请布局

序号	专利名称	公开(公告)号	申请号	申请日	申请人
1	提供元数据索引的方法和使用该索引的元数据搜索方法	CN100357947C	CN200410069988.3	2003-07-16	三星电子株式会社
2	提供元数据索引的方法	CN1591428A	CN200410082595.6	2003-07-16	三星电子株式会社
3	使用元数据的索引的元数据搜索方法和装置	CN100401290C	CN200410082596.0	2003-07-16	三星电子株式会社
4	使用元数据的索引的元数据搜索方法和装置	CN1598823A	CN200410082596.0	2003-07-16	三星电子株式会社
5	使用元数据索引的元数据搜索方法及设备	CN1567310A	CN200410069989.8	2003-07-16	三星电子株式会社
6	提供元数据索引的方法和使用该索引的元数据搜索方法	CN1567309A	CN200410069988.3	2003-07-16	三星电子株式会社
7	编码的多键索引数据流结构	CN1643521A	CN03806639.4	2003-06-27	三星电子株式会社
8	使用元数据索引的元数据搜索方法及设备	CN100377155C	CN200410069989.8	2003-07-16	三星电子株式会社
9	提供元数据索引的方法	CN1591428B	CN200410082595.6	2003-07-16	三星电子株式会社
10	元数据的索引结构、提供元数据索引的方法以及使用元数据的索引的元数据搜索方法和装置	CN1625740A	CN03802896.4	2003-07-16	三星电子株式会社

序号	专利名称	公开(公告)号	申请号	申请日	申请人
11	元数据的索引结构、提供元数据索引的方法和使用元数据索引的元数据搜索方法及设备	CN1606743A	CN03801751.2	2003-07-16	三星电子株式会社
12	元数据的索引结构,提供元数据索引的方法,以及使用元数据的索引的元数据搜索方法和装置	AU2003281658A1	AU2003281658	2003-07-16	三星电子株式会社
13	元数据的索引结构,提供元数据索引的方法,以及使用元数据的索引的元数据搜索方法和装置	AU2003281657A1	AU2003281657	2003-07-16	三星电子株式会社
14	元数据的索引结构,提供元数据索引的方法,以及使用元数据的索引的元数据搜索方法和装置	EP1490801A1	EP03741583	2003-07-16	三星电子株式会社
15	提供元数据分段索引结构的方法以及提供树形分段多键索引的方法	BRPI0318369A2	BRPI0318369	2003-07-16	三星电子株式会社
16	元数据的索引结构,提供元数据的索引方法以及使用元数据索引的元数据搜索方法和装置	EP1645976A2	EP05075897	2003-07-16	三星电子株式会社
17	元数据的索引结构,提供元数据应用索引和元数据搜索方法和设备的程序,元数据使用指数	AT378643T	AT7415832003	2003-07-16	三星电子株式会社
18	元数据的索引结构,提供元数据索引的方法和使用元数据索引的元数据搜索方法和工具	EP1569138A1	EP05075898	2003-07-16	三星电子株式会社
19	元数据索引结构,提供元数据应用索引的程序和使用元数据索引查找元数据的程序和装置	DE60317488T2	DE60317488	2003-07-16	三星电子株式会社
20	提供元数据索引的方法	EP1515246A3	EP04078006	2003-07-16	三星电子株式会社
21	使用元数据索引的元数据搜索方法和装置	EP1515247A3	EP04078007	2003-07-16	三星电子株式会社
22	元数据的索引结构,提供元数据索引的方法,以及使用元数据索引的元数据搜索方法和装置	EP1490801A4	EP03741583	2003-07-16	三星电子株式会社
23	提供元数据的方法	DE60317328T2	DE60317328	2003-07-16	三星电子株式会社
24	元数据的索引结构,提供元数据索引的方法,以及元数据搜索方法和使用元数据索引的装置	AU2003281658C1	AU2003281658	2003-07-16	三星电子株式会社

续表

序号	专利名称	公开(公告)号	申请号	申请日	申请人
25	元数据的索引结构,提供元数据索引的方法,以及元数据搜索方法和使用元数据索引的装置	AU2003281657B9	AU2003281657	2003-07-16	三星电子株式会社
26	元数据的索引结构,提供元数据索引的方法,以及元数据搜索方法和使用元数据索引的装置	EP1546923A4	EP03741584	2003-07-16	三星电子株式会社
27	提供元数据索引的方法	EP1515246A2	EP04078006	2003-07-16	三星电子株式会社
28	元数据索引的方法和使用,元数据索引的元数据搜索方法和工具	EP1515247A2	EP04078007	2003-07-16	三星电子株式会社
29	元数据的索引结构,提供元数据索引的方法和使用,元数据索引的元数据搜索方法和工具	AU2004202361A1	AU2004202361	2004-05-31	三星电子株式会社
30	元数据的索引结构,提供元数据索引的方法和使用,元数据索引的元数据搜索方法和工具	AU2004202360A1	AU2004202360	2004-05-31	三星电子株式会社
31	元数据的索引结构,提供元数据索引的方法和使用,元数据索引的元数据搜索方法和工具	AU2004202364A1	AU2004202364	2004-05-31	三星电子株式会社
32	元数据的索引结构,提供元数据索引的方法和使用,元数据索引的元数据搜索方法和工具	AU2004202362A1	AU2004202362	2004-05-31	三星电子株式会社
33	使用元数据索引的元数据搜索方法及设备	AT365948T	AT780072004	2003-07-16	三星电子株式会社
34	元数据分段索引结构以及计算机读取媒体	BRPI0306986A	BRPI0306986	2003-07-16	三星电子株式会社
35	元数据分段索引结构,多键索引结构以及易于读取的计算机媒体	BRPI0306985A	BRPI0306985	2003-07-16	三星电子株式会社
36	元数据的索引结构,用于制造可用索引过程的元数据和元数据的搜索方法和装置,所述元数据的索引利用	DE60317488D1	DE60317488	2003-07-16	三星电子株式会社
37	元数据的索引结构,提供元数据索引的方法和使用,元数据索引的元数据搜索方法及设备	DK1490801T3	DK03741583	2003-07-16	三星电子株式会社
38	元数据搜索方法和装置,其中使用所述元数据的索引	DE60314631D1	DE60314631	2003-07-16	三星电子株式会社
39	编码的多键索引数据流结构	AU2003243044A1	AU2003243044	2003-06-27	三星电子株式会社

序号	专利名称	公开(公告)号	申请号	申请日	申请人
40	提供元数据的方法	DE60317328D1	DE60317328	2003-07-16	三星电子株式会社
41	元数据的索引结构,提供元数据索引的方法,以及使用元数据的索引的元数据搜索方法和装置	AU2004202364B2	AU2004202364	2004-05-31	三星电子株式会社
42	元数据的索引结构,提供元数据索引的方法,以及使用元数据的索引的元数据搜索方法和装置	AU2004202362B2	AU2004202362	2004-05-31	三星电子株式会社
43	元数据的索引结构,提供元数据索引的方法,以及使用元数据的索引的元数据搜索方法和装置	AU2004202361B2	AU2004202361	2004-05-31	三星电子株式会社
44	元数据的索引结构,提供元数据索引的方法,以及使用元数据的索引的元数据搜索方法和装置	AU2004202360B2	AU2004202360	2004-05-31	三星电子株式会社
45	元数据的索引结构,提供元数据索引的方法,以及使用元数据的索引的元数据搜索方法和装置	AU2003281658B2	AU2003281658	2003-07-16	三星电子株式会社
46	元数据的索引结构,提供元数据索引的方法,以及使用元数据的索引的元数据搜索方法和装置	AU2003281657B2	AU2003281657	2003-07-16	三星电子株式会社
47	提供元数据的方法	AT377798T	AT780062004	2003-07-16	三星电子株式会社
48	元数据的索引结构,提供元数据索引的方法和使用元数据索引的元数据搜索方法及设备	DK1515246T3	DK04078006	2003-07-16	三星电子株式会社
49	元数据的索引结构,提供元数据索引的方法和使用元数据索引的元数据搜索方法及设备	DK1515247T3	DK04078007	2003-07-16	三星电子株式会社
50	使用元数据索引搜索元数据的方法及设备	DE60314631T2	DE60314631	2003-07-16	三星电子株式会社

5.7.2 压缩存储技术分析

在压缩存储领域专利申请量排名前列的大学分别有浙江大学、同济大学、复旦大学、武汉大学,排名前列的公司有北京地拓科技发展有限公司、北京灵图软件技术有限公司、国际商业机器公司与高德软件有限公司等。

栅格数据是以二维矩阵的形式来表示空间地物或现象分布的数据组织方式,每个矩阵单位称为一个栅格单元，栅格的每个数据表示地物或现象的属性数据。随着地理信息系统（GIS）应用于各个行业，在实际应用中，使用海量栅格数据。作为本技术分支申请量排名前列的北京地拓科技发展有限公司，主要在栅格数据的存储、压缩、访问与读取方面进行多方面布局，提出了基于栅格数据的存储方法、压缩等方法（CN102867023A、CN102902708A、CN102411616A）。

专利CN102867023A：涉及一种栅格数据的存储、读取方法及装置，对栅格数据中所有栅格单元的值都分布在0到9之间的整数的栅格数据，在原始栅格数据中依次提取9个连续栅格单元，采用占4字节的int型的第一目标数值替代所述9个连续原始栅格单元的值，节省存储空间；若所取栅格单元为N，不足9个，则补充$(9-N)$个特征值后产生第二目标数值代替所述9个连续原始栅格单元的值，提高栅格数据的处理效率。参见图5-5-13（a）。

专利CN102902708A：涉及一种存储用户访问栅格数据的历史记录的方法及系统，将栅格数据以预定的大小分成若干栅格块单元；创建用以记录栅格数据的用户访问历史记录信息的文件，用于存储栅格块访问过各栅格块数据的用户总数量、各用户的用户标识码及访问该栅格块数据的时间；当有用户访问某栅格块数据时，记录该用户标识码及访问时间并存储到所创建的文件中。本发明还提供相应的系统。以各栅格块的用户访问数量为像素值，构建一个新的栅格数据，以直观地展示某个时间段中用户访问栅格数据的历史记录。为研究分析人员及决策者提供清楚的掌握栅格数据的用户消费使用情况信息，进而可以辅助制定科学的决策。参见图5-5-13（b）。

专利CN102411616A：涉及一种数据存储方法，用于存储一组数据，预先确定待存储的一组数据的取值范围，该方法包括：根据待存储数据的最大值确定其用二进制数表示时所需的最少位数m；分别将待存储的一组数据中各数据转换为m位二进制数；将所得到的有效二进制数字顺序排列，以8k位为单位对所述顺序排列的二进制数进行分割，k为正整数，$8k \geqslant m$；将分割后的每一部分转换成L进制表示，得到若干个L进制数，L为$\geqslant 2$的整数；按照预定规则保存所述若干个L进制数。本发明还提供了相应的数据读取方法；以及一种数据存储系统，用于存储一组数据，该系统包括：位数确定单元，第一转换单元，分割处理单元和存储单元。本发明提供的数据存储方法，通过设计栅格数据结构，不拘泥于现有技术中惯用的采用字节为单位来存储数据的方式，而是根据待存储数据的最大值所需的最少位数来确定二进制数位数，紧凑排列存储，避免了空间的浪费。参见图5-5-13（c）。

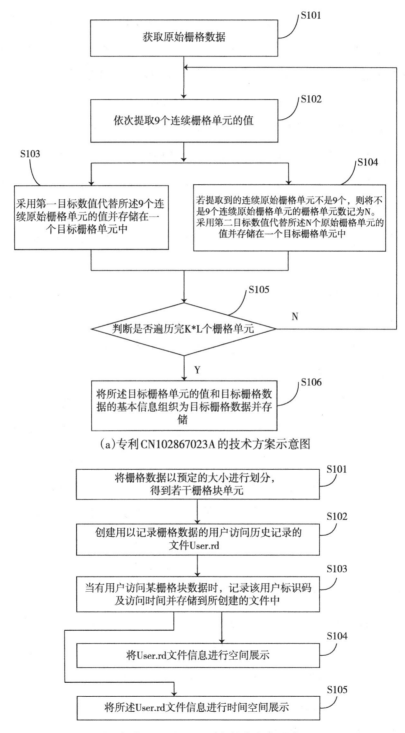

（a）专利CN102867023A的技术方案示意图

（b）专利CN102902708A的技术方案示意图

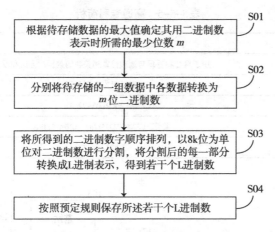

（c）专利CN102411616A的技术方案示意图

图5-5-13 涉及数据的存储、读取方法及设置的专利技术方案示意图

从各数据类型本领域技术分支有效专利的布局来看，地图数据方面的压缩存储技术主要集中在2011年后（图5-5-14）。在基于地图数据的编码技术上，目前仍维持有效的最早专利申请是2004年的个人申请（CN100334429C），该专利于2013年转让给国网上海市电力公司。

图5-5-14 主要专利类型有效专利分布

专利CN100334429C：涉及一种适用于电子地图数据存储与更新的方法，尤其适用于移动导航装置的电子地图数据的存储与更新。主要包括：①参照GDF标准的方法或者类似的方法，对电子地图数据中的地图要素编码，确定地图要素的ID；②根据地图要素ID将地图要素及地图要素之间关系的数据存储到地图数据服务端的地图信息存储装置中相应的存储区，建立存储地理数据的地理信息数据服务器；③利用常规的地理信息检索技术，从地图数据服务端的地图信息存储装置中提取一项或多项地图要素及地图要素之间关系的数据，并且获得相关的地图要素ID及其更新状态。通过地图数据应用端地图数据的动态增量更新，实现地图数据应用端的电子地图始终与地图数据服务端保持一致。

随后出现了申请断层，2009年和2011年，高通股份有限公司与株式会社电装分别申请了相关专利（CN102047249B、CN102142023B）（表5-5-5）。

表5-5-5 高通专利简析

公开号	CN102047249B
专利名称	用于聚合和呈现与地理位置相关联的数据的方法和设备
发明人	高通股份有限公司
申请日	2009-05-22
被引证情况	前引证 US20070233582A1 CN1489738 A
法律状态	授权有效
附图	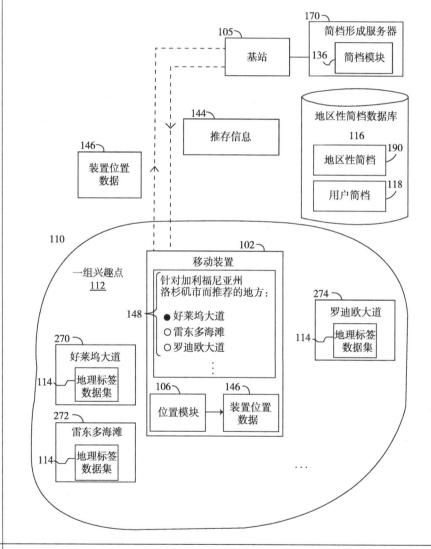
专利说明	涉及用于聚合和呈现与地理位置有关的数据的系统和方法。可收集与地理位置以及相关联的特征或属性有关的地理标签数据,以建立表征地区内的一组位置的地区性简档。可组合与所述组成位置有关的地理标签数据,以产生表征给定地理区域的特征、景点和其他兴趣点的地区性简档,其可用于为用户产生推荐和其他服务

续表

公开号	CN102142023B
专利名称	地图数据、地图数据生成方法、存储介质以及导航设备
发明人	株式会社电装
申请日	2011-01-28
被引证情况	前引证CN101493822A CN101487717A CN101111878A
法律状态	授权有效
附图	

续表

专利说明	将记录目标地图区域划分成多个网格;创建多个网格单元数据元作为多组网格单元数据元,以使得该多组分别对应该多个网格,并且每组网格单元数据元以这样的方式描述关于多个网格中对应一个的地图组分的信息,该方式是每一组中的网格单元数据元分别描述关于该地图组分的信息;通过根据地图组分类型将多个网格单元数据元组织成多个网格单元数据元集,并且分别存储着多个集,来创建多个数据文件,在该多个数据文件中每个网格单元数据元集具有相同的地图组分类型;和根据这多个数据文件创建地图数据,可以提高地图数据的传输效率

5.7.3 数据编码技术分析

在地理信息方法中地理编码也被称为地址匹配,即建立地理位置坐标与给定地址一致性的过程,以便对属性数据和地理实体进行位置确定和空间检索。地理编码技术在城市空间定位和分析领域具有非常广泛的应用前景。在GIS数据编码技术中,地理编码也占据主要地位,具有大比例的专利布局。其他如图像、视频、影像等图像数据编码与其他特定编码方向的专利技术路线参见图5-5-15。

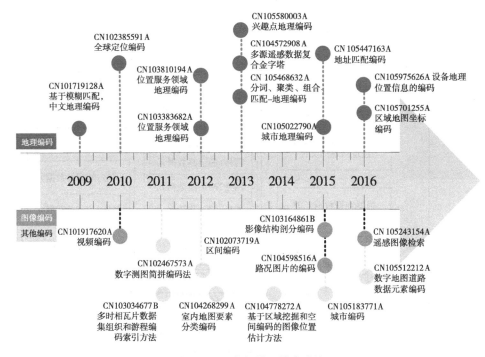

图5-5-15 数据编码技术路线

就地理编码而言,现有的地理编码技术主要采用如下方式实现:首先,对用户输入的待匹配地理地址进行分词;其次,针对每一个分词,将该分词与预置的门址库中的预存分词进行匹配，得到与该分词匹配的至少一个预存分词；再其次，按照各分词在待匹配地理地址中的语序，对各分词对应的预存分词进行组合，得到多个组合；将各种组合结果展示给用户以便用户进行选择，根据用户选择的组合结果进行地理编码。但在实际应用中，普遍存在编码效率还达不到期望目前的问题，因此，高德软件有限公司着力开发克服现有技术中地理编码需要人工参与而无法实现自动化地理编码的方法提高效率（CN105468632A）；北京极海纵横信息技术有限公司提出以元组为核心的地理编码方法提高效率（CN105447163A）。

GIS数据处理中数据编码方向的主要申请省中，北京是申请量排名最多的市区，湖北省、浙江省也有相对较多的专利申请布局。从专利有效性的条形图来看，尚未获得授权专利数量较多，可见本领域较新，近几年专利申请较多。

5.7.4　解析转换技术分析

在GIS数据解析转换技术分支下的主要专利，主要布局方向主要分为数据解析、坐标转换与数据转换三个方向。如图5-5-16所示，数据解析类的专利分布比较星散，主要包括卫星有效载荷数据的通用解析方法（CN103678498A）、用于确定地理位置的相关解析服务器（CN101458700A）、面向地址编码的中文地址语义解析（CN101393544A）等。在坐标转换方向主要包括局部坐标、邻近坐标等方面的转换方法（CN104182512A、CN102779231B）。

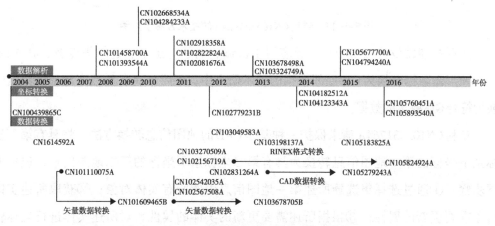

图5-5-16　数据解析转换技术发展路线图

在数据格式转换方向，专利申请的布局各有侧重。如空间矢量数据、栅格数据转换、RINEX格式数据转换、CAD数据格式转换等。

RINEX（ReceiverIndependentExchangeFormat/与接收机无关的交换格式）是一种在GNSS测量应用中普遍采用的标准数据格式。该格式采用文本文件形式存储数据，数据记录格式与接收机的制造厂商和具体型号无关。

专利CN105824924A请求保护一种多功能GNSS数据转换系统，可快速生成标准的RINEX格式文件，具体包括依次连接的文件数据输入部分、数据缓冲部分、接收机类型匹配部分、解码部分；GNSS原始数据文件通过文件数据输入部分、数据缓冲部分、接收机类型匹配部分输入到解码部分后，本地解码模块先为其分配指定内存，接着实时解码模块对其进行解码，当解码到新历元或者星历时，根据新解码的历元或星历编码得到RTCM的数据流或者生成标准的RINEX格式文件；当解码信息超过该指定内存时，本地解码模块再通过估算历元数重新开辟内存，以此达到按需内存分配，如图5-5-17所示。

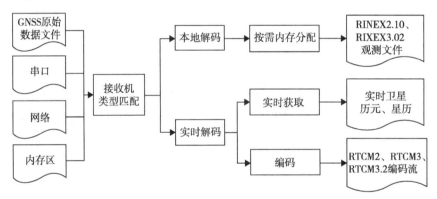

图5-5-17　专利CN105824924A的技术方案示意图

计算机辅助设计（CAD）广泛应用于机械、电子、土木、建筑等专业，在Auto-CAD地形图数据转换为GIS空间数据的技术研究中，经常要将各类数字地形图数据转换为符合GIS要求的数据。

专利CN102831264A请求保护一种基于CAD的地图信息转换方法，将具有第一坐标系下坐标的第一地图信息转换为具有第二坐标系下坐标的第二地图信息，包括如下步骤：①通过选择集选择所述第一地图信息中的所有实体对象；②获取所述实体对象需要更新的属性；③根据所述需要更新的实体的属性，对所述实体进行坐标转换；④对所述经坐标转换的实体的属性进行赋值并根据所述属性更新所述实体，如图5-5-18（a）所示。

专利 CN105279243A 公开了一种空间数据转换的方法及系统，其方法包括：进行地物编码，对 CAD 数据采用存储地形要素的 GIS 编码进行标识；对标识后的 CAD 数据采用图形对应的特征重新绘制图形数据，使 CAD 数据得到规范化处理；对规范化处理后的 CAD 数据向 GIS 数据进行转换。通过本发明实施例提供了一整套处理流程，包括地物批量编码，拓扑检查及筛选特定的图层或全部导出为 GIS 等功能,如图 5-5-18（b）所示。

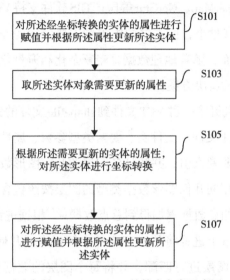

（a)专利 CN102831264A 的技术方案示意图

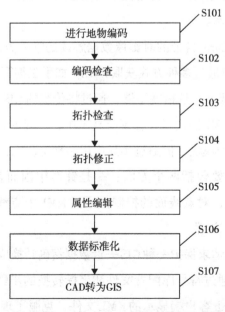

（b)专利 CN105279243A 的技术方案示意图

图 5-5-18　专利 CN102831264A 和专利 CN105279243A 的技术方案示意图

VCT数据格式数据为文本数据，主要包括文件头、要素类型参数、属性数据结构、几何图形数据、注记、属性数据六个部分。属性数据和图形数据都存放在VCT交换文件中。不同的要素层拥有不同的属性数据结构。属性数据通过目标标识码和几何数据关联。Shapefile是一种面向对象的二进制空间数据交换格式，其特点是文件小、精度高、交换速度快，但不能表达要素间显性拓扑关系，一组Shapefile文件对应一个要素层。目前，MapGIS、SuperMap、GeoStar等国产GIS软件支持VCT数据格式的转换，但国产GIS软件的市场保有量小，而占据国内市场主要份额的ArcGIS等国外GIS软件不支持VCT数据格式。然而，随着地理数据日趋复杂化和海量化，以上研究都未提出针对大规模VCT数据应用的解决方案。

专利N103678705B公开了一种VCT文件到shapefile文件的矢量数据并行转换方法。该方法首先分别构建VCT文件中文件头、要素类型参数、属性数据结构、注记、几何图形数据和属性数据的要素索引，并统计各图层的几何图形数据类型和包含的几何图形数据数量，并分别对相同几何图形数据类型的图层按照包含的几何图形数据数量进行排序，然后每个图层的点数据累加得到总点数据w，根据进程数p将VCT文件分为p个矢量目标子集，最后p个进程将从VCT文件中解析出的几何图形数据的坐标信息、属性数据与对应要素的图层进行匹配，并将每个图层的数据分别存入到一个单独的shapefile文件。该方法具有较高的实用性，可实现VCT文件到shapefie文件的快速转换，如图5-5-19（a）所示。

KML文件是Google Earth自带的对影像数据解读的唯一方式，是一种基于XML语法格式的文件，我们可以通过多种方式获取KML，如手工编写、Google Earth系统生成等，但是这些方法效率低下，且精度不够，通过将传统的GIS矢量数据转换到KML是一种快速、高效的获取KML的途径。在现有技术中，一般的GIS软件都有将对应格式的矢量数据转换为KML的模块，但通过实际应用和理论研究，我们发现上述模块的转换存在明显的缺陷，主要包括两个方面：一是针对中国而言精度不够；二是由于Google Earth没有符号库，对点线面的控制是通过KML中点线面对应的标签控制的，KML中点线面的表现形式混乱。

专利CN101110075A请求保护一种GIS矢量数据精确转换成KML的方法。以GIS的矢量数据作为数据源，通过符号库配置文件和坐标转换的步骤，将GIS的矢量数据转换成为可以在Google Earth客户端显示的KML文件，克服了现有技术存在的精度不够和显示样式随机性较大的问题，如图5-5-19（b）所示。

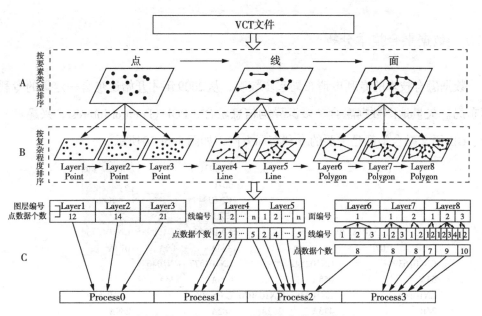

（a）专利CN103678705B的技术方案示意图

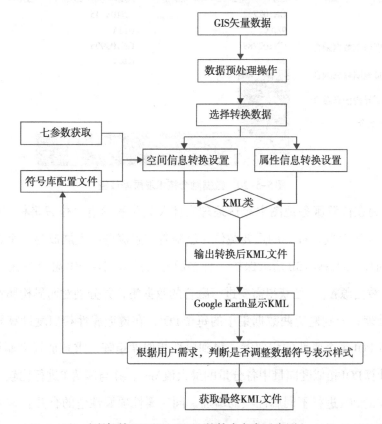

（b）专利CN101110075A的技术方案示意图

图5-5-19 专利CN103678705B和专利CN101110075A的技术方案示意图

5.7.5　数据融合技术分析

数据融合技术的专利申请布局起步较晚，从2009年才开始逐步有一定量的专利申请布局。矢量地图数据融合、多源异构信息融合、POI（Point of Interest，兴趣点）融合、GIS语义融合等都是主要的专利布局方向，如图5-5-20所示。

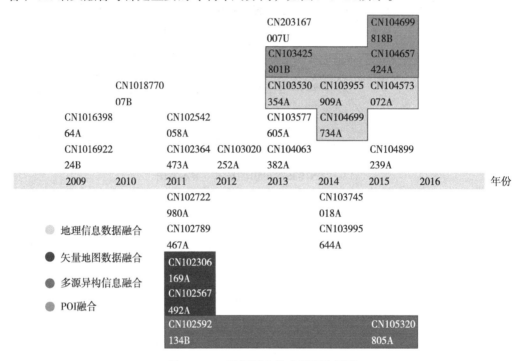

图 5-5-20　数据融合技术发展路线图

POI作为在位置服务地图中表达地理实体及其位置信息（位置坐标、位置属性、位置关系、位置时间特征）的重要载体，已随着位置服务的发展成为一个重要的研究方向。专利CN104699818B请求保护一种多源异构的多属性POI融合方法，具体方法为：从POI数据源A、B处获得需要进行融合的数据集，并分别对两异构属性的数据集进行去重处理；分别遍历两数据集中的每个POI，在遵循属性相似度计算规则的前提下，计算各POI每个属性的相似度，得到属性相似度矩阵；求解加权多属性POI相似度向量；计算POI相似度向量中各分量的最大值Max，并与阈值T进行比较；对代表同一地理实体的POI进行不同属性项的增加、同一属性项属性值的合并。该方法通过属性对整体的重要性及影响程度不同，差异化的考虑POI的各不同类型属性，更符合POI融合的实际操作，能够显著提高POI自动融合的准确率和效率，如图5-5-21所示，其技术方案流程如图5-5-22所示。

在语义融合方面，由于地理信息语义的复杂性，使语义互操作成为GIS互操作中的一个难题。目前，理论上实现GIS语义互操作的方法有3种：①各自理解对方的数据库模式和数据语义；②在建立公共模式的基础上提供一种机制，使用户能按统一形式（如：双方使用统一的语义模型来表达语义）表达查询要求并获取数据，如全局概念模式、Summary Schemas Model（SSM）等；③借助中间机制（如语义转换机制）处理信息，使用户能用自身语言来形式化查询要求，而且无需考虑对方因素即可获得正确处理，如上下文语义转换器、查询转换器等。GIS语义互操作至今仍是GIS互操作中的难点，还停留在方法探讨和原型实现阶段，没有进入实际应用。专利CN102306169A请求保护一种数字矢量海、陆图融合方法。包括基于由所述领域本体构建部分构建的本体及其映射关系，对海图、陆图以及海陆一体化地图进行语义融合，实现各领域间地理要素的分类、分层融合与语义互通，并提供各地理要素的跨语义查询、地理本体查询浏览以及海图、陆图和海陆一体化地图之间的自由融合和转换。通过所述数字矢量海陆图融合方法和系统，实现海陆一体化管理，如图5-5-23所示。

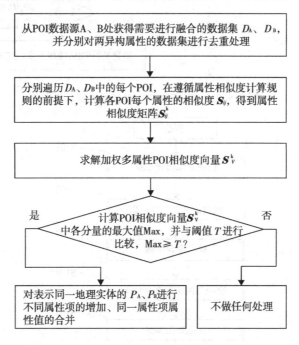

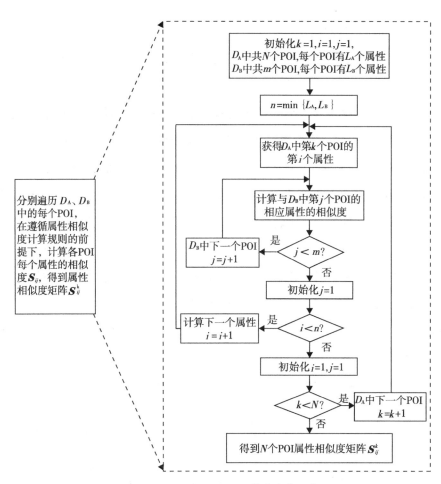

图 5-5-21　CN104699818B 技术方案示意图

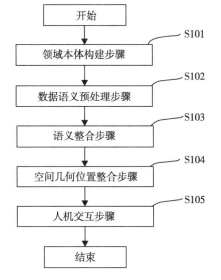

图 5-5-22　CN102306169A 技术方案流程图

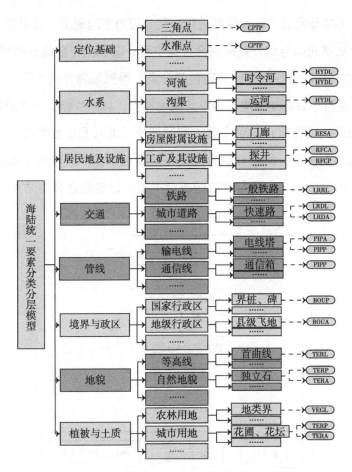

图 5-5-23 专利 CN102306169A 的技术方案示意图

在多源遥感数据融合方面，决策级融合非常适合于多源遥感数据处理，它可以对每个数据源进行变换以获得独立的目标属性估计，然后将其作为决策进行决策融合，是一种灵活高效的处理多源数据的融合方法。决策层融合的主要优点在于：融合中心处理代价低；对信息传输带宽要求很低；当一个或几个决策输出出现错误时，通过适当的融合，系统还能获得正确的结果；适用面广，对原始的传感数据没有特殊的要求，提供原始数据的各传感器可以是异类传感器，其中甚至可以包括由非图像传感器获取的信息。专利 CN102592134B 请求公开了一种高光谱与红外数据多级决策融合分类方法，使用一种更加有效的方法实现高光谱数据的噪声抑制，使得数据更加真实、有效；采用了一种充分考虑了混合不确定性以及端元不确定性的高效、高精度的丰度估计方法；并利用分类结果、有选择性的小目标加强决策提取结果与高精度的丰度估计结果作为决策，以决策融合的方式实现高精度的高光谱与红外数据多级决策融合分类。具体操作步骤：①对高光谱与红外数据进行抑噪处理与空间配准；②根据高光谱与红外数据特点，建立高光谱与红外数据联合特征空间；③根据待分地物类别与训练样本，对步骤（2）建立的联合特征空间进行监督分类，得到地物分类决策；④根据目标尺寸，确定需要进行小目标加强决策提取的地物种类，利用步骤②建立的联合特征空间进行小目标加强决策提取；⑤对步骤①到的抑噪后的高光谱数据进行端元提取与丰度估计，得到丰度决策；⑥设计融合规则，融合由步骤③获取的分类决策、步骤④获取的小目标加强决策与步骤⑤获取的丰度决策，得到融合分类结果，如图 5-2-24 所示。

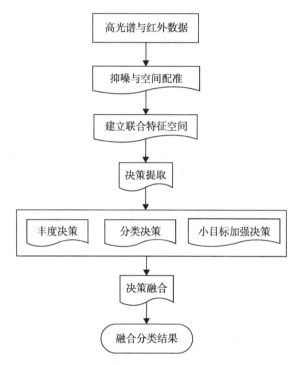

图 5-5-24　专利 CN102592134B 的技术方案示意图

5.7.6　数据管理技术分析

在数据管理技术分支的主要申请人排名参见图 5-5-25。专利申请量居于前列的九大申请人依次分别为：武汉大学、百度在线网络技术（北京）有限公司、浙江大学、北京航空航天大学、索尼株式会社、联想（北京）有限公司、中国科学院遥感与数字地球研究所、中国测绘科学研究院、微软公司。从图中可以看出，最早进军这个领域的有国际商业机器公司、索尼株式会社，近三年在本领域专利量较为集中的分别有百度在线网络技术（北京）有限公司、联想（北京）有限公司、北京航空航天大学等。

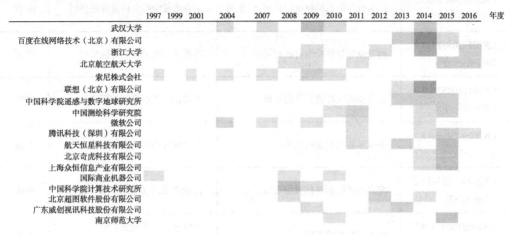

图5-5-25　排名列前九位的申请人主要专利申请量年度分布

5.8　转让/许可专利

在所有GIS相关数据处理领域的专利申请中，发生过专利权转让情况的专利共计106件，除去企业内部总—分公司（控股子公司等）、多申请人减少为单申请人等形式的内部转让外，发生实体转让的有效专利共计48件，在国家知识产权局进行专利许可备案的有效专利共计11件（其中有1件失效）。值得注意的是，在内部转让的专利中，有一个十分有意思的现象，许多大型国内外企业如微软公司、诺基亚公司、松下电器产业模式会社等，均成立了企业自己的知识产权或者技术转移性质的子公司，并将大量自有专利转让到该类形公司名下，如微软公司转让给微软技术许可有限责任公司，松下电器产业株式会社转让给松下电器（美国）知识产权公司，诺基亚公司转让给诺基亚技术有限公司等，这一现象的产生说明了当前全球知识产权运营正在发挥着越来越重要的作用，专利在这些大型全球企业中已经切实转化为无形资本在发挥作用、产生收益，专利经营已经成为新的产业，如表5-5-6所示。

表5-5-6　许可/转让重要专利列表

申请号/申请日	转让人	受让人	法律状态
CN201210222287.3 2012-06-29	武汉钢铁(集团)公司	武汉钢铁工程技术集团通信有限责任公司	有效

续表

申请号/申请日	转让人	受让人	法律状态
CN201210081726.3 2012-03-23	广东长宝信息科技有限公司;罗建国	阳春市长宝信息科技有限公司	有效
CN201120562917.2 2011-12-20	西安众智惠泽光电科技有限公司	陕西煜阳电子科技有限公司	有效
CN201110257302.3 2011-09-01	北京空间飞行器总体设计部	中国长城工业集团有限公司	有效
CN200920085047.7 2009-04-17	中国地震局地震研究所	武汉地震科学仪器研究院	有效
CN200910206791.2 2009-12-31	北京四维图新科技股份有限公司	西安四维图新信息技术有限公司	有效
CN200910092543.X 2009-09-17	航天恒星科技有限公司	天津航天中为数据系统 科技有限公司	有效
CN200910088739.1 2009-07-10	北京大学;北大方正集团有限公司; 北京北大方正电子有限公司	新奥特(北京)视频技术有限公司	有效
CN200610124871.X 2006-10-27	武汉虹旭信息技术有限责任公司	武汉虹翼信息有限公司	有效
CN200610027219.6 2006-06-01	上海杰图软件技术有限公司	上海杰图软件技术有限公司;上海 证大杰图网络技术有限公司	有效
CN200610026274.3 2006-04-29	上海杰图软件技术有限公司	上海杰图软件技术有限公司;上海 证大杰图网络技术有限公司	有效
CN97181527.5 1997-12-19	摩托罗拉公司	谷歌技术控股有限责任公司;摩托 罗拉移动公司	有效
CN97115323.X 1997-08-04	摩托罗拉公司	CDC知识产权公司;托索尔技术集 团有限责任公司	有效
CN201510196892.1 2015-04-23	雅虎公司	埃克斯凯利博IP有限责任公司	有效
CN201510172433.X 2007-10-01	德卡尔塔公司	德卡尔塔有限责任公司;优步技术 公司	有效
CN201410512334.7 2014-09-29	南京国图信息产业股份有限公司;南 京师范大学	南京师范大学	有效
CN201410274098.X 2008-11-25	电子湾有限公司	贝宝公司	有效

续表

申请号/申请日	转让人	受让人	法律状态
CN201310618790.5 2013-11-29	北京吉威数源信息技术有限公司	北京吉威时代软件股份有限公司	有效
CN201310109274.X 2013-03-29	北京图盟科技有限公司	高德软件有限公司	有效
CN201210408561.6 2012-10-24	镇江睿泰信息科技有限公司	上海睿剑信息科技有限公司	有效
CN201210034967.2 2012-02-16	上海同岩土木工程科技有限公司	交通运输部科学研究院上海同岩土木工程科技有限公司;同济大学	有效
CN201210004751.1 2012-01-08	西北工业大学	海安华达石油仪器有限公司;西北工业大学	有效
CN201120562917.2 2011-12-20	西安众智惠泽光电科技有限公司	陕西煜阳电子科技有限公司	有效
CN201120560727.7 2011-12-29	昆山蓝岭科技有限公司	北京蔚蓝仕科技有限公司	有效
CN201110399153.4 2011-12-06	北京经纬信息技术公司;中国铁道科学研究院电子计算技术研究所	北京经纬信息技术公司中国铁道科学研究院;中国铁道科学研究院电子计算技术研究所	有效
CN201110350609.8 2011-11-08	董福田	苏州超擎图形软件科技发展有限公司	有效
CN201110306393.5 2011-10-11	苏州超擎图形软件科技发展有限公司	苏州超擎图形软件科技发展有限公司	有效
CN201110181824.X 2011-06-30	捷达世软件(深圳)有限公司;鸿海精密工业股份有限公司	鸿海精密工业股份有限公司;鸿富锦精密工业(深圳)有限公司	有效
CN201080044575.3 2010-10-15	图形科技公司	鹰图公司	有效
CN201080017077.X 2010-04-16	雅虎公司	埃克斯凯利博IP有限责任公司	有效
CN201010617400.9 2010-12-31	董福田	苏州超擎图形软件科技发展有限公司	有效
CN200910243478.6 2009-12-24	北京中科通图信息技术有限公司	北京中科算源技术发展有限公司;北京中科通图信息技术有限公司	有效

续表

申请号/申请日	转让人	受让人	法律状态
CN200880120472.3 2008-12-03	国际商业机器公司	阿里巴巴集团控股有限公司	有效
CN200880118613.8 2008-11-25	电子湾有限公司	贝宝公司	有效
CN200810224016.5 2008-10-10	新奥特(北京)视频技术有限公司	北京美摄网络科技有限公司	有效
CN200810222422.8 2008-09-16	北京搜狐新媒体信息技术有限公司	北京搜狗科技发展有限公司;北京搜狐新媒体信息技术有限公司	有效
CN200810184711.3 2008-12-29	纳夫特克有限公司	纳夫特克有限公司	有效
CN200810150345.X 2008-07-15	曹梅花	西安融成科技有限公司	有效
CN200810113969.4 2008-05-30	中国科学院计算技术研究所	北京中科算源技术发展有限公司;北京中科通图信息技术有限公司	有效
CN200810101816.8 2008-03-12	中国科学院计算技术研究所	北京中科算源技术发展有限公司;北京中科通图信息技术有限公司	有效
CN200810057537.6 2008-02-02	北京中科通图信息技术有限公司	北京中科算源技术发展有限公司;北京中科通图信息技术有限公司	有效
CN200810021973.8 2008-08-19	南京师范大学	苏州迈普信息技术有限公司	有效
CN200810021971.9 2008-08-19	南京师范大学	苏州迈普信息技术有限公司	有效
CN200710168359.X 2007-11-16	武汉大学	常熟紫金知识产权服务有限公司	有效
CN200710118161.0 2007-06-29	中国网络通信集团公司	中国联合网络通信集团有限公司	有效
CN200610112433.1 2006-08-17	北京航空航天大学	深圳市千方航实科技有限公司	有效
CN200610096392.1 2006-09-22	南京搜拍信息技术有限公司	上海博康智能信息技术有限公司	有效
CN200610090568.2 2006-06-28	腾讯科技(深圳)有限公司	深圳市世纪光速信息技术有限公司	有效

续表

申请号/申请日	转让人	受让人	法律状态
CN200610027219.6 2006-06-01	上海杰图软件技术有限公司	北京百度网讯科技有限公司;上海杰图看房网络有限公司	有效
CN200610026274.3 2006-04-29	上海杰图软件技术有限公司	北京百度网讯科技有限公司;上海杰图软件技术有限公司;上海杰图天下网络科技有限公司	有效
CN200610001520.X 2006-01-18	腾讯科技(深圳)有限公司	深圳市世纪光速信息技术有限公司	有效
CN200580019489.6 2005-03-31	株式会社查纳位资讯情报	歌乐株式会社	有效
CN200510076357.9 2005-06-10	北京数码大方科技有限公司	北京数码大方科技有限公司	有效
CN200410018119.8 2004-05-08	曲声波;郑纲	国网上海市电力公司;曲声波;上海运邦信息科技有限公司;郑纲	有效
CN03141512.1 2003-07-10	上海市南电力信息工程技术有限公司	上海恒睿信息技术有限公司;上海市电力公司	有效
CN02815851.2 2002-07-24	摩托罗拉公司	谷歌技术控股有限责任公司;摩托罗拉移动公司	有效
CN02801078.7 2002-02-11	奥弗图尔服务公司	飞扬管理有限公司;雅虎公司	有效
CN02126578.X 2002-06-19	日本电气株式会社	联想创新有限公司(香港)	有效

　　对于发生内部转让的专利，在此，我们也选择其中重点进一步加以分析。其中具体超过10件简单同族专利布局的重要专利共计13件，主要均为微软公司的技术专利，分别涉及数据映射的体系构建（CN1604082A）、数据库扩展（CN1871598B）、数据分层（CN102359791B）、注释渲染技术等。

第6章 小结

6.1 图像数据处理技术小结

（1）图像数据处理技术全球专利申请量共8501项，相关专利的申请趋势明显分为萌芽期、起步期和快速发展期三个阶段，2008年之后相关专利的申请量出现快速增长态势。

（2）全球专利申请量排名前6位的主要申请国分别为中国、美国、日本、韩国、法国、德国；中国自2008年以后专利申请量有明显增长，目前处于快速增长期；美国、日本进入图像数据处理领域时间较早，目前专利申请处于稳定增长期。

（3）中国专利除在本国布局外，有少量布局到了美国和日本，向国外拓展程度较低（这与中国申请人以大学/科研机构类型为主，市场化程度低有关）；日本和美国相互布局了数量可观的专利，在图像处理技术领域内二者存在一定的竞争关系；其他国家在中国的专利布局数量很少；中国企业要注意防范专利逆差地位带来的专利侵权风险，特别是美国和日本的专利申请，也要抓紧时间做好专利技术布局，筑好专利壁垒。

（4）全球专利申请量排名靠前的申请人主要来自于日本和中国，且两国的主要申请人专利申请总量相差不多；排名前25位的中国申请人类型全部为大学/科研机构，日本则全部为企业申请。

（5）全球图像数据处理技术专利主要集中在图像分析、图像增强、软件产品、三维、识别等技术领域，国外申请人在软件产品技术领域内的布局要明显超过中国申请人。

（6）专利申请量排名首位的西安电子科技大学在图像分析技术领域内的专利申请主要集中在图像变化检测方法技术方面，共有40项相关专利申请，其中有9项专利技术涉及基于Treelet变换去噪技术，主要发明人团队为焦李成团队。

（7）中国图像数据处理专利近年来的年申请量在500件以上，发展势头强劲；中国专利以自主知识产权为主，占比达到98%；国内申请人主要集中在北京、陕西、湖北等地，浙江相关技术领域的专利申请量为98件。

（8）图像数据处理专利中数字扫描成像技术的专利申请量占比72%，申请量增幅明显；数字扫描成像以光谱扫描图像和雷达扫描图像的专利申请量最多，西安电子科技大学在雷达扫描图像技术领域的专利申请量占绝对比重。

（9）光学摄影成像技术领域内的主要申请人为武汉大学、中国科学院遥感与数字地球研究所和南京大学；武汉大学的主要发明人团队为眭海刚团队，其次是邵振峰团队和张永军团队；研发投入时间较晚，但是发展比较迅速。

（10）数字扫描成像技术领域内的主要申请人为西安电子科技大学；西安电子科技大学的主要发明人团队为焦李成团队，其次是侯彪团队和王桂婷团队；专利申请时间集中在2008年以后，在2014年时候达到申请量的峰值；三个发明人团队的高价值度专利均集中在2011年之前，该领域内研发人员可以重点关注该段时间内的技术专利；焦李成团队近年来的专利申请量较大，但是价值度不高；王桂婷团队申请的专利数量虽然不多，但其专利的价值度比较高。

（11）图像数据处理手段的分支技术中，专利申请量最多的是图形识别，占比33%，其次为图像分析、图像的增强或复原等；图像融合的专利申请时间较晚，图像编码技的专利增长幅度一直不大；西安电子科技大学、武汉大学和北京航空航天大学的专利申请涉及多个分支技术领域，且专利申请量较多。

（12）图像数据处理技术领域内的高价值度（8以上）专利占专利总量的20.2%左右，主要集中在图形识别、图像分析以及图像的增强或复原分支技术领域，申请时间主要集聚在2010—2013年，除2012年外基本有35件以上的高价值度专利申请，企业可以重点关注各分支技术高价值度专利的集聚申请，抓住高价值度专利开展研究，提高研发的效率及质量。

（13）梳理专利价值度在5以上，被引证次数在10以上的重要专利，主要集中在图像分析（10件）、图形识别（9件）、图像增强或复原（6件）、三维图像处理（1件）技术领域；申请时间集中在2009年和2010年，研究人员可偏向该时间段申请的专利，把握技术脉络专利，提高研究的效率和质量；重要专利的主要来源省份为西安和北京，主要申请人是西安电子科技大学；18件重要专利当前法律状态已失效，可以借鉴其专利技术而没有专利侵权风险，但是需注意对其引用专利的侵权风险。

（14）武汉大学的产学研合作模式较其他申请人成熟，且是德清园区地理信息企业的主要合作对象；专利申请量排名第一的张良培，研究几乎覆盖所有细分的技术手段，具有较系统的研究成果，建议开展产学研合作，此外还有眭海刚、邵振峰、刘俊怡等；武汉大学的技术发展路线分为两个阶段，在2013年之前是图像处理的分类方法，主要集中在张良培团队公开的基于DNA选择的遥感影像分类方法；在2013年之后研究热点偏向图像数据处理的提取方法，主要技术分为从影像中提取出损毁建筑或者道路信息的方法、建筑物或者建筑物轮廓线的提取方法、城市建成区边界的提取方法等，这部分的研究成果主要来自眭海刚团队。

6.2 GIS数据处理技术小结

（1）GIS数据处理技术全球专利申请量共3761项，1984—1993年间，GIS数据处理技术的专利年申请量增长缓慢，始终处于较低水平；1994—2004年间，GIS数据处理技术的专利申请量呈现逐步平稳增长的趋势；2005年起，专利申请量突飞猛进，呈现快速增长，在2011年达到高点317项，随后略有下降，到2015年再次达到一个高位。

（2）全球专利申请量排名前4位的主要申请国分别为美国、中国、日本、韩国；美国的专利申请量较为平稳，一直保持较高的申请量；中国专利申请起步晚，但后期发力显著；韩国和日本总体申请趋势较为平稳，日本近几年的专利申请量较20世纪90年代略有下降。

（3）全球专利布局情况：中国、美国、日本、韩国、法国、德国均主要在本国布局申请专利，欧洲专利局以中国、美国的专利申请为主；GIS数据处理技术的主要申请国在美国、日本、中国，可见申请人对这三国市场的重视；美国籍申请人相对其他各国在中国专利布局最多；来源国为中国、日本、韩国、德国的专利申请在全球布局中重心在美国；法国在国外很少有专利布局。

（4）全球专利申请排名前9的申请人依次为谷歌公司、国际商业机器公司、Cleversafe公司、微软公司、AT&T公司（美国电话电报公司）、武汉大学、高通公司、雅虎公司与索尼公司。

（5）在GIS数据处理领域的专利布局中，全球专利主要集中的领域分别包括：数据库应用、软件产品、搜索引擎、信息检索、数据传输、硬件、存储、非车载导航、来自远程服务器与排序选择。谷歌公司作为本领域排名第一的专利申请人专利布局多分布在软件产品（Claimed software products）、数据库应用（Database applications）、搜索引擎（Search engines and searching）、检索（Search and retrieval）、服务器（Servers）、路径规划（Route planning）、文件传输（Document transfer）等几大方面。

（6）在GIS数据处理领域，中国的专利申请数量共为1923件，其中中国申请人共1640件，国外申请人共283件。GIS数据处理的中国专利申请始于1993年，随后保持非常缓慢的增长态势；直到进入21世纪以后，GIS数据处理的中国专利申请量开始有了明显的增长，2009年迎来一个小的申请量峰值，此后专利申请量增速放缓甚至有所回落，直至2011年GIS数据处理的专利申请量又创新高，突破200件专利申请。

（7）GIS数据处理属于有一定技术难度和深度的专业市场，实用新型的申请量占比不足1.2%，专利质量相对较高。

（8）在专利技术来源方面，我国自主知识产权的申请量为1640件，占中国专利申请总量的85%，源自外国申请人的申请量为283件，约占中国专利申请总量的15%，可见中国专利申请人还是以我国申请人为主。在外国申请人中，美国、日本、韩国、荷兰、德国的专利申请分别占中国专利申请总量的7%、3%、1%、1%、1%，其他国家占比2%。

（9）中国各省市/地区在GIS数据处理技术领域的专利申请达100件以上的有5个，依次为北京、江苏、广东、湖北、上海，主要集中在经济相对发达的城市地区。GIS数据处理领域最早开始有专利申请的主要集中在北京，这一现象充分反映了我国地理信息产业主要在我国北部地区萌芽、壮大发展的产业发展现状。

（10）在主要申请人类型方面，申请量最多的申请人类型是企业，超过50%，产学研合作申请的申请量最少，约占2.1%。专利申请量高居首位的是武汉大学，达到70件数量，其后为浙江大学、百度在线网络技术（北京）有限公司、南京师范大学和微软公司，申请人排名前列的主要为大学申请人。

（11）在主要国外申请人中，排名前五的分别为微软公司、谷歌公司、三星公司、国际商业机器公司与飞利浦电子公司，外国申请人非常重视在中国的专利申请。

（12）武汉大学的有效专利申请量排名首位，但同时也是失效专利排名第一的申请人。处于审中状态的专利申请量排名前列的申请人分别有浙江大学、武汉大学和百度在线网络技术（北京）有限公司，其中百度在线网络技术（北京）有限公司后来居上，近几年来在本领域专利申请量突飞猛涨，说明近几年来百度在线网络技术（北京）有限公司对该领域涉猎，并在逐步加大研发力度、进行专利布局。

（13）在GIS数据处理的主要发明人中，孙成宝、刘仁义、李霖、杜震洪等是本领域的主要发明人/发明人团队成员，可以追踪他们的专利申请或发表的学术论文，根据主要发明人的研发方向，有侧重性的进行人才引进。

（14）GIS数据处理中数据采集技术的专利最早从1993年就开始有专利布局，到1977年开始陆陆续续出现本领域的专利申请，从数据采集、编码、压缩存储领域逐渐深入扩展，逐渐发展起来。早期的专利申请，基本都是来自国外的专利申请人，分别有摩托罗拉公司、日本电信电话株式会社、松下电器产业株式会社等。在所有数据处理的主要步骤方法中，数据采集、数据输出是常规的专利布局较多的领域，压缩存储与数据管理也有一定量的专利申请布局。数据编码、解析转换与数据融合是后期逐步发展起来的技术分支。

（15）在数据采集领域专利申请量居于前列的六大申请人依次分别为：浙江大学、武汉大学、百度在线网络技术（北京）有限公司、北京大学、高德软件有限公司与三星电子株式会社。该六大申请人在数据采集方向的专利布局主要涉及基于位置信息或空间数据的识别、获取、检索、查询等，基于图像影像数据的读取、检索、生成等以及一些特定查询方法：（反）最近邻查询、三维R树空间索引、轮廓查询等。

（16）浙江大学在数据采集技术领域的申请热点在于图像数据的提取、识别与空间数据的查询技术尤其是最近邻查询和反向最近邻查询技术。浙江大学在数据采集技术领域的发明人团队主要有三个，分别为由张丰、高云君以及陈华钧和吴朝晖代领。武汉大学在数据采集技术领域的重点申请主要集中于图像数据的检索与数据更新方法两大方面。数据更新方向的专利布局主要集中于位置数据的更新以及地图数据的增量式更新方面。武汉大学的图像数据采集检索方向研究团队在基于显著点特征的图像采集检索方面做出了大量的研究并申请了专利保护。在发明人团队方面，武汉大学的发明人团队呈现一枝独秀的局面，邵振峰为当仁不让的重要发明人。百度在线网络技术（北京）有限公司在数据采集技术领域的申请热点集中在位置信息的采集、识别、更新、获取上，尤其还包括LBS位置服务（Location Based Service，LBS）技术。北京大学在数据采集方向的主要发明人团队有两个，一个由高文、黄铁军、段凌宇、陈杰为固定班底代表的团队，主攻图像图片识别、搜索方面技术；另一个由程承旗代领，主要开展空间信息剖分、编码、预处理等方面的数据采集研究。高德软件有限公司在专利申请布局上与百度在线网络技术（北京）有限公司存在研发方向的大面积交集，主要关注于位置信息、POI数据、兴趣点信息的查询、获取、采集、生成。三星电子株式会社在数据采集方向的主要发明人团队由申孝燮代领，申请方向主要集中于元数据索引结构与方法。

（17）在压缩存储领域专利申请量排名前列的大学分别有浙江大学、同济大学、复旦大学与武汉大学，企业分布有北京地拓科技发展有限公司、北京灵图软件技术有限公司、国际商业机器公司与高德软件有限公司等。北京地拓科技发展有限公司，主要在栅格数据的存储、压缩、访问与读取方面进行多方面布局。

（18）地理编码技术在城市空间定位和分析领域具有非常广泛的应用前景。在GIS数据编码技术中，地理编码也占据主要地位，具有大比例的专利布局。GIS数据处理中数据编码方向的主要申请省市中，北京是申请量最多的地区，湖北、浙江也有相对较多的专利申请布局。从专利有效性的条形图来看，尚未获得授权专利数量较多，可见本领域较新，近几年专利申请较多。

（19）在GIS数据解析转换技术分支下的主要专利，主要布局方向主要分为数据解析、坐标转换与数据转换三个方向。数据解析类的专利分布比较星散；在坐标转换方向主要包括局部坐标、邻近坐标等方面的转换方法；在数据格式转换方向，专利申请的布局各有侧重：如空间矢量数据、栅格数据转换、RINEX格式数据转换、CAD数据格式转换等。

（20）数据融合技术的专利申请布局起步较晚，从2009年才开始逐步有一定量的专利申请布局。矢量地图数据融合、多源异构信息融合、POI（Point of Interest，兴趣点）融合、GIS语义融合等都是主要的专利布局方向。

（21）在数据管理技术分支专利申请量居于前列的九大申请人依次分别为：武汉大学、百度在线网络技术（北京）有限公司、浙江大学、北京航空航天大学、索尼株式会社、联想（北京）有限公司、中国科学院遥感与数字地球研究所、中国测绘科学研究院、微软公司，近三年在本领域专利量较为集中的分别有百度在线网络技术（北京）有限公司、联想（北京）有限公司、北京航空航天大学等。

（22）在所有 GIS 相关数据处理领域的专利申请中，发生过专利权转让情况的专利共计 106 件。许多大型国内外企业如微软公司、诺基亚公司、松下电器产业株式会社等，均成立了企业自己的知识产权或者技术转移性质的子公司，并将大量自有专利转让到该类型公司名下，如微软公司转让给微软技术许可有限责任公司，松下电器产业株式会社转让给松下电器（美国）知识产权公司，诺基亚公司转让给诺基亚技术有限公司等，这一现象的产生说明了当前全球知识产权运营正在发挥着越来越重要的作用，专利在这些大型全球企业中已经切实转化为无形资本在发挥作用、产生收益，专利经营已经成为新的产业。

第六部分　地理信息系统

第1章　研究概况

1.1　地理信息系统

　　地理信息系统（Geographic Information System，GIS）是一门集计算机科学、信息科学、地理学等多门科学为一体的新兴学科（图6-1-1），它是在计算机软件和硬件支持下，运用系统工程和信息科学的理论，科学管理和综合分析具有空间内涵的数据，以提供对规划、管理、决策和研究所需信息的空间信息系统。地理信息系统具有以下子系统：数据输入子系统、数据编辑子系统、数据管理子系统、数据分析子系统、数据成果报告子系统。

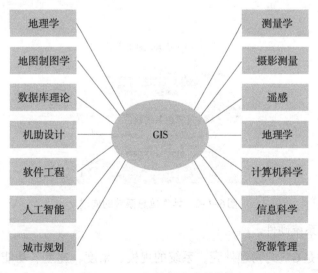

地理学　　　　　　　　　　测量学
地图制图学　　　　　　　　摄影测量
数据库理论　　　　　　　　遥感
机助设计　　　　GIS　　　　地理学
软件工程　　　　　　　　　计算机科学
人工智能　　　　　　　　　信息科学
城市规划　　　　　　　　　资源管理

图6-1-1　GIS的相关学科技术

　　与一般的管理信息系统相比，地理信息系统具有以下特征：①地理信息系统在分析处理问题中使用了空间数据和属性数据，并通过数据库管理系统将两者联系在一起共同管理、分析和应用，从而提供了认识各种现象的一种新的思维方法；而一般的管理信息系统则只有属性数据，即使存储了图形，也往往以文件等机械形式存储，不能进行有关空间数据的操作，如空间查询、检索、相邻分析等，更无法进行复杂的空间分析。②地理信息系统强调空间分析，通过利用空间解析式模型来分析空间数据，地理信息系统的成功应用依赖于空间分析模型的研究与设计。

　　地理信息系统按其范围大小可以分为全球的、区域的和局部的三种。地理信息系统按其内容可以分为三类：①专题地理信息系统（thematic GIS）是具有有限目标和专业特点的地理信息系统，如用于管理城市自来水管网的信息系统。②区域信息系统（regional GIS）主要以区域综合研究和全面的信息服务为目标，可以有不同的规模，如国家级、地区级（省级、市级和县级）的区域信息系统，也可以按自然分区或流域为单位。③地理信息系统软件工具（GIS tools）是一组具有图形图像数字化、存储管理、查询检索、分析运算和输出等基本功能的软件包。如 ArcGIS、MapInfo、MapGIS、吉奥之星等。

　　从系统论和应用的角度出发，地理信息系统被分为四个子系统，即计算机系统硬件、计算机系统软件、地理空间数据系统、应用人员和组织机构（图6-1-2）。地理空间数据处于核心地位，在地理信息系统建设投资构成中，硬件、软件和数据的比例通常为1：2：7。

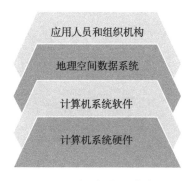

图6-1-2　地理信息系统的构成

（1）计算机系统硬件。

计算机硬件是GIS的物理外壳，系统的规模、精度、速度、功能、形式、使用方法甚至软件都与硬件有极大的关系，受硬件指标的支持或制约。GIS硬件配置一般包括计算机主机、数据输入设备、数据存储设备及数据输出设备。

（2）计算机系统软件。

计算机软件系统是指地理信息系统运行所必需的各种程序。计算机系统软件由计算机厂家提供、为用户开发和使用计算机提供方便。通常包括操作系统、汇编程序、编译程序、诊断程序、库程序以及各种维护使用手册、程序说明等，是GIS日常工作所必需的。

地理信息系统软件可以是通常的GIS工具系统或专门开发的GIS软件包，也可包括数据库管理系统、计算机图形软件包、计算机辅助设计软件、图像处理系统等，用于支持对空间数据输入、存储、转换、输出和与用户接口（图6-1-3）。

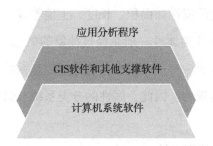

图6-1-3　计算机软件系统的层次

应用分析程序是系统开发人员或用户根据地理专题或区域分析模型编制的用于某种特定应用任务的程序，是系统功能的扩充与延伸。在优秀GIS工具支持下，应用程序的开发应是透明的和动态的，与系统的物理存储结构无关，而是随着系统应用水平的提高，不断优化和扩充。应用程序作用于地理专题数据或区域数据，构成GIS的具体内容，这是用户最为关心的真正用于地理分析的部分，也是从空间数据中提取地理信息的关键。用户进行系统开发的大部分工作是开发应用程序，而应用程序的水平在很大程度上决定系统的实用性、优劣和成败。

（3）地理空间数据。

地理空间数据是指以地球表面空间位置为参照的自然、社会和人文景观数据，可以是图形、图像、文字和数字等，由系统的建立者通过数字化仪、扫描仪、键盘、磁带机或其他通信系统输入GIS，是GIS所表达的现实世界经过模型的实质性内容。不同用途的GIS其地理空间数据的种类、精度都是不同的，但基本上都包括三种互相联系的数据类型：

①某个已经坐标繁育中的位置。即几何坐标，标识地理实体在某个已知坐标系（如大地坐标系、直角坐标系、极坐标系、自定义坐标系）中的空间位置，可以是经纬度、平面直角坐标、极坐标，也可以是图像矩阵的行列数等。

②实体间的空间相关性。即拓扑关系，表示点、线、面实体之间的空间联系，如网络节点与网络线之间的枢纽关系，边界线与面实体间的构成关系，面实体与岛或内部点的包含关系等。空间拓扑关系对于地理空间数据的编码、录入、格式转换、存储管理、查询检索和模型分析都有重要意义，是地理信息系统的特色之一。

③与几何位置无关的属性。即常说的非几何属性或简称属性（attribute），是与地理实体相联系的地理变量或地理意义。属性分为定性和定量两种，前者包括名称、类型、特性等，后者包括数量和等级等。定性描述的属性如岩石类型、种类、土地利用类型、行政区划等，定量的属性如面积、长度、土地等级、人口数量、降雨量、河流长度、水土流失量等。非几何属性一般是经过抽象的概念，通过分类、命名、量算、统计得到。任何地理实体至少有一个属性，而地理信息系统的分析、检索和表示主要是通过属性的操作运算实现的。因此，属性的分类系统、量算指标对系统的功能有较大的影响。

④系统开发、管理和使用人员。

人是 GIS 中的重要构成要素。地理信息系统从其设计、建立、运行到维护的整个生命周期，处处都离不开人的作用。仅有系统软硬件和数据还构不成完整的地理信息系统，需要人进行系统组织、管理、维护和数据更新、系统扩充完善、应用程序开发，并灵活采用地理分析模型提取多种信息，为研究和决策服务。

1.2 产业现状

地理信息系统在最近几十年内取得了飞速发展，广泛应用于资源调查、环境评估、灾害预测、国土管理、城市规划、邮电通信、交通运输、军事公安、水利电力、公共设施管理、农林牧业、统计、商业金融等几乎所有领域。

（1）资源管理。主要应用于国土资源管理工作，如掌握土地、森林、草场等资源分布、分级、统计、制图等问题。主要回答"资源定位"和"资源分布模式"两类问题。

（2）资源配置。资源配置是现今社会中的一项重要工作内容，如各种公用设施、救灾减灾中物资的分配、全国范围内能源保障、粮食供应等。GIS在这类应用中的目标是保证资源的最合理配置和发挥最大效益。

（3）城市规划和管理。空间分析及规划是GIS的一项重要功能，这以辅助制定和实施城市规划和管理方案。如在大规模城市基础设施建设中如何保证公交车站点的合理分布，如何保证学校、商场、运动场所、服务设施等能够产生最大的服务效应等。

（4）土地信息系统和地籍管理。土地和地籍管理涉及土地使用性质变化、地块轮廓变化、地籍权属关系变化等许多内容，借助GIS技术可以高效、高质量地完成这些工作。

（5）生态环境管理与模拟。地理信息系统在生态环境研究中应用广泛，主要有环境监测、生态环境质量评价与环境影响评价、环境预测规划与生态管理以及面源污染等。

（6）应急响应。地理信息系统技术可以解决在发生洪水、战争、核事故等重大自然或人为灾害时，如何确定灾害的影响范围，如何寻找最佳的人员撤离路线、并配备相应的运输和保障设施的问题。

（7）地学研究与应用。地理信息系统所具有的地理分析工具，可以完成诸如地形分析、流域分析、土地利用研究、经济地理的分析研究工作。

（8）商业与市场。商业设施的建立充分考虑其市场潜力。如大型商场的建立如果不考虑其他商场的分布、待建区周围居民区的分布和人数，建成之后就可能无法达到预期的市场和服务效应。有时甚至商场销售的品种和市场定位都必须与待建区的人口结构（年龄构成、性别构成、文化水平）、消费水平等结合起来考虑。地理信息系统的空间分析和数据库功能可以解决这些问题，如可口可乐公司建立了针对其营销特点的专题销售信息系统，取得了良好的市场效益。

（9）基础设施管理。城市的地上地下基础设施（电信、自来水、道路交通、天然气管线、排污设施、电力设施等）广泛分布于城市的各个角落，并且这些设施明显具有地理参照特征。它们的管理、统计、汇总都可以借助GIS完成，而且可以大大提高城市基础设施管理的工作效率。

（10）网络分析。建立交通网络、地下管线网络等的计算机模型，研究交通流量、建立交通规则、处理地下管线突发事件（爆管、断路）等应急处理。警务和医疗救护的最优路径优选、车辆导航等也是GIS网络分析应用的实例。

（11）可视化应用。以数字地形模型为基础，建立城区、区域或大型建筑工程、著名风景名胜区的三维可视化模型，实现多角度流星，可广泛应用于宣传、城市和区域规划、大型工程管理和仿真、旅游等领域。

（12）分布式地理信息应用。随着网络和互联网技术的发展，运行于局域网或互联网环境下的地理信息系统应用类型，其目标是实现地理信息的分布式存储和信息共享，以及远程空间导航等。

1.3 技术分解

根据地理信息系统的应用场景，对于地理信息系统的分析研究，主要从自然资源、灾害监测、生活服务、城市服务、产业服务五大方向进一步分析，见表6-1-1。

表6-1-1 地理信息系统技术分解表

一级技术分支	二级技术分支	三级技术分支	四级技术分支
地理信息系统GIS	应用场景	自然资源	水资源
			地质资源
			动物资源
			其他
		灾害监测	自然灾害
			火灾监测
			环境污染
			综合预警
			指挥管理
			人工活动
		生活服务	物联网
			休闲运动
			教育培训
			日常生活

续表

一级技术分支	二级技术分支	三级技术分支	四级技术分支
地理信息系统GIS	应用场景	城市服务	气象监测
			交通运输
			电力管理
			通信服务
			城市管理
			医疗卫生
			房屋管理
			物流跟踪
		产业服务	商业方法
			农业服务
			工商管理
			定位导航
			旅游服务

第2章　地理信息系统全球专利概况

2.1　申请态势

地理信息系统全球专利总数共2942件，合计2629项专利家族（以技术主题作为划分标准），申请趋势如图6-2-1所示，可见地理信息系统全球专利申请趋势可以划分为三个阶段：①萌芽期，自1999年至2006年，每年申请量在100件以下，属于地理信息系统产业的萌芽阶段；②起步期，自2007年至2010年，这四年的申请量在100至200之间，地理信息系统产业在这一阶段得到一定的发展；③快速发展期，自2011年以来，年申请量高于250件，最高时2015年申请量高于419件（专利申请满18个月后公开导致2015年数据不完整），在此阶段地理信息系统产业得到快速的发展，申请量逐年递增。可见，地理信息系统属于朝阳的产业，最近五年的专利申请量不断增长，从未出现过申请量下降的趋势，呈现一片繁荣的现象。

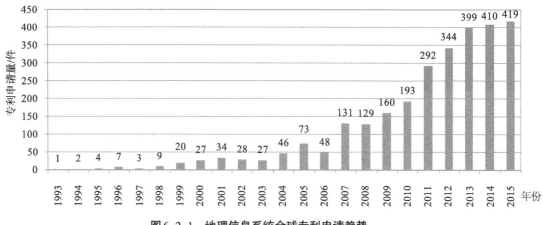

图6-2-1　地理信息系统全球专利申请趋势

地理信息系统全球专利申请来源分布情况如图6-2-2所示。在全球专利申请中，来自中国大陆的专利申请共计2146项，占比81.6%；来自韩国的专利申请共249项，占比仅仅9.5%，后面依次是美国3.5%、日本2.4%和中国台湾1.3%，其他国家和地区总共才占1.7%。由此可见，地理信息系统产业的专利申请具有极强的地域性特点，总体来说，中国大陆的专利申请量很高，外国的申请量很低。

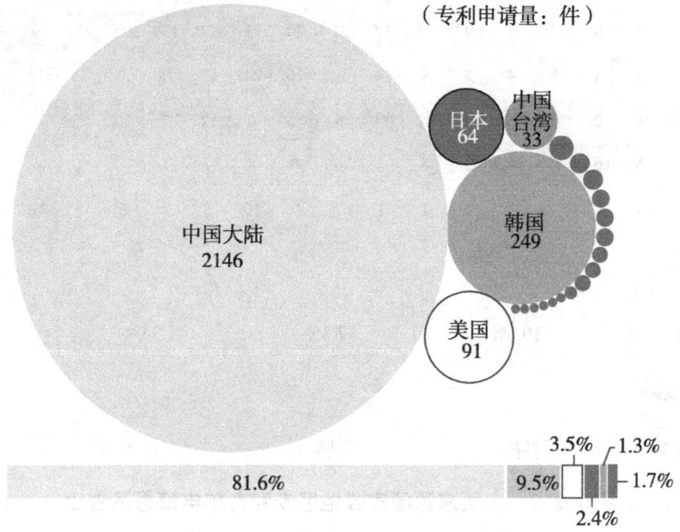

图6-2-2　地理信息系统全球专利申请来源国或地区分布

　　各个主要国家在地理信息系统领域的全球专利申请量按各年份的态势情况如图6-2-3所示，全球2942件专利中，来源自中国大陆的专利申请逐年增加，2009年至今每年申请量均在100件以上，2015年的申请量达到405件；来源自韩国的申请量在2008年达到一个小高峰24件后，在2009—2011年有所回落，2012年至今又迎来一个快速积累的阶段，在2014年达到专利申请新高峰55件；来源自美国的申请量在2007年达到一个小高峰25件后，在2008—2010年有所回落，2011年至今又迎来一个发展阶段，在2013年达到专利申请新高峰27件；来源自日本的申请量在2001年达到14件后，最近十几年的申请量没有明显增长，反而呈现出一定的下降趋势；来源自中国台湾的在2007年以前鲜见，2007年至今每年的申请量大多在10以内。来源自各国家、地区的申请量分别为2200件、293件、220件、88件、51件，占比分别为中国大陆74.8%、韩国10.0%、美国7.5%、日本3.0%、中国台湾1.7%、其他3.1%。可见，地理信息系统产业的专利申请具有很强的地域性特点，来源自中国大陆和韩国的申请量呈现逐年攀升，而来源自美国、日本、中国台湾等国家和地区的申请量却没能继续增长。

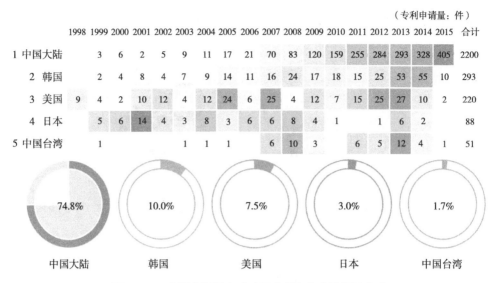

（专利申请量：件）

	1998	1999	2000	2001	2002	2003	2004	2005	2006	2007	2008	2009	2010	2011	2012	2013	2014	2015	合计
1 中国大陆		3	6	2	5	9	11	17	21	70	83	120	159	255	284	293	328	405	2200
2 韩国		2	4	8	4	7	9	14	11	16	24	17	18	15	25	53	55	10	293
3 美国	9	4	2	10	12	4	12	24	6	25	4	12	7	15	25	27	10	2	220
4 日本		5	6	14	4	3	8	3	6	6	8	4	1		1	6	2		88
5 中国台湾		1			1	1	1			6	10	3		6	5	12	4	1	51

中国大陆	韩国	美国	日本	中国台湾
74.8%	10.0%	7.5%	3.0%	1.7%

图6-2-3　主要来源国家或地区专利各年申请量及占比

2.2　主要申请人

　　地理信息系统全国专利的申请人类型构成如图6-2-4、图6-2-5所示，全球专利2629项专利共计2258名申请人，合计3803人次申请，绝大部分的专利申请来自于企业申请人，共2466人次，占总量的64.8%；其余分别来自高校、个人和研究院所，合计占总量的35.2%。可见，地理信息系统产业的专利申请人类型较为集中，具有很强的实际应用价值。

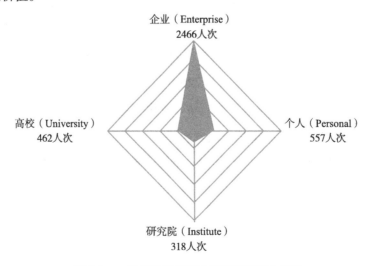

企业（Enterprise）
2466人次

高校（University）
462人次

个人（Personal）
557人次

研究院（Institute）
318人次

图6-2-4　地理信息系统全球专利申请人类型

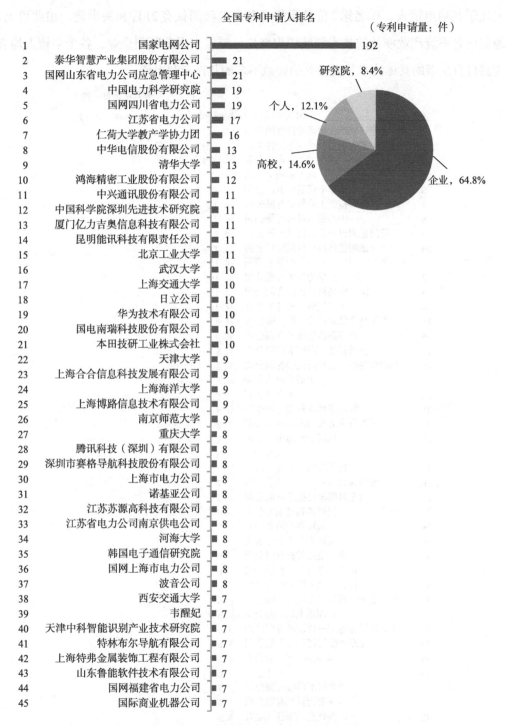

全国专利申请人排名

（专利申请量：件）

1	国家电网公司	192
2	泰华智慧产业集团股份有限公司	21
3	国网山东省电力公司应急管理中心	21
4	中国电力科学研究院	19
5	国网四川省电力公司	19
6	江苏省电力公司	17
7	仁荷大学教产学协力团	16
8	中华电信股份有限公司	13
9	清华大学	13
10	鸿海精密工业股份有限公司	12
11	中兴通讯股份有限公司	11
12	中国科学院深圳先进技术研究院	11
13	厦门亿力吉奥信息科技有限公司	11
14	昆明能讯科技有限责任公司	11
15	北京工业大学	11
16	武汉大学	10
17	上海交通大学	10
18	日立公司	10
19	华为技术有限公司	10
20	国电南瑞科技股份有限公司	10
21	本田技研工业株式会社	10
22	天津大学	9
23	上海合合信息科技发展有限公司	9
24	上海海洋大学	9
25	上海博路信息技术有限公司	9
26	南京师范大学	9
27	重庆大学	8
28	腾讯科技（深圳）有限公司	8
29	深圳市赛格导航科技股份有限公司	8
30	上海市电力公司	8
31	诺基亚公司	8
32	江苏苏源高科技有限公司	8
33	江苏省电力公司南京供电公司	8
34	河海大学	8
35	韩国电子通信研究院	8
36	国网上海市电力公司	8
37	波音公司	8
38	西安交通大学	7
39	韦醒妃	7
40	天津中科智能识别产业技术研究院	7
41	特林布尔导航有限公司	7
42	上海特弗金属装饰工程有限公司	7
43	山东鲁能软件技术有限公司	7
44	国网福建省电力公司	7
45	国际商业机器公司	7

研究院，8.4%
个人，12.1%
高校，14.6%
企业，64.8%

图6-2-5 地理信息系统全球专利申请人排名

地理信息系统全球专利申请人排名情况如图6-2-6所示，可见，国家电网公司以及电力系统相关申请人占据排行榜的大多数席位，国家电网公司申请量192件，遥遥领先于其他申请人，排名第2位的泰华智慧产业集团仅有21件相关申请。由此可见，地理信息系统产业涉及的技术领域较为宽广，难以出现垄断型企业，各个申请人均有与其自身从事的具体技术分支相关的为数不多的几件专利申请。

（专利申请量：件）

排名	申请人	申请量
1	国家电网公司	192
2	泰华智慧产业集团股份有限公司	21
3	国网山东省电力公司应急管理中心	21
4	国网四川省电力公司	19
5	江苏省电力公司	17
6	中华电信股份有限公司	13
7	鸿海精密工业股份有限公司	12
8	中兴通讯股份有限公司	11
9	厦门亿力吉奥信息科技有限公司	11
10	昆明能讯科技有限责任公司	11
11	日立公司	10
12	华为技术有限公司	10
13	国电南瑞科技股份有限公司	10
14	本田技研工业株式会社	10
15	上海合合信息科技发展有限公司	9
16	上海博路信息技术有限公司	9
17	腾讯科技（深圳）有限公司	8
18	深圳市赛格导航科技股份有限公司	8
19	上海市电力公司	8
20	诺基亚公司	8
21	江苏苏源高科技有限公司	8
22	江苏省电力公司南京供电公司	8
23	国网上海市电力公司	8
24	波音公司	8
25	特林布尔导航有限公司	7
26	上海特弗金属装饰工程有限公司	7
27	山东鲁能软件技术有限公司	7
28	国网福建省电力公司	7
29	国际商业机器公司	7
30	福建省电力有限公司	7
31	重庆市鹏创道路材料有限公司	6
32	中国西电电气股份有限公司	6
33	中国石油化工股份有限公司	6
34	招商局重庆交通科研设计院有限公司	6
35	深圳供电局有限公司	6
36	上海特天弗电子科技发展有限公司	6
37	山东鲁能智能技术有限公司	6
38	国网浙江省电力公司	6
39	东芝公司	6
40	成都智汇科技有限公司	5
41	重庆安迈科技有限公司	5
42	现代自动车株式会社	5
43	苏州工业园区联科信息技术有限公司	5
44	四川长虹电器股份有限公司	5
45	山东电力集团	5

（a）企业申请人排名

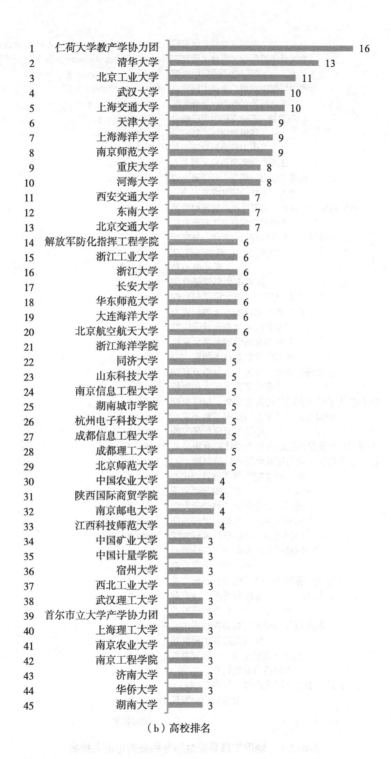

1	仁荷大学教产学协力团	16
2	清华大学	13
3	北京工业大学	11
4	武汉大学	10
5	上海交通大学	10
6	天津大学	9
7	上海海洋大学	9
8	南京师范大学	9
9	重庆大学	8
10	河海大学	8
11	西安交通大学	7
12	东南大学	7
13	北京交通大学	7
14	解放军防化指挥工程学院	6
15	浙江工业大学	6
16	浙江大学	6
17	长安大学	6
18	华东师范大学	6
19	大连海洋大学	6
20	北京航空航天大学	6
21	浙江海洋学院	5
22	同济大学	5
23	山东科技大学	5
24	南京信息工程大学	5
25	湖南城市学院	5
26	杭州电子科技大学	5
27	成都信息工程大学	5
28	成都理工大学	5
29	北京师范大学	5
30	中国农业大学	4
31	陕西国际商贸学院	4
32	南京邮电大学	4
33	江西科技师范大学	4
34	中国矿业大学	3
35	中国计量学院	3
36	宿州大学	3
37	西北工业大学	3
38	武汉理工大学	3
39	首尔市立大学产学协力团	3
40	上海理工大学	3
41	南京农业大学	3
42	南京工程学院	3
43	济南大学	3
44	华侨大学	3
45	湖南大学	3

（b）高校排名

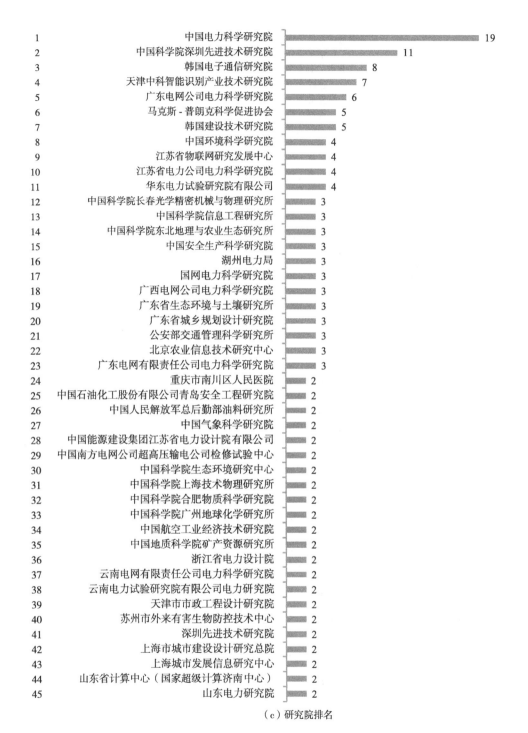

1	中国电力科学研究院	19
2	中国科学院深圳先进技术研究院	11
3	韩国电子通信研究院	8
4	天津中科智能识别产业技术研究院	7
5	广东电网公司电力科学研究院	6
6	马克斯-普朗克科学促进协会	5
7	韩国建设技术研究院	5
8	中国环境科学研究院	4
9	江苏省物联网研究发展中心	4
10	江苏省电力公司电力科学研究院	4
11	华东电力试验研究院有限公司	4
12	中国科学院长春光学精密机械与物理研究所	3
13	中国科学院信息工程研究所	3
14	中国科学院东北地理与农业生态研究所	3
15	中国安全生产科学研究院	3
16	湖州电力局	3
17	国网电力科学研究院	3
18	广西电网公司电力科学研究院	3
19	广东省生态环境与土壤研究所	3
20	广东省城乡规划设计研究院	3
21	公安部交通管理科学研究所	3
22	北京农业信息技术研究中心	3
23	广东电网有限责任公司电力科学研究院	3
24	重庆市南川区人民医院	2
25	中国石油化工股份有限公司青岛安全工程研究院	2
26	中国人民解放军总后勤部油料研究所	2
27	中国气象科学研究院	2
28	中国能源建设集团江苏省电力设计院有限公司	2
29	中国南方电网公司超高压输电公司检修试验中心	2
30	中国科学院生态环境研究中心	2
31	中国科学院上海技术物理研究所	2
32	中国科学院合肥物质科学研究院	2
33	中国科学院广州地球化学研究所	2
34	中国航空工业经济技术研究院	2
35	中国地质科学院矿产资源研究所	2
36	浙江省电力设计院	2
37	云南电网有限责任公司电力科学研究院	2
38	云南电力试验研究院有限公司电力研究院	2
39	天津市市政工程设计研究院	2
40	苏州市外来有害生物防控技术中心	2
41	深圳先进技术研究院	2
42	上海市城市建设设计研究总院	2
43	上海城市发展信息研究中心	2
44	山东省计算中心（国家超级计算济南中心）	2
45	山东电力研究院	2

（c）研究院排名

图6-2-6　地理信息系统全球专利各类申请人排名

　　地理信息系统全球专利的各类申请人排名情况图6-2-6所示，可见，企业申请人国家电网公司的申请量遥遥领先于其他申请人，其他各电力公司也有较多申请，国外申请人中日立公司、本田技研工业株式会社、诺基亚公司、波音公司也有一定数量专利申请。高校申请人中，韩国仁荷大学、清华大学、北京工业大学的申请量靠前，武汉大学和上海交通大学申请量并列第4名，国外大学只有韩国仁荷大学申请量较多。研究院申请人中，以中国电力科学研究院和深圳先进技术研究院的申请量最高，分别为19件和11件申请，国外的韩国电子通信研究院、马克斯·普朗克科学促进协会、韩国建设技术研究院的申请量也较为靠前，大多研究院申请人的申请量在10件以下。由此可见，各企业、高校、研究所均有地理信息系统相关的专利申请，但是各申请人的申请数量均不高。此外，电力管理技术领域的各类申请人相对其他技术领域的申请人更为集中，申请量也更大些。

2.3　专利布局

地理信息系统全球专利申请年均家族数情况如图6-2-7所示，可见，全球专利申请量无论按专利家族项数计，还是按件数计，近几年都有明显增长，但是每一年份的平均家族数（即每年专利申请件数除以专利家族项数）却在呈现下降的趋势，由2001年的1.89（每100项专利有189件申请）下降到2015年的1.00。可见，地理信息系统产业的地域性特点很明显，各项专利申请在全球布局的不多，此外年均家族数的下降也有受到中国专利申请量增多但出国布局却很少的影响。

各来源地的专利申请平均家族数情况如图6-2-8所示，可见，德国和英国申请人在地理信息系统领域的平均家族数最高，均达到4.0，随后是欧洲和巴西申请人的平均家族数为3.20和3.00，上述四地的申请总量不高，均在10项以内；而美国、中国台湾、日本的平均家族数相对较低，分别为2.42、1.55、1.38，但申请总量相比较高，但也均在100项以内；韩国和中国大陆的申请总量最高，分别为249项和2146项，但是平均家族数却是最低，分别为1.18和1.03。可见，地理信息系统产业的地域性特点很明显，各国家、地区申请人对外布局的专利不多，尤其是亚洲申请人，大多只在本国、本地区进行专利申请，对外布局很少；欧洲申请人的申请总量都非常少；相对而言，美国申请人申请量较多，全球布局数量也可以。

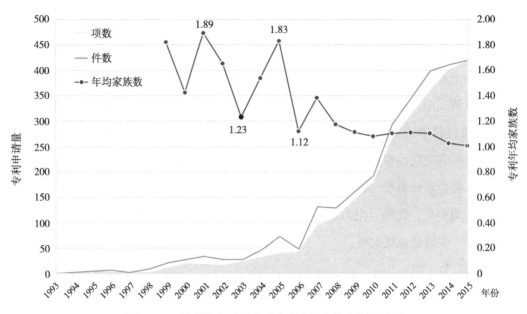

图6-2-7　地理信息系统全球专利申请年均家族数情况

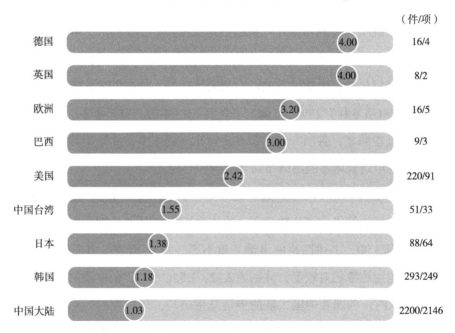

图6-2-8　地理信息系统全球专利的各地平均家族数

地理信息系统全球专利布局情况在全球2942件专利申请中，中国国家知识产权局的申请量最高，共有2188件专利申请布局在中国，然后分别是韩国布局260件、美国布局141件、日本布局90件、世界知识产权组织布局87件、欧洲专利局布局53件、中国台湾地区知识产权管理部门布局40件，其他局合计83件。在这全球2942件专利申请中，有2200件专利申请来自于中国大陆申请人，然后分别是韩国申请人293件、美国申请人220件、日本申请人88件、中国台湾申请人51件。

地理信息系统四国和地区专利来源布局情况，在中国局布局的2188件专利申请中，有2144件来自于中国大陆申请人，然后分别是美国申请人19件、韩国申请人9件、台湾地区申请人5件、日本申请人3件。在韩国局布局的260件专利申请中，有248件来自于韩国本国申请人，然后分别是美国申请人5件、日本申请人2件。在美国局布局的141件专利申请中，有87件来自于美国本国申请人，然后分别是中国大陆申请人11件、韩国申请人10件、日本申请人9件、中国台湾地区申请人8件。在日本局布局的90件专利申请中，有62件来自于日本本国申请人，然后分别是美国申请人13件、韩国申请人7件、中国大陆申请人4件。可见，各国都会在本国进行占比较高的专利布局，来中国大陆布局专利的还有美国申请人和韩国申请人，去韩国布局专利的还有美国申请人，去美国布局专利的还有中国、韩国、日本、中国台湾等国家和地区的等申请人，去日本布局专利的还有美国、韩国、中国大陆申请人。

在中国申请人的2200件专利申请中，有2144件布局到中国本国，然后分别是世界知识产权29件、美国布局11件、欧专局布局5件、日本布局4件。在韩国申请人的293件专利申请中，有248件布局到韩国本国，然后分别是世界知识产权组织布局10件、美国布局10件、中国布局9件、日本布局7件。在美国申请人的220件专利申请中，有87件布局到美国本国，然后分别是世界知识产权组织布局28件、欧洲专利布局25件、中国布局19件、日本布局13件。在日本申请人的88件专利申请中，有62件布局到日本本国，然后分别是美国布局9件、欧洲专利局布局4件、中国布局3件。可见，中国申请人出国布局专利占比较少，只有在美国有一定数量布局，其余国家布局很少，大多只在中国本国进行专利布局。而美国申请人除在本国布局外，在中国、欧洲、日本都有较多占比的专利布局。

2.4　技术构成

地理信息系统全球专利的技术生命周期如图6-2-9所示，横坐标是申请量，纵坐标是申请人数量，申请人数量与申请量组成了一条自1993年以来的正斜率直线排布，可见地理信息系统的技术生命周期处于快速发展期，尚未进入成熟期和衰退期。在该阶段，技术有了突破性的进展，市场扩大，介入的企业增多，专利申请量与专利申请人数量急剧上升。

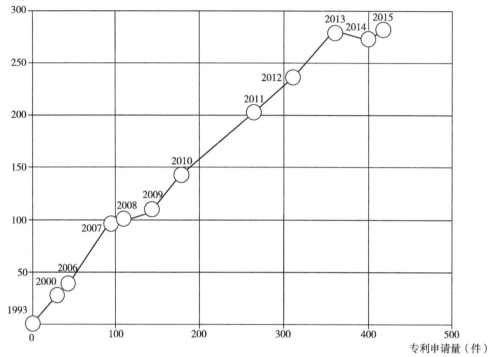

图6-2-9 地理信息系统全球技术生命周期图

地理信息系统全球专利的技术构成如图6-2-10所示，可见，在全部专利申请中有1814件涉及城市服务，占总量的69%；其次是灾害监测领域和产业服务领域，分别有357件和271件，占比14%和10%；最后是自然资源领域和生活服务领域，分别为137件和50件，占比4%和2%。由此可见，地理信息系统产业的专利申请在不同技术领域有很大的差别，产业集中度非常高，大多与城市服务相关。

各个应用领域的各年申请趋势如图6-2-11所示，可见，城市服务领域呈现近年高速增长的趋势，但是，其他领域（包括自然资源、灾害监测、生活服务、产业服务）的申请量未出现明显增长的现象。由此可见，地理信息系统产业的专利申请集中度非常高，大多与城市服务相关，且城市服务领域的技术研究非常活跃，专利申请量不断增长。

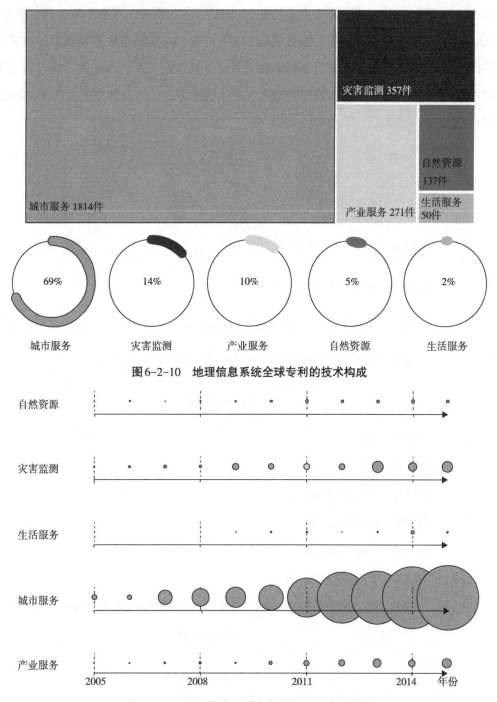

图 6-2-10　地理信息系统全球专利的技术构成

图 6-2-11　地理信息系统各技术领域的申请趋势

将各技术领域进一步细分技术分支对比专利分布情况如图 6-2-12 所示，可见，城市服务领域的专利申请主要涉及电力管理、交通运输和城市管理三个技术分支，三者合计专利申请1691项，占中国专利总量的93.2%，而物流跟踪、气象监测、通信服务、医疗卫生、房屋管理等其他城市服务共计123项，占6.8%；城市服务领域以外的领域里的专利分布较为分散，集中度不高。由此可见，地理信息系统产业的专利申请主要集中在电力管理、交通运输和城市管理这三个子技术分支，占全部专利总数2629项的64.3%。

（专利申请量：件）

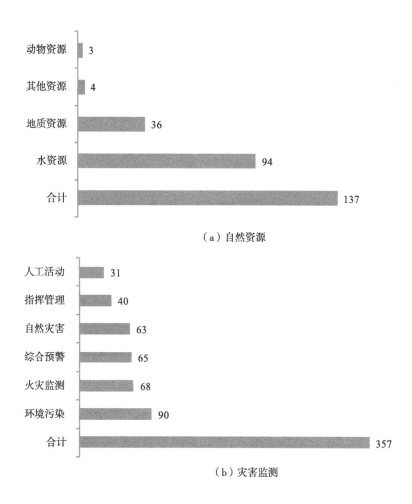

（a）自然资源

（b）灾害监测

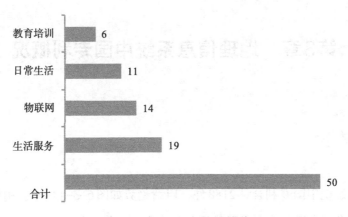

（c）生活服务

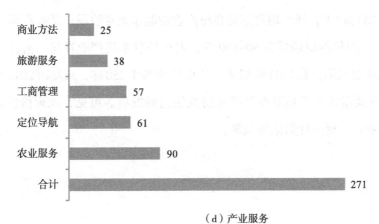

（d）产业服务

（e）城市服务

图6-2-12 地理信息系统各技术领域的技术分支专利分布情况

第3章　地理信息系统中国专利概况

3.1　申请态势

地理信息系统中国专利合计2188件，申请趋势如图6-3-1所示。由图可见，地理信息系统中国专利申请趋势可以划分为三个阶段：①萌芽期，自1999年至2006年，每年申请量在25件以下，属于地理信息系统产业的起步萌芽阶段；②起步期，自2007年至2010年，这四年的申请量在50~150件，地理信息系统产业在这一阶段得到一定的发展；③快速发展期，自2011年以来，年申请量高于250件，最高时2015年申请量高于405件，在此阶段地理信息系统产业得到快速的发展。可见，地理信息系统属于较为朝阳的产业，呈现一片繁荣的现象。

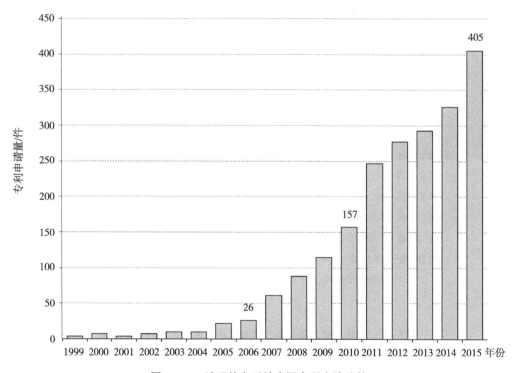

图6-3-1　地理信息系统中国专利申请趋势

地理信息系统中国专利主要由发明专利和实用新型专利组成，其中发明专利1663件，实用新型525件。此外，授权并维持有效的专利数量是731件，失效625件，尚未获得授权的发明申请共832件，如图6-3-2所示。

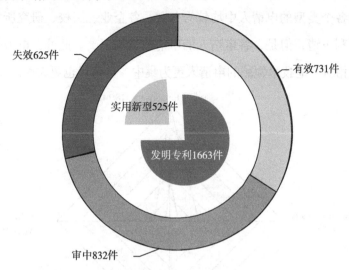

失效625件

有效731件

实用新型525件

发明专利1663件

审中832件

图6-3-2　地理信息系统中国专利类型与有效性

3.2　主要申请人

地理信息系统中国专利的申请人类型构成如图6-3-3所示，可见，绝大部分的中国专利申请来自企业申请人，共1482件，占总量的67.7%，其余分别来自高校、个人和研究院所，合计占总量的32.3%。授权并维持有效的专利数量也是来自企业的最多，其余申请人类型的有效数量占比较少。由此可见，地理信息系统产业的专利申请人类型较为集中，具有很强的实际应用价值，大多由企业作出技术贡献。

地理信息系统中国专利申请人排名情况如图6-3-4所示，可见，国家电网公司以及电力系统相关申请人占据排行榜的大多数席位，国家电网公司申请量181件，遥遥领先于其他申请人，排名系上的泰华智慧产业集团仅有21件相关申请。由此可见，地理信息系统产业涉及的技术领域较为宽广，难以出现垄断型企业，各个申请人均有与其自身从事的具体技术分支相关的为数不多的几件专利申请。

地理信息系统中国专利的各类申请人排名情况如图6-3-5所示，可见，企业申请人国家电网公司的申请量遥遥领先于其他申请人，其他各电力公司也有较多申请。高校申请人中，清华大学、武汉大学、北京工业大学的申请量靠前，浙江大学和浙江工业大学申请量相当。研究所申请人中，以中国电力科学研究院和深圳先进技术研究院的申请量最高，其余申请人的申请量均在5件以下。由此可见，地理信息系统产业涉及的申请人在各个类型的申请人中均较为分散，各企业、高校、研究所均有地理信息系统相关的专利申请，但是，各申请人的申请数量均不高。此外，电力管理技术领域的各类申请人相对其他技术领域的申请人更为集中，申请量也更大些。

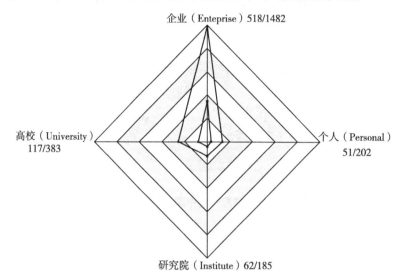

图6-3-3　地理信息系统中国专利的申请人类型构成

（专利申请量：件）

排名	申请人	专利申请量
1	国家电网公司	181
2	泰华智慧产业集团股份有限公司	21
3	中国电力科学研究院	19
4	国网山东省电力公司应急管理中心	19
5	江苏省电力公司	17
6	清华大学	12
7	昆明能讯科技有限责任公司	11
8	武汉大学	10
9	深圳先进技术研究院	10
10	厦门亿力吉奥信息科技有限公司	10
11	北京工业大学	10
12	国电南瑞科技股份有限公司	10
13	上海博路信息技术有限公司	9
14	天津大学	8
15	深圳市赛格导航科技股份有限公司	8
16	上海市电力公司	8
17	中兴通讯股份有限公司	8
18	国网浙江省电力公司	8
19	江苏省电力公司南京供电公司	8
20	江苏苏源高科技有限公司	8
21	国网上海市电力公司	8
22	山东鲁能软件技术有限公司	7
23	韦醒妃	7
24	天津中科智能识别产业技术研究院有限公司	7
25	上海特弗金属装饰工程有限公司	7
26	深圳供电局有限公司	7
27	腾讯科技（深圳）有限公司	7
28	上海交通大学	7
29	上海特天弗电子科技发展有限公司	7
30	重庆大学	7
31	江苏省电力公司电力科学研究院	7
32	河海大学	7
33	北京交通大学	7
34	华为技术有限公司	7
35	东南大学	7
36	国网福建省电力有限公司	7
37	中国西电电气股份有限公司	6
38	浙江大学	6
39	招商局重庆交通科研设计院有限公司	6
40	重庆市鹏创道路材料有限公司	6
41	浙江工业大学	6
42	中华电信股份有限公司	6
43	长安大学	6
44	山东鲁能智能技术有限公司	6
45	福建省电力有限公司	6

图6-3-4 地理信息系统中国专利申请人排名

（专利申请量：件）

排名	企业	专利申请量
1	国家电网公司	181
2	泰华智慧产业集团股份有限公司	21
3	国网山东省电力公司应急管理中心	19
4	江苏省电力公司	17
5	昆明能讯科技有限责任公司	11
6	厦门亿力吉奥信息科技有限公司	10
7	国电南瑞科技股份有限公司	10
8	上海博路信息技术有限公司	9
9	深圳市赛格导航科技股份有限公司	8
10	上海市电力公司	8
11	中兴通讯股份有限公司	8
12	国网浙江省电力公司	8
13	江苏省电力公司南京供电公司	8
14	江苏苏源高科技有限公司	8
15	国网上海市电力公司	8
16	山东鲁能软件技术有限公司	7
17	天津中科智能识别产业技术研究院有限公司	7
18	上海特弗金属装饰工程有限公司	7
19	深圳供电局有限公司	7
20	腾讯科技（深圳）有限公司	7
21	上海特天弗电子科技发展有限公司	7
22	江苏省电力公司电力科学研究院	7
23	华为技术有限公司	7
24	国网福建省电力有限公司	7
25	中国西电电气股份有限公司	6
26	招商局重庆交通科研设计院有限公司	6
27	重庆市鹏创道路材料有限公司	6
28	中华电信股份有限公司	6
29	山东鲁能智能技术有限公司	6
30	福建省电力有限公司	6
31	广东电网公司电力科学研究院	6
32	成都智汇科技有限公司	6
33	南信大影像技术工程（苏州）有限公司	5
34	四川长虹电器股份有限公司	5
35	重庆安迈科技有限公司	5
36	中国石油化工股份有限公司	5
37	南京南瑞集团公司	5
38	鸿海精密工业股份有限公司	5
39	北京中食新华科技有限公司	5
40	国网河南省电力公司南阳供电公司	5
41	国网山西省电力公司太原供电公司	5
42	国网天津市电力公司	5
43	北京易华录信息技术股份有限公司	5

（a）企业排名

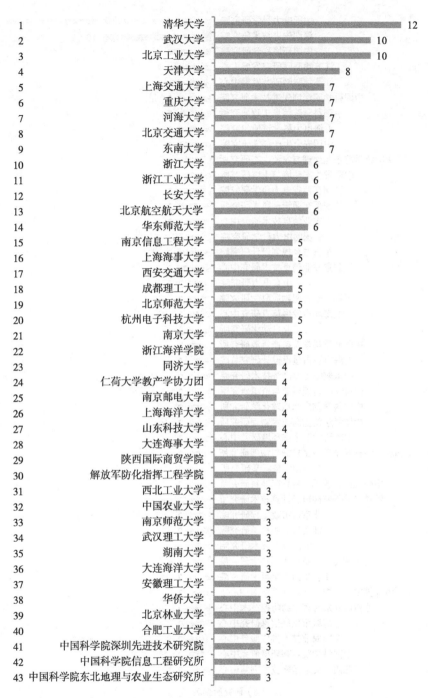

1	清华大学	12
2	武汉大学	10
3	北京工业大学	10
4	天津大学	8
5	上海交通大学	7
6	重庆大学	7
7	河海大学	7
8	北京交通大学	7
9	东南大学	7
10	浙江大学	6
11	浙江工业大学	6
12	长安大学	6
13	北京航空航天大学	6
14	华东师范大学	6
15	南京信息工程大学	5
16	上海海事大学	5
17	西安交通大学	5
18	成都理工大学	5
19	北京师范大学	5
20	杭州电子科技大学	5
21	南京大学	5
22	浙江海洋学院	5
23	同济大学	4
24	仁荷大学教产学协力团	4
25	南京邮电大学	4
26	上海海洋大学	4
27	山东科技大学	4
28	大连海事大学	4
29	陕西国际商贸学院	4
30	解放军防化指挥工程学院	4
31	西北工业大学	3
32	中国农业大学	3
33	南京师范大学	3
34	武汉理工大学	3
35	湖南大学	3
36	大连海洋大学	3
37	安徽理工大学	3
38	华侨大学	3
39	北京林业大学	3
40	合肥工业大学	3
41	中国科学院深圳先进技术研究院	3
42	中国科学院信息工程研究所	3
43	中国科学院东北地理与农业生态研究所	3

（b）高校排名

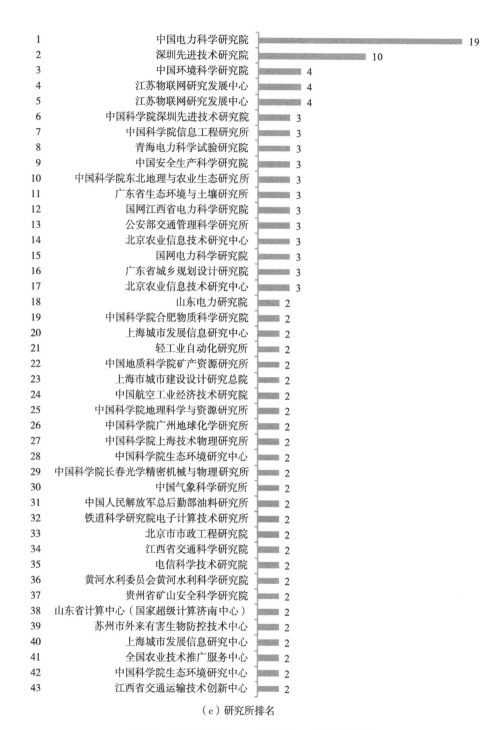

1	中国电力科学研究院	19
2	深圳先进技术研究院	10
3	中国环境科学研究院	4
4	江苏物联网研究发展中心	4
5	江苏物联网研究发展中心	4
6	中国科学院深圳先进技术研究院	3
7	中国科学院信息工程研究所	3
8	青海电力科学试验研究院	3
9	中国安全生产科学研究院	3
10	中国科学院东北地理与农业生态研究所	3
11	广东省生态环境与土壤研究所	3
12	国网江西省电力科学研究院	3
13	公安部交通管理科学研究所	3
14	北京农业信息技术研究中心	3
15	国网电力科学研究院	3
16	广东省城乡规划设计研究院	3
17	北京农业信息技术研究中心	3
18	山东电力研究院	2
19	中国科学院合肥物质科学研究院	2
20	上海城市发展信息研究中心	2
21	轻工业自动化研究所	2
22	中国地质科学院矿产资源研究所	2
23	上海市城市建设设计研究总院	2
24	中国航空工业经济技术研究院	2
25	中国科学院地理科学与资源研究所	2
26	中国科学院广州地球化学研究所	2
27	中国科学院上海技术物理研究所	2
28	中国科学院生态环境研究中心	2
29	中国科学院长春光学精密机械与物理研究所	2
30	中国气象科学研究所	2
31	中国人民解放军总后勤部油料研究所	2
32	铁道科学研究院电子计算技术研究所	2
33	北京市市政工程研究院	2
34	江西省交通科学研究院	2
35	电信科学技术研究院	2
36	黄河水利委员会黄河水利科学研究院	2
37	贵州省矿山安全科学研究院	2
38	山东省计算中心（国家超级计算济南中心）	2
39	苏州市外来有害生物防控技术中心	2
40	上海城市发展信息研究中心	2
41	全国农业技术推广服务中心	2
42	中国科学院生态环境研究中心	2
43	江西省交通运输技术创新中心	2

（c）研究所排名

图6-3-5　地理信息系统中国专利各类申请人排名

3.3 国外来华专利申请和省市分布

地理信息系统中国专利申请来源分布情况如图6-3-6所示，可见，中国专利申请主要由中国申请人递交，共计2143件，占比97.9%，外国来华专利申请只有45件，占比仅仅2.1%。由此可见，地理信息系统产业的专利申请具有极强的地域性特点，外国来华申请量很低，跨国专利保护的动力和意义不强。

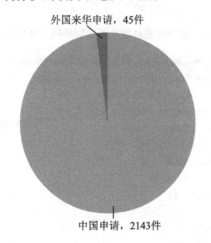

外国来华申请，45件

中国申请，2143件

图6-3-6 地理信息系统中国专利申请来源分布

地理信息系统外国来华专利申请的具体来源国分布情况如图6-3-7所示，可见，外国来华的45件专利申请中，数量最多的是来自美国的18件申请，其次是韩国的10件和日本的6件，还有德国4件。由此可见，各国在地理信息系统这一产业在中国的专利保护力度不高，未引起各国申请人的重视。

地理信息系统中国专利申请的具体来源省份分布情况如图6-3-8所示，可见，中国专利申请的2143件专利申请中，数量最多的是来自北京的404件申请，占比18.9%，其次是广东的269件和江苏的280件，此后还有上海179件、山东160件、浙江110件、四川100件。由此可见，地理信息系统产业在我国主要集聚在沿海经济发达省份，各省份的申请量数量差异很大。

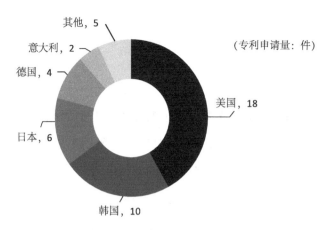

图 6-3-7　地理信息系统中国专利外国来华申请来源国

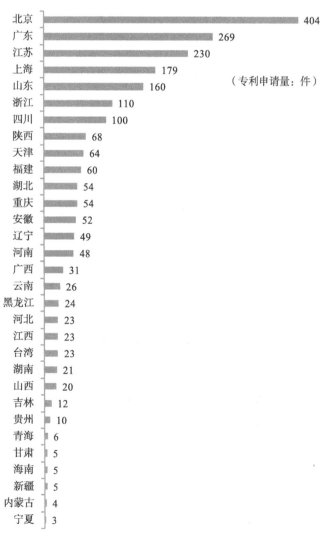

图 6-3-8　地理信息系统中国专利申请各省态势

　　地理信息系统中国专利申请的各城市分布情况如图6-3-9所示。可见，北京的申请量404件，遥遥领先于其他城市，上海和深圳位列其后，但与北京有200余件的差距，浙江杭州和宁波分别只有57件、22件，浙江其他城市申请量更低。

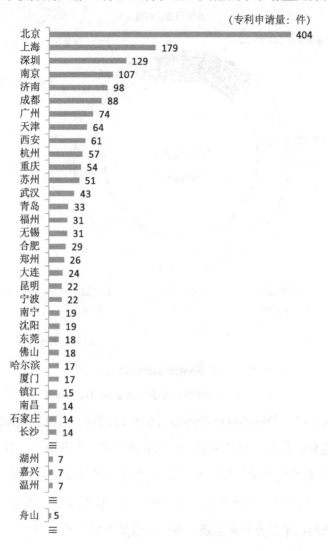

（专利申请量：件）

北京	404
上海	179
深圳	129
南京	107
济南	98
成都	88
广州	74
天津	64
西安	61
杭州	57
重庆	54
苏州	51
武汉	43
青岛	33
福州	31
无锡	31
合肥	29
郑州	26
大连	24
昆明	22
宁波	22
南宁	19
沈阳	19
东莞	18
佛山	18
哈尔滨	17
厦门	17
镇江	15
南昌	14
石家庄	14
长沙	14
湖州	7
嘉兴	7
温州	7
舟山	5

图6-3-9 地理信息系统中国专利各城市申请量情况

3.4 技术构成

　　地理信息系统中国专利的技术构成如图6-3-10所示，可见，在全部中国专利申请中，有1569件涉及城市服务，占总量的71.7%；其次是灾害监测领域和产业服务领域，分别为252件和243件，分别占比11.5和11.1%；最后是自然资源领域和生活服务领域，分别为87件和37件，占比4.0%和1.7%。由此可见，地理信息系统产业的专利申请集中度非常高，大多与城市服务相关。

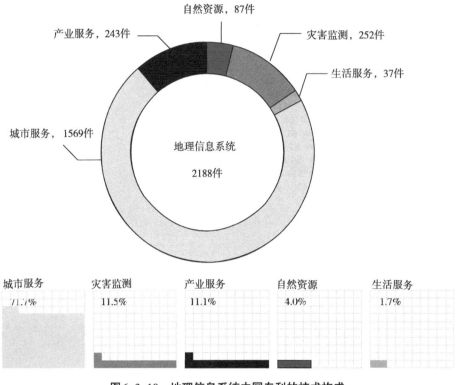

图6-3-10　地理信息系统中国专利的技术构成

具体地，各个技术领域的申请趋势如图6-3-11所示，可见，城市服务领域呈现近年高速增长的趋势，但是，其他领域（包括灾害监测、产业服务、自然资源、生活服务）未出现高速增长的现象，甚至有些领域出现申请量下降的趋势（如生活服务领域）。由此可见，地理信息系统产业的专利申请集中度非常高，大多与城市服务相关，且城市服务领域的技术研究非常活跃，专利申请量不断增长。

将各技术领域进一步细分地对比情况如图6-3-12所示，可见，城市服务领域的专利申请主要涉及电力管理、交通运输和城市管理三个技术分支，三者合计专利申请1466件，占中国专利总量的67%。其他领域专利分布较为分散，集中度不高。由此可见，地理信息系统产业的专利申请主要集中在电力管理、交通运输和城市管理这三个技术分支。

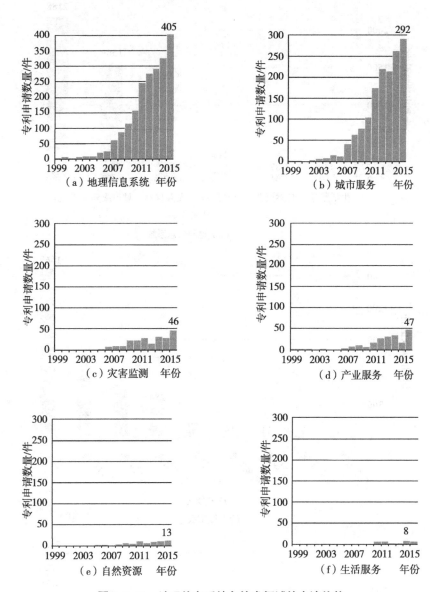

图6-3-11 地理信息系统各技术领域的申请趋势

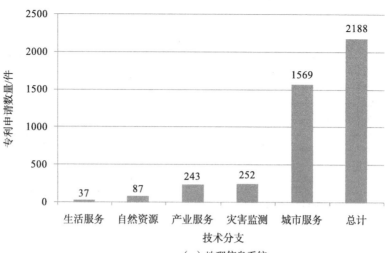

（a）地理信息系统

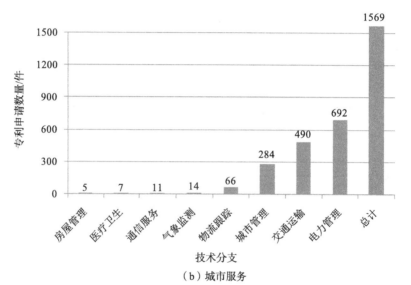

（b）城市服务

（c）灾害监测

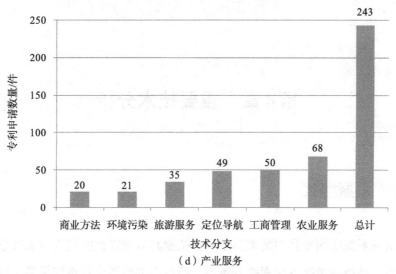

（d）产业服务

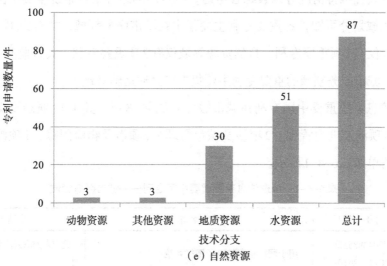

（e）自然资源

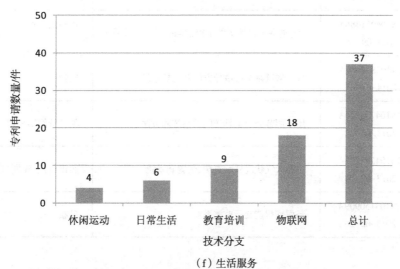

（f）生活服务

图6-3-12　地理信息系统各技术领域的技术分支情况

第4章 重要技术分析

4.1 技术发展路线

地理信息系统中国专利中的重要专利，依据其专利家族的同族国家数量、权利要求数量、有效性维持情况等因素综合考虑，所得出的地理信息系统重要中国专利按其相关技术领域划分可知，各重要专利主要集中在城市服务领域，共有28件重要专利，而产业服务仅有1项重要专利，自然资源领域仅有2项重要专利，灾害监测领域有5项重要专利。城市服务领域的重要专利主要集中在交通运输管理上。

地理信息系统重要中国专利在城市服务领域共28项，其中19项涉及交通运输领域，另有4项涉及电力管理，2项涉及城市管理，2项涉及物流跟踪，1项涉及气象监测，具体清单如表6-4-1所示。

表6-4-1 地理信息系统重要中国专利——城市服务领域

序号	专利号/申请日	专利名称	申请人
1	CN204288512U 2014-12-10	用于网络租车的电子围栏系统	北京东方车云信息技术有限公司
2	CN104951486A 2014-09-04	基于电网GIS地图的上报数据展示方法及系统	国网山东省电力公司应急管理中心
3	CN103854504A 2014-03-05	方阵型道路交通诱导方法和诱导系统	安锐
4	CN104756148A 2013-09-24	用于调节交通工具访问的系统和方法	斯库特网络公司
5	CN104281595A 2013-07-04	一种天气状况展示方法、装置和系统	腾讯科技(深圳)有限公司
6	CN103150909A 2013-02-26	环保型智能交通监测系统	叶松

续表

序号	专利号/申请日	专利名称	申请人
7	CN103049817A 2012-12-18	结合负载平衡机制的需求式共乘运输服务方法	中华电信股份有限公司
8	CN102819255A 2012-09-05	油罐车进出油口的监控系统和方法	广州广电运通金融电子股份有限公司
9	CN102831307A 2012-08-16	基于三维GIS技术的电网可视化系统及方法	山东电力集团公司青岛供电公司
10	CN103514641A 2012-06-17	一种智能停车场管理系统及管理方法	余姚市精诚高新技术有限公司
11	CN103377299A 2012-04-25	提供电网线路的三维可视化服务的方法及系统	国家电网公司;北京市电力公司
12	CN102572697A 2012-02-26	基于手持移动终端的出租车呼叫系统及方法	沈哲
13	CN103065459A 2011-10-18	基于Web地理信息系统技术的智能交通综合管控平台系统	上海宝康电子控制工程有限公司
14	CN102426782A 2011-08-05	一种车辆监控方法和车辆管理系统	华为技术有限公司
15	CN202054505U 2011-01-27	小区电梯监控系统	苏州默纳克控制技术有限公司;深圳市汇川技术股份有限公司
16	CN102568212A 2010-12-28	非公交车走公交车道的智能检测系统及其控制方法	沈阳聚德视频技术有限公司
17	CN102792323A 2010-09-30	利用生物识别卡和CSD跟踪集装箱和物流的系统	崔云虎
18	CN101950479A 2010-08-26	以乘客出行为导向的智能城市公共交通系统及其实施方法	张宇康
19	CN103201778A 2010-04-15	车辆监控和识别系统	米兰·兹洛朱特罗
20	CN101799977A 2009-12-31	智能交通系统	马正方;姜旭平
21	CN101447128A 2008-12-25	公交车专用智能系统	中国华录集团有限公司
22	CN101436345A 2008-12-19	基于TransCAD宏观仿真平台的港区道路交通需求预测系统	天津市市政工程设计研究院

序号	专利号/申请日	专利名称	申请人
23	CN101651634A 2008-08-13	提供地域化信息的方法和系统	阿里巴巴集团控股有限公司
24	CN101563911A 2006-09-25	包括定位和查询功能的增强型目录辅助系统和方法	格莱珀技术集团公司
25	CN1677058A 2005-03-30	交通信息提供系统	本田技研工业株式会社
26	CN1588476A 2004-08-07	出租车营运安全与派遣监控系统	中华电信股份有限公司
27	CN1606016A 2004-07-12	使用全球定位服务的物流服务质量测量的方法与系统	国际商业机器公司
28	CN1367108A 2002-01-17	车辆通报系统	本田技研工业株式会社

4.2 交通运输领域重要专利

城市服务领域是地理信息系统的重要领域，共有23项重要专利，有19项涉及交通运输领域，其中由企业和研究院申请的13件重要专利技术如下所述。

（1）本田技研工业株式会社于2002年1月17日在专利CN1367108A中申请了一种车辆通报系统，如图6-4-1所示，其将终端装置3装载在车辆1、2中，从终端装置将异常通报向管理装置发送，通知发生异常。终端装置3包含来自异常检测传感器11的异常信息C、车辆的识别信息A、表示车辆自身的属性的属性信息B，以及车辆的位置信息D，因此，在管理装置一方能够进行车辆发生异常的掌握外，还能够进行发生异常的车辆的特定、发生异常的车辆的属性的特定，以及发生异常的场所的特定，能够迅速进行适当的通报、向适当的维修服务（部门）发出请求等适当的处理。因此，对于失盗、事故、故障等来自车辆的异常通报，迅速进行适当的处理。

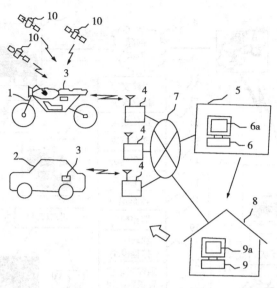

图6-4-1　专利CN1367108A一种车辆通报系统附图

（2）中华电信股份有限公司于2004年8月7日在CN1588476A中申请了一种出租车营运安全与派遣监控系统（图6-4-2），包含车辆设备、GSM/GPRS或3G等移动通讯平台、道路交通信息模块、叫车模块、预约叫车排程模块、乘客叫车位置识别模块、寻车模块、撮合模块、询车模块、派车模块、监控模块、地理信息区域划分模块、安全模块、导航模块、付费模块及出租车排班作业模块；当出租车公司的乘客服务人员接到叫车服务电话或信息时，依据不同信息管道得知乘客叫车时所在位置，通过GIS地理信息区域划分技术寻找乘客所在区域或邻近区域的空车，利用撮合技术找到适合车辆，及利用GSM/GPRS或3G等无线移动通讯数据服务进行询车作业。本系统还会将乘客上车及下车信息自动传到派遣中心，并记录及传送车辆行车坐标及轨迹于派遣中心数据库。

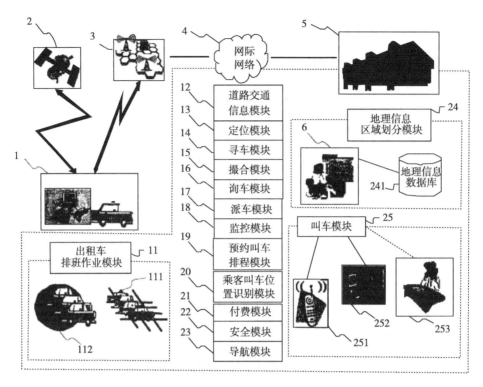

图6-4-2 专利CN1588476A一种出租车营运安全与派遣监控系统附图

（3）本田技研工业株式会社于2005年3月30日在专利CN1677058A中申请了一种交通信息提供系统，对搭载有导航装置的信息享有车辆提供交通信息的系统，即使是在含有分支部的分支部周边区域使车辆向任一分支方向行进的情况下，也可以对车辆提供就各自行进方向上的交通状态下的交通信息。如图6-4-3所示，具有交通信息服务器1，该服务器1包括：从信息提供车辆（3a，3b）来收集与由分支前路径和从该分支前路径经分支部而分支出的多条分支后路径构成的分支部周边区域的移动所需时间相关的信息的单元21和根据该信息来制作与分支部周边区域的每一行进方向的移动所需时间相关的信息的单元22。一旦从信息享有车辆3a的导航装置4发出交通信息的提供请求，则将每一行进方向的移动所需时间信息，或者从现在开始制作的分支部周边区域的每一路径的移动所需时间信息发送于导航装置4。

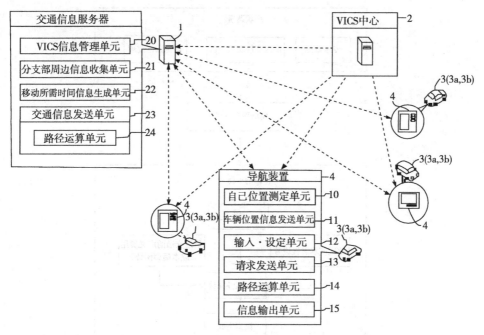

图6-4-3　专利CN1677058A一种交通信息提供系统附图

（4）天津市市政工程设计研究院于2008年12月19日在专利CN101436345A中申请了一种基于TransCAD宏观仿真平台的港区道路交通需求预测系统（图6-4-4），用以获得目标年港区道路交通生成量，该预测系统至少包括：储存模块，用于储存提供对港区道路交通生成量预测的数据依据；港区路网模型，通过上述港区工程地理信息数据库向TransCAD模型平台输入港区工程地图，依据港区道路交通运行状况，建立港区路网模型；路网模型应用模块，利用遗传算法优化选用交通参数以获得港区目标年OD矩阵；路网加载分配单元，以获得整个路网的交通流分布情况和交通运行状态；分析评价模块，结合上述交通分配结果，对远景路网规划方案进行交通适应性分析评价；规划模块，用以最终提出对港区道路交通规划的指导性建议及总体对策。

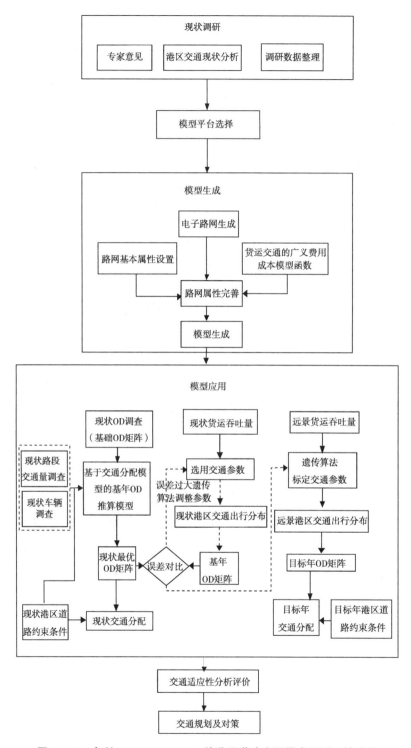

图6-4-4 专利CN101436345A 一种港区道路交通需求预测系统附图

（5）中国华录集团有限公司于2008年12月25日在专利CN101447128A中申请了一

种公交车专用智能系统（图6-4-5），包括：车载监控仪、数字电视处理单元、红外客流量统计仪器、显示单元、音频控制单元和电源模块；其特征在于还包括存储单元、GPS接收模块和主控单元，主控单元用于将GPS接收模块接收到的实时GPS地理坐标信息同存储单元中预存的公交站点坐标信息进行比较，当接收到的GPS地理坐标信息与预存的公交站点坐标信息吻合，则发送控制指令控制报站器发出报站信号，并控制音频控制单元控制扬声器进行语音报站；主控单元还将GPS接收模块接收到的实时GPS地理坐标信息通过GPRS/CDMA无线通信模块发送到调度中心。本发明具有一机多能和易于安装维护等特点，非常适于在现在的公交系统中广泛推广。

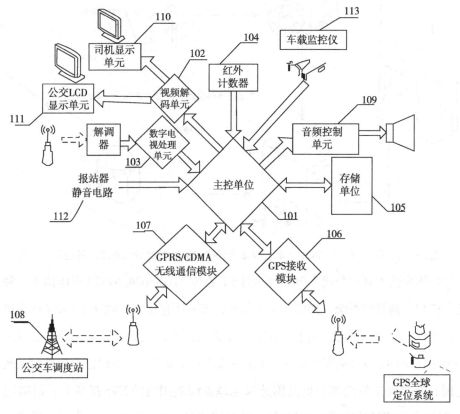

图6-4-5 专利CN101447128A一种公交车专用智能系统附图

（6）沈阳聚德视频技术有限公司于2010年12月28日在CN102568212A中申请了一种非公交车走公交车道的智能检测系统及其控制方法，前端违法行为自动检测单元安装于公交车上，公交车道路车辆图像，进行分析处理、自动识别违法车辆，并将违法车辆图片上传至后端数据管理单元（图6-4-6）。方法包括：前端违法行为自动检测单元进行车辆定位及GIS信息读取；如果公交车进入公交专用车道，启动摄像机模块拍摄画面和录像；如果有非公交车在其前行驶或停留，并为违法车辆，系统将录制的违法证据上传至后端数据管理单元进行处理，返回进行车辆定位及 GIS 信息读取步骤。本发明可有效减少目前类似抓拍系统的大量误拍、漏拍问题，提高执法证据的可信度，降低了交通管理部门的筛选工作强度并减少行政处罚异议案件次数，保障社会和谐发展。

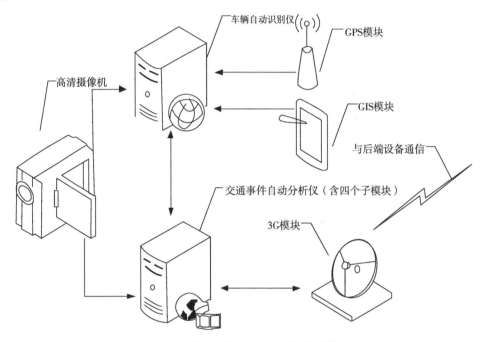

图 6-4-6　专利 CN102568212A 非公交车走公交车道的智能检测系统及其控制方法图

（7）华为技术有限公司于 2011 年 8 月 5 日在专利 CN102426782A 中申请了一种车辆监控方法和车辆管理系统，如图 6-4-7 所示，该方法包括：接收 RFID 采集点发送的车辆的 RFID 信息，确定所述车辆的 RFID 信息符合预先设定的条件，记录发送所述车辆的 RFID 信息的 RFID 采集点提供的信息；依据 RFID 采集点的地理位置信息确定地理查询范围；根据确定的地理查询范围选取地理查询范围内的 NVS 摄像头；根据记录的 RFID 采集点检测到该车辆的 RFID 信息的时间信息，在 NVS 摄像头录制的视频录像中截取与所述 RFID 信息相对应的视频录像；以及组合所述 RFID 采集点提供的信息和截取的视频录像。

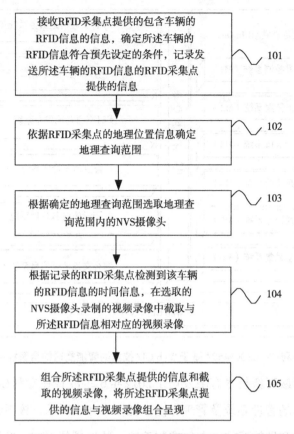

接收RFID采集点提供的包含车辆的
RFID信息的信息，确定所述车辆的
RFID信息符合预先设定的条件，记录发
送所述车辆的RFID信息的RFID采集点
提供的信息 —— 101

依据RFID采集点的地理位置信息确定
地理查询范围 —— 102

根据确定的地理查询范围选取地理查
询范围内的NVS摄像头 —— 103

根据记录的RFID采集点检测到该车辆
的RFID信息的时间信息，在选取的
NVS摄像头录制的视频录像中截取与
所述RFID信息相对应的视频录像 —— 104

组合所述RFID采集点提供的信息和截
取的视频录像，将所述RFID采集点提
供的信息与视频录像组合呈现 —— 105

图6-4-7 专利CN102426782A一种车辆监控方法和车辆管理系统附图

（8）上海宝康电子控制工程有限公司于2011年10月18日在CN103065459A中申请了一种基于Web地理信息系统技术的智能交通综合管控平台系统，如图6-4-8所示，中包括设备集成系统部分、综合应用系统部分和中心数据库，设备集成系统部分又包括信号控制子系统、电子警察子系统、高清卡口子系统、视频监控子系统、交通诱导子系统、交通信息采集子系统，综合应用系统部分包括综合交通地理信息子系统、警用设施设备管理子系统、警卫预案管理子系统、实时交通路况发布子系统、卡口布控报警子系统、综合交通信息服务子系统。采用该种基于Web地理信息系统技术的智能交通综合管控平台系统，在WebGIS的基础上高度整合了各类智能交通系统信息资源，实现了城市交通治安管理的统一指挥与调度，操作和监控方便快捷，工作性能稳定可靠，适用范围较为广泛。

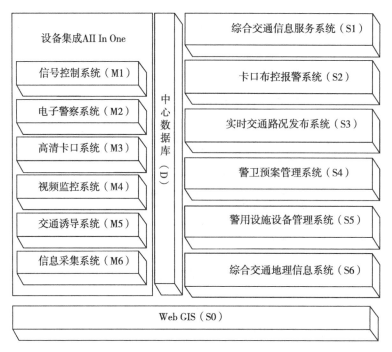

图 6-4-8　专利 CN103065459A 基于 Web GIS 技术的智能交通综合管控平台系统附图

（9）余姚市精诚高新技术有限公司于2012年6月17日在专利CN103514641A中申请了一种智能停车场管理系统及管理方法。如图6-4-9所示，该系统包括进出口管理及收费系统、定位和导航系统、车位控制系统、数据通信系统、数据服务系统、管理客户端系统以及网络功能服务系统。智能停车场管理方法包括：车辆入场/出场管理，客户返场寻车管理，以及车辆的定位、导航方法。通过本发明可以实现智能停车场管理的自动化，可对停车场进行高效、准确的管理，从而大幅节约人力物力成本。

（10）广州广电运通金融电子股份有限公司于2012年9月5日在CN102819255A中申请了一种油罐车进出油口的监控系统和方法，特别是一种针对油罐车进出油口盖子的操作进行监视和控制的系统以及监控方法，如图6-4-10所示，其包括设置于油罐车进出油口的对油口盖子进行开闭控制的电控锁装置以及与电控锁装置形成电连接的中央控制系统。该中央控制系统包括如下模块：身份授权认证单元、信息远程通信单元、电控锁装置的控制单元、数据存储单元、数据处理单元、系统状态提示单元、获取油罐车所在地理坐标信息的GPS单元以及供电单元。该系统通过对操作人员身份信息以及油罐车所在地理坐标信息来综合判断操作的合法性，增强了石油运输安全。

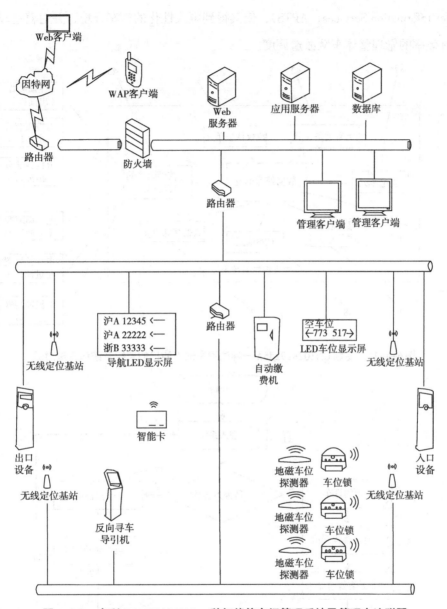

图6-4-9 专利CN103514641A一种智能停车场管理系统及管理方法附图

（11）中华电信股份有限公司于2012年12月18日在专利CN103049817A中申请了一种结合负载平衡机制的需求式共乘运输服务方法，是以结合预约订车平台、车辆派遣平台、自动趋次排程与机制、地理信息系统（GeographicInformationSystem，GIS）及车载机设备，来提供乘客共乘运输服务，如图6-4-11所示。这种共乘方法是以乘客通过预约来提供共乘载客服务并运用GIS技术计算处理各路段的行驶里程与旅程时间，而以此信息作为自动排程派遣的依据；是要提供一个先进大众运输服务（Advanced

Traveler Information Services，APTS），使其得到更人性化的搭车环境，并对营运车队能够更有效率的管理整体车队派遣调度。

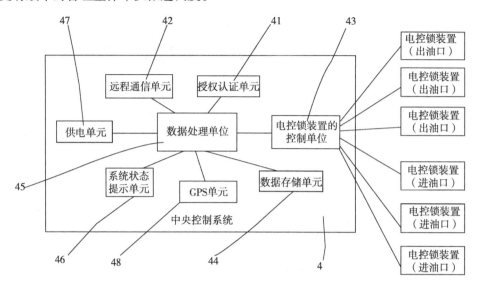

图6-4-10　专利CN102819255A一种油罐车进出油口的监控系统和方法附图

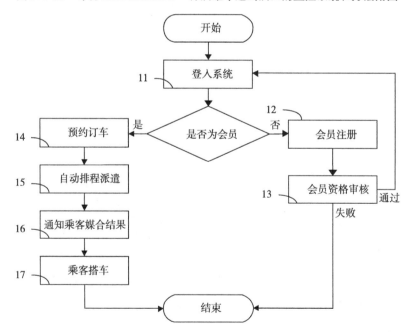

图6-4-11　专利CN103049817A一种结合负载平衡机制的需求式共乘运输服务方法图

（12）斯库特网络公司于2013年9月24日在专利CN104756148A中申请了一种用于调节交通工具访问的系统和方法，如图6-4-12所示，该交通工具可以位于指定的地理位置。接下来，从该电子设备接收该使用者的地理信息。借助于该使用者的该电子设备确定该地理信息。然后，如果基于所接收到的地理信息该使用者的地理位置在离该交通工具的该指定的地理位置的给定距离内，向该使用者提供对该交通工具的访问。

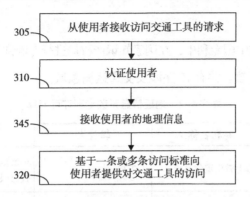

图6-4-12　专利CN104756148A一种结合负载平衡机制的需求式共乘运输服务方法图

（13）北京东方车云信息技术有限公司于2014年12月10日在专利CN204288512U中申请了一种用于网络租车的电子围栏系统，如图6-4-13所示，所述系统包括无线移动网络相互连接的车载终端和电子围栏监控服务器，该车载终端具有定位功能，该电子围栏监控服务器具有覆盖出租车运营区域的地理信息，在所述系统中，所述电子围栏监控服务器可以利用地理信息在出租车的某些特定运营区域的边界上设定电子围栏，并且所述电子围栏监控服务器可以通过移动网络获取车载终端的位置；当所述电子围栏监控服务器依据车载终端的位置判定某车载终端越过其设定的电子围栏时，所述服务器发出该车载终端进入或驶出该围栏的消息。所述电子围栏系统可以为出租车按运营区域计费提供支持，也可以为出租车行驶区域安全性监控或交通管制监控提供支持。

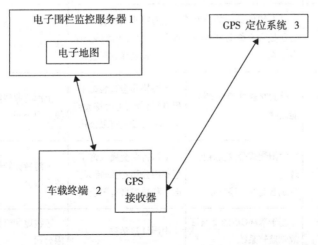

图6-4-13　CN204288512U一种用于网络租车的电子围栏系统附图

4.3 转让专利许可

在地理信息系统的中国专利中，在国家知识产权局进行专利许可备案的共计18件（表6-4-2），其中有5件失效。共有10件涉及交通运输领域。

表6-4-2 地理信息系统专利许可清单

申请号/申请日	专利名称	转让人	受让人	法律状态
CN201220337670.9 2012-07-13	海上救生定位系统	朱祥云	南京北斗润洋电子科技有限公司	有效
CN201220057030.2 2012-02-21	具有智能调度功能的公共交通处理系统	上海特弗金属装饰工程有限公司;上海特天弗电子科技发展有限公司	上海特弗智能交通科技有限公司	有效
CN201220057047.8 2012-02-21	具有动态显示功能的公共交通处理系统	上海特弗金属装饰工程有限公司;上海特天弗电子科技发展有限公司	上海特弗智能交通科技有限公司	有效
CN201220057898.2 2012-02-21	古典式公共交通处理系统智能候车亭终端	上海特弗金属装饰工程有限公司;上海特天弗电子科技发展有限公司	上海特弗智能交通科技有限公司	有效
CN201220057900.6 2012-02-21	公共交通处理系统智能候车亭终端	上海特弗金属装饰工程有限公司;上海特天弗电子科技发展有限公司	上海特弗智能交通科技有限公司	有效
CN201220056953.6 2012-02-21	具有智能站牌的公共交通处理系统智能候车亭终端	上海特弗金属装饰工程有限公司;上海特天弗电子科技发展有限公司	上海特弗智能交通科技有限公司	有效
CN201220057008.8 2012-02-21	公共交通处理系统智能站牌	上海特弗金属装饰工程有限公司;上海特天弗电子科技发展有限公司	上海特弗智能交通科技有限公司	有效
CN201220056894.2 2012-02-21	太阳能式公共交通处理系统智能候车亭终端	上海特弗金属装饰工程有限公司;上海特天弗电子科技发展有限公司	上海特弗智能交通科技有限公司	有效
CN201210136746.6 2012-04-28	基于WebGIS的交通灯故障监管系统	中国计量学院	宁波燎原灯具股份有限公司	有效

续表

申请号/申请日	专利名称	转让人	受让人	法律状态
CN201110227644.0 2011-08-09	基于现实社区及其周边信息的弹性邻里社交系统与方法	上海杰图软件技术有限公司	北京百度网讯科技有限公司	失效
CN201020178106.8 2010-05-04	物联网智能变电站传感互联系统	周春利	大庆国电海天科技有限公司	失效
CN201010265284.9 2010-08-26	以乘客出行为导向的智能城市公共交通系统及其实施方法	张宇康	广州浩宁智能设备有限公司	有效
CN201010288351.9 2010-09-21	基于全景电子地图的虚拟旅游平台系统	上海杰图软件技术有限公司	北京百度网讯科技有限公司	失效
CN200910222384.0 2009-11-16	安防管理系统及监控方法	中国电信股份有限公司	上海奕行信息科技有限公司	有效
CN200820030343.2 2008-09-19	一种用于测量GIS母线导电体燕尾槽的量规	中国西电电气股份有限公司	常州西电帕威尔电气有限公司	有效
CN200810246936.7 2008-12-25	公交车专用智能系统	中国华录集团有限公司	大连金华录数码科技有限公司	有效
CN200820108312.4 2008-05-29	自定位远程防盗报警系统	北京儒田科技有限公司	北京北内发动机零部件有限公司	失效
CN03116679.2 2003-04-29	基于地理信息系统的城市基本实体编码方法及自动化算法	上海城市发展信息研究中心	上海博坤信息技术有限公司	失效

4.4 专利转让

在地理信息系统的中国专利中，发生专利转让的共有123件专利，但其中有一部分是集团公司内部转让以及权利人共有数量变化，涉及跨企业间专利权转移的中国专利共有26件（表6-4-3），其中有12件涉及交通运输领域，6件涉及电力管理领域。

表6-4-3　地理信息系统专利转让清单

申请号/申请日	专利名称	转让人	受让人	法律状态
CN201520687106.3 2015-09-07	一种基于QTE的嵌入式GPS和GIS车载导航系统	广西南宁至简至凡科技咨询有限公司;黄林、李锦林、廖彬、刘吉林、吴畏;陈永生	黄林、李锦林、廖彬、刘吉林、吴畏;陈永生;四川新概念测绘技术有限公司	有效
CN201520627464.5 2015-08-19	一种车辆使用监管系统	莆田市云驰新能源汽车研究院有限公司	福建省汽车工业集团云度新能源汽车股份有限公司	有效
CN201510398467.0 2015-07-08	一种游客地理位置定位通信管理系统及定位通信管理方法	天津鼎航科技有限公司	天津智博源科技发展有限公司	审中
CN201410526346.5 2014-10-09	停车位引导系统和方法	南京满厚网络科技有限公司	江苏江科知识产权运营有限公司	审中
CN201310111242.3 2013-03-29	一种基于车牌识别的交通信息系统及其实现方法	上海城际互通通信有限公司	上海市南电信服务中心有限公司	审中
CN201310111244.2 2013-03-29	一种基于移动通信网络的交通分析系统及其实现方法	上海城际互通通信有限公司	上海市南电信服务中心有限公司	审中
CN201310403997.0 2013-09-06	通过感应交通量变化搜索路径的通信型导航系统	罗克&阿尔株式会社	可可株式会社	审中
CN201310426507.9 2013-09-18	物联网构架水利水电工程重大事故安全隐患监测预警系统	戴会超	中国长江三峡集团公司	有效
CN201310125971.4 2013-04-12	无线充电式AIS网位仪装置	南京虹航电子科技有限公司	南京海善达信息科技有限公司	审中
CN201220008622.5 2012-01-10	手持终端访问公交车信息的系统	深圳华宏联创科技有限公司	深圳百米宏创网络信息有限公司	有效
CN201110151369.9 2011-06-08	基于WebGIS空间数据库的设施农业温湿度监测系统	北京弘源岳泰科技有限公司	中国科学院地理科学与资源研究所	审中
CN201110086381.6 2011-04-07	基于数字化的排水管网运营管理与维护的分布式复杂巨系统	北京源汇远科技有限公司	北京清控人居环境研究院有限公司	有效
CN201120393216.0 2011-10-17	一种涉密文件跟踪管理系统	北京联华中安信息技术有限公司	北京国风视讯科技发展有限公司	有效

续表

申请号/申请日	专利名称	转让人	受让人	法律状态
CN201120525454.2 2011-12-15	基于物联网的成品油运输射频门禁智能防盗系统	长沙市启仁信息技术有限公司	深圳市安联消防技术有限公司	有效
CN201110382660.7 2011-11-28	同时具有景点与路口播报功能的智能导游服务系统	常熟南师大发展研究院有限公司	南京汉图信息技术有限公司	有效
CN201110310397.0 2011-10-13	一种导游系统	上海旅游网旅行服务有限公司	舟山竹木网络科技有限公司	有效
CN201110260893.X 2011-09-05	一种基于安卓系统的导航汽车信息管理系统	广东东纳软件科技有限公司	广州海格通信集团股份有限公司	有效
CN201120021016.2 2011-01-24	电力线路杆塔电子识别与登杆人员自动定位系统	青岛泰光润能软件股份有限公司	青岛海祥电力科技股份有限公司	失效
CN201110024642.1 2011-01-24	一种电力线路杆塔电子识别与登杆人员自动定位系统	青岛泰光润能软件股份有限公司	青岛海祥电力科技股份有限公司	有效
CN201020049979.9 2010-01-19	应用于电力 GIS 系统的设备数字化装置	嘉兴市中创信息技术有限公司	嘉兴市华创信息技术有限公司	失效
CN201010040035.X 2010-01-19	应用于电力 GIS 系统的设备数字化管理系统	嘉兴市中创信息技术有限公司	嘉兴市华创信息技术有限公司	失效
CN200810091946.8 2001-04-25	用于选择和度量信号源的集成电路	记忆链公司	梅姆林克数字有限责任公司	有效
CN200710022243.5 2007-05-10	基于人机对话的景区 GIS 智能导游服务系统及方法	南京师范大学	苏州迈普信息技术有限公司	有效
CN200710066686.4 2007-01-12	三维智能交通系统	中科院嘉兴中心微系统所分中心	中国科学院嘉兴无线传感网工程中心	失效
CN200510017848.6 2005-08-04	道路交通实时信息调查系统	河南雪城科技股份有限公司	郑州迈佳迈网络服务有限公司	失效
CN00263679.4 2000-12-04	车载导航系统	菱科电子技术(中国)有限公司	科菱航睿空间信息技术有限公司	失效

4.5 德清科技新城专利预警

在地理信息系统专利中，由德清科技新城入驻企业作为申请人或专利权人的专利只有1项，即由浙江云景信息科技有限公司于2015年7月17日同日申请发明和实用新型的中小学生智能综合管理云平台，见表6-4-4。

学生到校、离校安全作为校园平安的重中之重。小学生自理能力差，学生安全到校，按时离到校信息是家长最关注的问题。学生的当前位置情况和遇到危险的报警信息都是家长关注的问题。本专利提供一种中小学生智能综合管理系统，该系统实现了学校、家庭和老师之间有着快捷，实时沟通。

表6-4-4　德清科技新城地理信息系统专利

申请号	CN201510424041.8　CN201520521944.3
申请日	2015-07-17　2015-07-17
专利名称	中小学生智能综合管理云平台
申请人	浙江云景信息科技有限公司
法律状态	有效
附图	
专利说明	中小学生智能综合管理云平台,其特征在于该管理云平台包括智慧学生卡、家长智能手机、教师智能手机、移动网络系统、互联网登录平台、PC端校园管理平台和数据库系统,所述的智慧学生卡集成设有GSM无线通信模块、GPS/LBS定位模块、RFID无线感应模块和GIS地理信息模块,家长智能手机和教师智能手机分别安装有客户端用于接收和发送信息;所述的智慧学生卡、家长智能手机和教师智能手机分别通过移动网络系统接入PC端校园管理平台,PC端校园管理平台连接设置有数据库系统,所述的互联网登录平台通过互联网网络连接PC端校园管理平台

浙江云景信息科技有限公司成立于2015年，并入驻浙江省测绘与地理信息局和德清县政府共建的浙江地理信息产业园，注册资金人民币1000万元，是一家集软硬件研发、生产、销售于一体，从事地理信息产业和物联网技术研发，并专注于教育互联网和智能穿戴设备开发的高新技术企业。

4.6 最新应用分析

由2013—2015年的地理信息系统中国专利技术构成（表6-4-5）可知，城市服务领域的专利申请量仍在逐年增加，并且占据申请总量的70%以上；而产业服务、灾害监测、自然资源、生活服务这四个领域的总和占申请总量的30%左右。可见，地理信息系统的最新应用领域仍然集中在城市服务领域。

表6-4-5 2013—2015年地理信息系统中国专利构成

技术领域	2013年	2014年	2015年
城市服务	214	262	291
产业服务	35	28	47
灾害监测	32	17	46
自然资源	9	11	13
生活服务	3	8	7

在城市服务领域，电力管理、交通运输和城市管理的申请量最高，物流跟踪、通信服务、房屋管理、气象监测、医疗卫生的地理信息系统专利申请量较少。但是，城市管理在2015年的申请量相比2013和2014年有较大的增长，医疗卫生领域在2013和2014年没有申请，在2015年有3件申请，至今共计7件专利。可见，医疗卫生领域是地理信息系统的最新应用领域。此外，城市管理和物流跟踪领域的专利申请量也有明显增加（表6-4-6、表6-4-7）。

表6-4-6 2013—2015年城市服务领域地理信息系统专利分布

（单位：件）

技术分支	2013年	2014年	2015年
电力管理	91	146	123
交通运输	67	72	76
城市管理	37	34	67
物流跟踪	12	6	17
通信服务	4	2	1
房屋管理	2	1	4
气象监测	1	1	

续表

技术分支	2013 年	2014 年	2015 年
医疗卫生			3
总计	24	262	291

表6-4-7　医疗卫生领域地理信息系统专利

序号	申请号/申请日	专利名称	申请人
1	CN201610060508.X 2016-01-28	利用手机轨迹追踪传染源和预测传染病流行趋势的方法	中山大学
2	CN201510923872.X 2015-12-15	一种智慧养老产业服务管理的方法及系统	北京中科云集科技有限公司
3	CN201510886885.4 2015-12-07	一种基于GIS的卫生信息可视化系统	浪潮集团有限公司
4	CN201520159807.X 2015-03-20	基于RFID和GIS技术的疫苗储物箱	成都国畅科技有限责任公司
5	CN201210386018.0 2012-10-12	一种嵌入GIS的电子病历调阅系统	重庆亚德科技股份有限公司
6	CN201010591373.2 2010-12-16	呼叫中心及其目标点的搜索方法、目标点的搜索系统	上海博泰悦臻电子设备制造有限公司
7	CN200810227271.5 2008-11-25	医疗资源获取方法及系统	中国网络通信集团公司

（1）中山大学于2016年1月28日在专利CN201610060508.X中申请了一种利用手机轨迹追踪传染源和预测传染病流行趋势的方法，如图6-4-14所示步骤：从疾控中心获得新发感染者数据，确定新发感染者；获得所述新发感染者发病前和发病后一段时间内的手机话务数据及其相关基站数据；对所述手机话务数据和相关基站数据在地理信息系统平台上进行新发感染者的轨迹可视化分析；分析传染病流行的高危区域和人群，预测传染病流行趋势。本发明通过新发感染者的手机轨迹结合地理信息系统，可快速、准确地判断传染源经过的地区和环境状况，有利于确定高危区域和人群，及时采取防控措施。

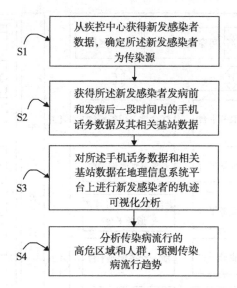

图6-4-14　CN201610060508.X利用手机轨迹追踪传染源和预测传染病流行趋势方案

（2）北京中科云集科技有限公司于2015年12月15日在专利CN201510923872.X中申请了一种智慧养老产业服务管理的方法及系统，如图6-4-15所示，利用互联网、物联网、云计算等技术手段，通过中间件接口集成云呼叫中心、GPS、LBS、GIS、信息通讯接口管理、语音合成系统TTS、安防耗能管理、智能终端、民政养老管理。智慧养老产业服务包括居家养老服务平台、综合学习服务平台、养老专业大学平台、养老基地管理平台、养老旅游服务平台、老龄创业式半工半养服务平台、银发天使服务平台、统一资源管理平台、民政养老管理平台、电子商务平台、金融服务平台。以信息化、智能化服务平台为支撑，有效整合社会资源、政府资源、信息资源，建立完善的养老产业服务体系，让老人、家属获得"触手可及"的服务保障。

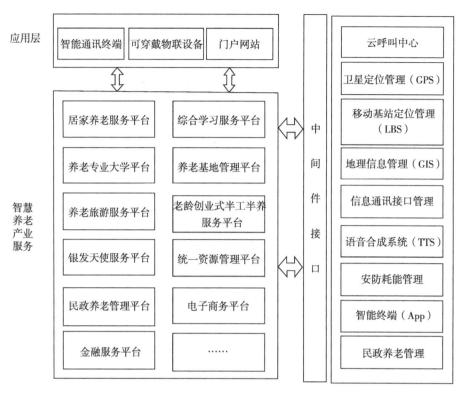

图6-4-15　专利CN201510923872.X智慧养老产业服务管理的方法及系统附图

（3）浪潮集团有限公司于2015年12月7日在专利CN201510886885.4中申请了一种基于GIS的卫生信息可视化系统。如图6-4-16所示，该基于GIS的卫生信息可视化系统，由应用软件层、云平台层，物理资源层组成；所述物理资源层由服务器群组成，是基于GIS的卫生信息可视化系统的硬件基础设施，所述云平台层整合服务器群资源，提供中间服务；所述应用软件层将时序收敛的计算分组交给不同的服务器，各服务器并行计算各组结果，最后将各组结果通过云平台层汇总到应用软件层。该基于GIS的卫生信息可视化系统，将传统的时序分析，从PC机转移到服务器，并利用云平台的云计算技术，调用服务器大数据资源，实现了人工分析代码到机器学习的进步，大大提升了FPGA时序收敛速度；另外，云计算技术可以实现计算平台的远程共享，有良好的实用价值和可扩展性。

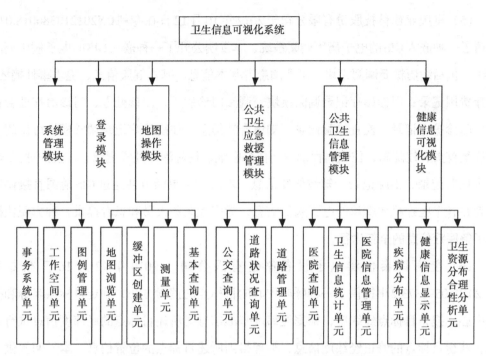

图6-4-16　专利CN201510886885.4基于GIS的卫生信息可视化系统附图

（4）成都国畅科技有限责任公司于2015年3月20日在专利CN201520159807.X中申请了一种基于RFID和GIS技术的疫苗储物箱，如图6-4-17所示，包括电脑控制系统、MCU控制器、参数控制电路、RFID卡、RFID读写器、锁控制结构，电脑控制系统连接锁控制结构，MCU控制器连接电脑控制系统，参数控制电路连接MCU控制器，电脑控制系统连接RFID卡，RFID读写器连接电脑控制系统，解决现有技术存储疫苗时，疫苗身份保密性差、管理调度制度不完善、不利于智能化的管理及存储的弊端，利用电子标签的身份全球唯一性的技术特点来实现疫苗身份的保密及防伪，并以此实现完善的管理调度制度；同时利用参数控制电路对疫苗存储箱内环境的参数变量进行实时调节，以达到最佳的存储环境，满足智能化的管理及存储所需。

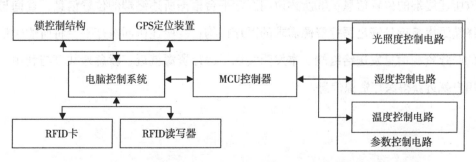

图6-4-17　专利CN201520159807.X基于RFID和GIS技术的疫苗储物箱附图

（5）重庆亚德科技股份有限公司于 2012 年 10 月 12 日在专利 CN201210386018.0 中申请了一种嵌入 GIS 的电子病历调阅系统，本发明公开了一种嵌入 GIS 的电子病历调阅系统，包括病历概要调阅模块，可调阅患者基本信息、基本健康信息、卫生事件摘要、医疗费用记录；门诊诊疗记录调阅模块，调阅门诊病历、门诊处方、门诊治疗处置记录、门诊护理记录、检查检验记录、知情告知信息；住院诊疗记录调阅模块可调阅住院病案首页、住院志、住院病程记录、住院医嘱、住院治疗处置记录、住院护理记录、检查检验记录、出院记录、知情告知信息。本发明可灵活方便通过 GIS 地图直接调阅患者在各个医疗机构就诊的电子病历信息，为广大医务人员和患者提供一种方便快捷的了解医疗信息的全新途径。

（6）上海博泰悦臻电子设备制造有限公司于 2010 年 12 月 16 日在专利 CN201010591373.2 中提供了一种呼叫中心的目标点的搜索方法，确定目标点名称和搜索中心，搜索目标点经纬度，根据经纬度基准信息对所述目标点的经纬度信息进行修正，获得目标点的修正经纬度信息，整理得到所述目标点的位置信息。本发明提供了一种呼叫中心，包括确定单元、搜索单元、第一获取单元和第二获取单元，还可以包括发送单元，每一个单元相互配合实现呼叫中心的目标点的搜索方法。本发明还提供了目标点的搜索系统，包括上述呼叫中心，且实现了上述搜索方法。提高了呼叫中心对目标经纬度信息搜索的精准度，降低了理论地理位置信息和实际地理位置信息之间的误差，扩充了搜索的结果的信息量，为用户提供更好的服务，如图 6-4-18 所示。

（7）中国网络通信集团公司于 2008 年 11 月 25 日在专利 CN200810227271.5 中提供了一种医疗资源获取方法及系统，如图 6-4-19 所示，其中方法执行以下步骤：①终端向协同医疗平台发送医疗资源查询请求；所述医疗资源查询请求中包含终端标识和医疗资源需求信息；②协同医疗平台根据所述终端标识以及地理信息系统提供的信息，获取所述终端的位置信息；③所述协同医疗平台根据所述终端的位置信息，查询与所述终端距离最近且满足医疗资源需求的医疗机构；④所述协同医疗平台将所述医疗机构的医疗资源信息发送给终端。本发明实现了医疗资源就近、就急地共享与利用，方便用户就近获得医疗资源信息。

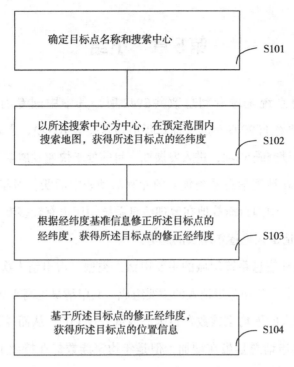

图6-4-18 专利CN201010591373.2 一种呼叫中心的目标点的搜索方法附图

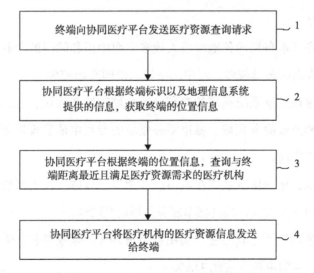

图6-4-19 专利CN200810227271.5 医疗资源获取方法及系统附图

第5章 小结

（1）地理信息系统全球专利总数共2942项，其中中国专利有2188项，占比74.4%，地理信息系统自2007年起全球每年申请量突破100项，进入发展期，中国在2007年起每年申请量突破50项，进入发展期，目前处于快速发展期。

（2）中国大陆在地理信息系统领域的专利活动非常活跃，每年申请量都在递增，韩国、美国、日本、中国台湾等地在地理信息系统领域也有较多专利布局，但除韩国外，其他地区的申请量未见逐年增长的趋势。

（3）企业是地理信息系统领域的主要申请人类型，占申请人次总量的64.8%。国家电网公司和各地电力公司是申请人的主要组成，其申请量也高于高校和研究院所。

（4）中国申请人的平均家族数在各国里最低，仅1.03，从而导致随着中国申请量的增加，全球专利申请总量虽在增加，但是年均家族数却在持续下降，自2001年的1.89下降到2015年的1.00，各项专利的全球布局很少，地理信息系统领域的专利布局地域性特点很明显。

（5）在美国和日本布局的各地申请人较多，而中国和韩国的专利申请人主要来自本国；美国申请人出国布局较多，而中国申请人出国布局较少。

（6）大部分地理信息系统领域的专利分布在城市服务领域，占比69%，其他还有分布在灾害监测和产业服务领域。城市服务领域的专利申请呈现逐年增长的趋势，其他领域却未见逐年增加。

（7）更具体地，地理信息系统在城市服务领域的具体应用主要包括电力管理、交通运输和城市管理三大板块，共占城市服务领域的93.2%。

（8）中国专利以发明专利为主，实用新型占24%，有效专利、失效专利、审中专利大约各占三分，本国申请人占比97.9%。

（9）中国各省市在地理信息系统领域的专利申请中，以北京、广东、上海、山东、浙江、四川的申请量最高，均在100件以上，其余省市均在70件以下。其中，北京、上海、深圳、南京这四个城市的申请量在全国最高，浙江省的杭州、宁波分别在第10名和21名。

（10）依据专利家族的同族国家数量、权利要求数量、有效性维持情况等因素得到的地理信息系统重要中国专利主要集中在城市服务领域，共有28件重要专利，产业服务仅1项，自然资源领域仅2项，灾害监测领域有5项。城市服务领域的重要专利主要集中在交通运输管理上（共19项）。

（11）在国家知识产权局进行专利许可备案的地理信息系统中国专利共有18件，其中有10件涉及交通运输领域。涉及跨企业间专利权转移的中国专利共有26件，其中有12件涉及交通运输领域，6件涉及电力管理领域。

（12）由德清科技新城入驻企业作为申请人或专利权人的地理信息系统专利只有1项，即由浙江云景信息科技有限公司于2015年7月17日同日申请发明和实用新型的中小学生智能综合管理云平台。

（13）地理信息系统的最新应用领域仍然集中在城市服务领域，其中电力管理、交通运输和城市管理的申请量最高，医疗卫生领域是地理信息系统的最新应用领域，城市管理和物流跟踪领域的专利申请量也有明显增加。

第七部分　标准

研究方法和对象

地理信息的标准化可以规范地理信息行业数据管理、获取、处理、分析及服务的内容和形式，对增进地理信息的理解和使用，提高地理信息的可用性以及访问、集成和共享的能力，促进地理信息行业的发展具有支撑作用。本次分析搜集了国内外的地理信息标准、就国内标准（国家标准、地方标准和行业标准）进行了细分，目的是尽可能地对地理信息领域相关的标准进行一次较为全面的分析。

本次数据检索，除国内地方标准外，其余均选择"国家标准文献共享服务平台"门户网站（平台网址：http://www.cssn.net.cn）上提供的检索系统进行数据检索。该平台是国家科技基础条件平台重点建设项目之一，由国家质量监督检验检疫总局牵头，中国标准化研究院承担。该平台具有中国大陆标准140项、国际标准13项、国外标准92项，数据库资源包括了HIS数据库、Perinorm数据库、台湾地区标准数据库、韩国标准数据库、VDI标准数据看，馆藏资源丰富。

本次国内地方标准的检索，选择了"浙江省标准信息与质量安全公共科技创新服务平台"（平台网址：http://www.spsp.gov.cn/）进行检索。该平台是浙江省重大科技基础条件平台。

本次检索选取的关键词包括：地理信息、遥感、测绘、GPS、导航、北斗、GLONASS、Galileo、格洛纳斯、伽利略、地图、卫星、GS、Geographic information, remote sensing, surveying and mapping、Beidou。

全球/我国现行标准发布趋势

图7-1-1是全球与我国现行标准发布趋势，全球标准总量为1661项，而中国标准总量为649项，中国现行标准的发布趋势和全国现行标准的发布趋势基本一致，大致可以分为以下几个阶段。

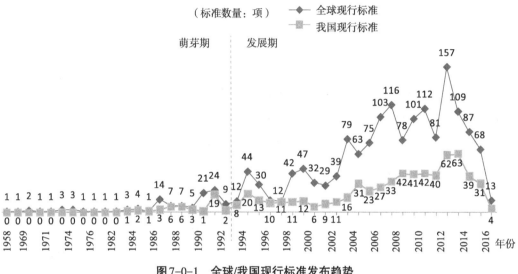

图7-0-1　全球/我国现行标准发布趋势

（1）萌芽期：大致时间为从1958—1993年，这一时期标准数量少，地理信息产业标准化趋势并不明显。而中国正式出现地理信息产业的有关标准，要追溯到20世纪80年代。1981年，中国科学院遥感所地理信息系统研究室成立，这是我国第一个从事地理信息系统研究的机构。1983年11月，有关单位从事信息系统研究的专家和技术人员组成了研究组，研究和制定我国GIS发展的规范和统一标准，并成立了资源与环境信息系统国家规范工作小组。1984年9月，《资源与环境信息系统国家规范》（通常也称中国GIS蓝皮书）正式发布，我国地理信息产业逐步发展起来。

（2）发展期：时间为从1994年开始至今。从图7-1-1可知，这一时期标准发布的速度明显加快。1994年，国际标准化组织地理信息/地球空间信息标准化技术委员会（ISO/TC211）成立，该组织是目前最具国际权威性的地理信息标准化组织。同年，国际开放地理空间联盟（Open Geospaatial Consortium，OGC）成立，OGC主要是制定免费向社会各界开放的接口标准，并通过标准化支持各类系统和应用能够方便地实现地理信息和服务的集合与互操作。我国于20世纪90年代初加入国际标准化组织,并成为ISO/TC211的积极成员,成立全国地理信息标准化技术委员会(SAC/TC230),主要制定我国地理信息产业方面的相关标准,积极推动了我国地理产业标准化的发展,这一时期中国地理信息标准的发布趋势与全部发布趋势基本一致,处于一个快速的发展期。

全球/我国现行标准技术领域构成

从图7-0-2看,遥感探测和数据处理的标准数量要明显高过工程测量和地理信息系统。图中显示了各个技术分支下的标准类型情况,其中国外其他标准主要是指各国(地区)的行业或协会标准,其他国家或地区标准是指一国(或地区)的国家(或地区)标准,可以看出国外行业或者协会标准的数量不多,更多是国家标准,但中国的行业标准数量较多。

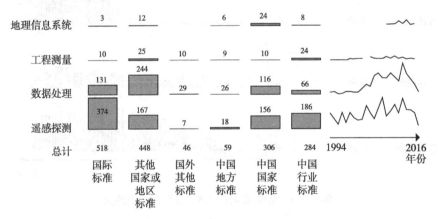

图7-0-2 全球/我国现行标准技术领域构成

图7-0-3是全球与我国现行标准技术分支发布趋势,可以看出,得益于全球定位导航的持续发展,不论是全球亦或是中国遥感探测技术分支的标准连年持续发布,而数据处理技术分支国内标准从2001年起持续发布,而全球持续发布是从1986年开始,究其原因,由于遥感探测技术主要关系到卫星,而我国确定要发展卫星是从20世纪50年代开始,第一颗人造卫星为1970年发布,是继苏联、美国、法国和日本之后第五个发射人造卫星的国家,因此我国遥感探测的发展并不落后,但数据处理技术分支与计算机技术的发展密不可分,中国的计算机在21世纪初才大规模普及,因此较之全球数

据处理技术分支我国标准的持续发布开始时间较晚。

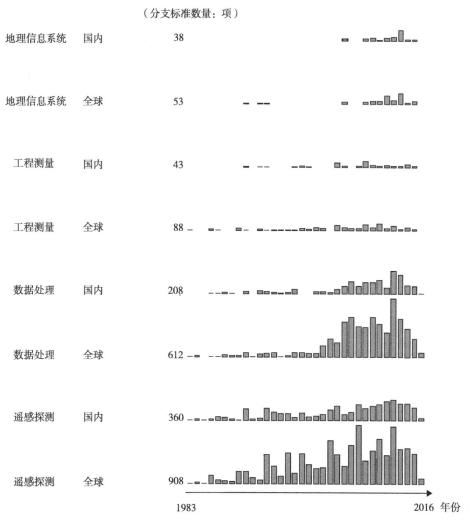

（分支标准数量：项）

图7-0-3　全球/我国各技术分支标准发布趋势

全球现行标准地区分布

图7-0-4显示了全球标准发布区域排名，由于有些标准是多个国家或地区联合发布的，因此各国或地区合计的标准总量大于所检索到的标准总量。从排名中可以看出，中国标准数量最多，甚至要高于国际标准的数量，传统发达国家英、德、美、法的标准数量也排名前列，英、德的标准数量甚至超过了欧洲标准的数量。

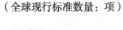

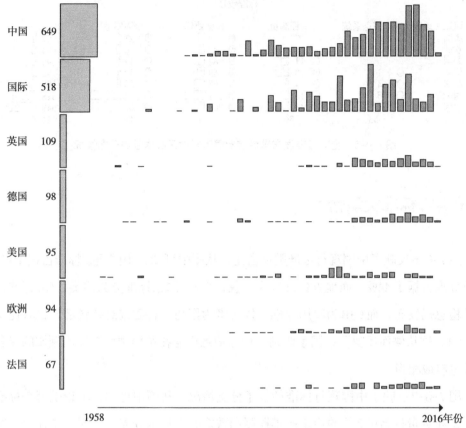

图7-0-4　全球标准发布区域排名与趋势

　　图7-0-4还显示了全球标准发布数量位于前七的国家或区域的历年发布趋势，国际标准和中国标准增长速度明显快于其他国家和地区的增长速度，且中国标准发布数量在2000年后基本保持逐步增长的态势，呈现了良好的发展势头，而国际标准数量则呈现出震荡式增长。

　　图7-1-5显示了全球标准发布数量位于前七的国家或区域的技术分布情况，其中条形图展示纵向对比的结果，从图中可知，四大技术领域分支中除遥感探测技术分支外，其余技术领域标准数量中国均领先，圆形图的黑色面积展示了横向对比的结果。从图中可知，中国、欧洲和国际标准中遥感探测技术分支标准发布数量最多，而美国、德国、英国、法国可以看出，大部分标准都集中在了数据处理技术领域，而地理信息系统领域除中国外，几乎不涉及标准，其主要原因是地理信息系统涉及最终的应用层，且多为软件，其相关软件的数据定义和处理方式已经在数据处理领域的标准中给予了

定义。

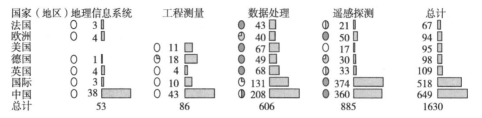

图7-0-5　全球标准发布排名前七国家或地区技术领域分布情况

我国现行标准类型情况

图7-0-6反映了中国现行标准类型占比，从图中可知，中国国家标准占据了47%，行业标准占据了44%，而地方标准较少，仅占9%。国家标准分为两类，GB标准为国家质检总局发布，而GJB为军用标准，发布者为国防工科委或总装备部，二者比例接近1：1，这从侧面反映了在国家级别，地理信息产业在军用领域与民用领域的专利申请数量旗鼓相当。

图7-0-7反映了中国现行标准的技术分支情况，从图中可知，不论是哪个标准类型，发布数量排名前2位的均是遥感探测和数据处理技术分支，不同的是在中国国家标准分类和中国行业标准分类中，遥感探测技术分支的标准发布数量要领先于数据处理技术分支，而在地方标准上数据处理技术分支的发布数量确要领先于遥感探测，原因在于遥感探测涉及卫星定位，属于国家的高尖端科技，省市并不具备发射卫星的能力，仅仅在应用层有能力发布标准。从遥感探测技术分支看，行业标准的数量已经超过了国家标准数量，侧面证明目前卫星应用的普及情况较好。地理信息系统和数据处理技术分支国家标准要大大的领先于行业标准和地方标准。地理信息系统和数据处理技术分支的起步较晚，均为21世纪才进入一个相对持续的发展期，因此目前的发展仍属于国家标准引领的阶段，地方和行业发展并未成熟。工程测量技术分支行业标准领先于国家标准和地方标准，地方标准发布数量已基本与国家标准发布数量持平，这与此技术分支起步较早，发展相对成熟密切相关。

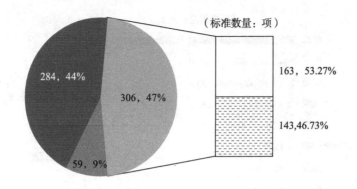

（标准数量：项）

■中国地方标准　■中国行业标准　■中国国家标准

中国国家标准GB　┊中国国家标准GJB

图7-0-6　中国现行标准类型占比

（标准数量：项）

■地理信息系统　♯工程测量　┊数据处理　遥感探测

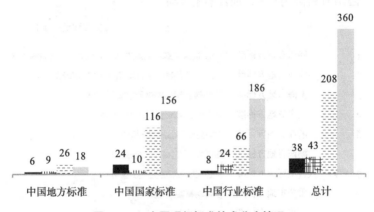

图7-0-7　中国现行标准技术分支情况

图7-0-8反映了中国现行标准排名前十的行业，测绘、电子、交通、气象分列前四，几乎每个行业都有遥感探测技术分支的标准，而其他技术分支的标准则因行业不同而有所差别，可见遥感技术应用在行业中具有广泛性。

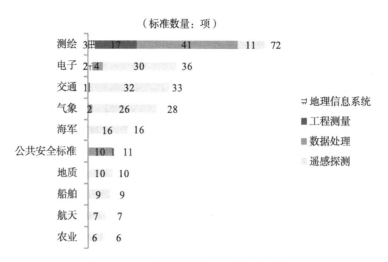

图7-0-8　中国现行标准行业发布排名前十

图7-0-9反映了中国现行标准发布省份排名，可以看到，各省在地理信息方面的标准都不多，四川省最高为8项，浙江省有4项。

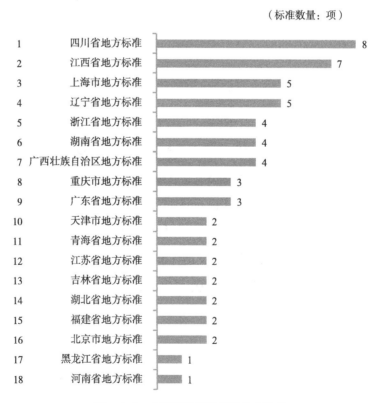

图7-1-9　中国现行标准省份发布排名

国际现行标准类型情况

图7-0-10反映了国际现行标准发布情况。

(标准数量：项)

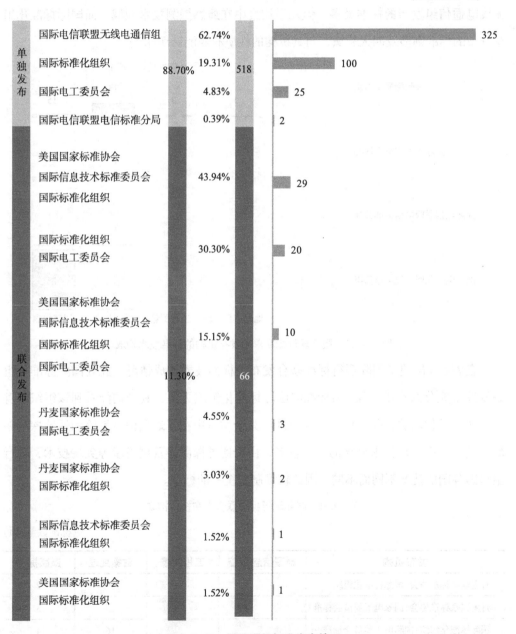

图7-0-10 国际现行标准发布情况

由图7-0-10可知，国际电信联盟无线电通信组发布的标准最多，此外与国内标准单一的发布机构不同，国际标准有11.30%的联合发布标准，其中与美国国际标准协会共同制定的标准最多，而中国与国际标准联合发布的情形则没有，说明我国在地理信息产业内标准话语权不足。

图7-0-11反映了国际现行标准单独发布机构的标准技术构成情况，国际电信联盟无线电通信组发布的标准最多，但几乎均集中在遥感探测技术领域，而国际标准化组织发布的标准则涉及四大领域，与其机构的性质和职能密切相关。

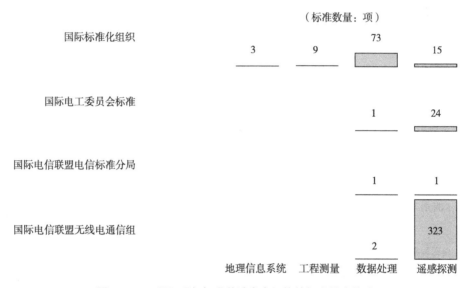

图7-0-11　国际现行标准单独发布机构的标准技术构成

表7-0-1反映了国际现行标准联合发布的标准技术构成情况，此处国际标准化组织发挥了充分的作用，仅3项标准与国际标准化组织无关，其余均能看到该组织的身影。从技术领域看，除一件工程测量外，其余均集中在了地理信息系统和遥感探测领域，其中数据处理技术分支的专利较多，由于遥感探测涉及到卫星等尖端技术，现行卫星因各国的技术不同而不同，因此较难制定统一的标准。

表7-0-1　国际现行标准联合发布技术构成

（标准数量:项）

发布机构	地理信息系统	工程测量	数据处理	遥感探测
丹麦国家标准协会;国际标准化组织				2
丹麦国家标准协会;国家电工委员会标准				3
国际标准化组织;国际电工委员会标准			16	4

续表

发布机构	地理信息系统	工程测量	数据处理	遥感探测
国际信息技术标准委员会;国际标准化组织			1	
美国国家标准协会;国际标准化组织			1	
美国国家标准协会;国际信息技术标准委员会;国际标准化组织		1	26	2
美国国家标准协会;国际信息技术标准委员会;国际标准化组织;国际电工委员会标准			10	

小结

（1）地理信息产业全球现行标准共1661项，其中中国现行标准为649项，随着国际标准化组织地理信息/地球空间信息标准化技术委员会（ISO/TC211）成立和我国成立全国地理信息标准化技术委员会，1994年开始标准发布的数量明显加快，进入快速发展期。

（2）从标准的技术分布看，遥感探测和数据处理技术分支的标准数量明显居多，遥感探测技术分支国际标准的数量要多于国家（或地区）标准，而数据处理技术分支中，国家（或地区）标准数量多于国际标准。

（3）全球现行标准中，中国标准为649项，国际标准为518项。除遥感探测技术分支外，地理信息系统、工程测量、数据处理技术分支中国标准的数据均要多于国际标准数量

（4）我国现行标准中，中国国家标准为306项，其中军用标准与民用标准的比例约为1:1。中国行业标准数量为284项，占标准总量的44%，测绘类标准最多，电子、交通、气象方面的标准位居其后。中国地方标准的数量为59项，仅占总量的9%，其中四川省发布标准数量最多，共8项，浙江省现行标准发布数量为4项，位居第五。

（5）国际现行标准中，有多个机构联合发布的标准量占总标准量的11.30%，其中仅3项标准与国际标准化组织无关。单独发布的现行标准中，国际电信联盟无线电通信组发布的标准最多，为325项，占全球现行标准总量的62.74%。

第八部分 主要结论及建议

主要结论

（1）全球地理信息产业发展势头良好，国内处于高速发展的窗口机遇期。

全球地理信息产业专利总量共计37641项，自2007年起全球每年申请量突破300项，目前年申请量突破3849项，产业发展势头良好。其中，中国专利申请数量共计14671件，并从2000年后开始进入快速发展期，尤其是近年来中国申请人的申请量增长速率明显高于国外申请人，表明中国地理信息产业正处于高速发展的窗口机遇期。

在产业发展形势推动下，美国三菱、日本佳能、美国雷神、日本索尼、美国霍尼韦尔、美国波音、韩国三星等外国巨头已着手开展地理信息产业专利布局并形成一定强度的专利壁垒且大多维持状态良好。但值得留意的是，目前大多国外申请人在中国地区专利布局数量和领域分布尚较弱，因而对国内产研主体而言形成了一定阶段内的窗口机遇。

目前，国内部分申请人已抓住此空隙阶段，有战略、有针对性地围绕自身技术与产品进行产业专利布局。其中，西安电子科技大学、武汉大学和中国科学院电子学研究所等单位在地理信息产业已布局了一定规模专利，同时授权专利在其专利申请总量中占比较高，侧面反映了其对自主知识产权实施了及时而卓有成效的组织管理。此外，国家电网公司虽然也具有较高的专利申请布局数量但其申请专利目前大多处于待审或在审等未决状态，且授权专利占比较低，因此其扮演的主要是行业新进者的角色。

（2）国内外遥感探测和数据处理领域发展相对成熟，地理信息系统GIS领域成为热点发展方向。

一方面，遥感探测和数据处理领域合计专利申请量占到地理信息产业全球总专利申请量的77%。上述两技术领域发展较为成熟并已形成颇具规模的国际/国内标准。据统计，地理信息产业国内外现行标准共1661件，其中遥感探测和数据处理领域的标准数量明显居多，遥感探测领域中国际标准数量要多于国家（或地区）标准，数据处理领域中国家（或地区）标准数量多于国际标准。遥感探测领域下的遥感平台技术发展热点集中于航空遥感平台/无人机领域，领域下的遥感器类型技术是我国专利技术和研究的热点，领域下的接收装置技术专利布局起步较晚但发展迅速。数据处理领域下的图像数据处理技术相关专利主要布局在图像分析、图像增强、软件产品、三维、识别等方面，其中高价值度专利（8分以上）集中分布在图像分析及图像增强领域；数据处理领域下的GIS数据处理技术相关专利主要布局在数据库应用、软件产品、搜索引擎、信息检索、数据传输、硬件、存储、非车载导航、来自远程服务器与排序选择等方面。

另一方面，近年来地理信息系统GIS领域是地理信息产业的主要热点研究和应用方向，也是德清园区内多家企业的关注重点之一。全球地理信息系统GIS领域的专利分布主要在城市服务领域，占比69%，具体地涉及电力管理、交通运输和城市管理等方面。

（3）德清园区发展起点高、发展快、定位准、产业合作模式成熟。

浙江省地理信息产业园（德清）启动建设伊始（2012年5月），中国—联合国地理信息国际论坛永久会址落户产业园（2012年），随后产业园被认定为省高技术产业基地（2013年）。较高的起点和政府出台的一系列扶持政策，助力园区企业快速发展。自2015年起园区内企业已有百件左右的年度专利申请量，企业技术研发实力与自主知识产权保护能力显著提升。

园区发展定位于地理信息产业的核心领域与热点发展方向，德清园区相关企业专利申请集中于遥感探测和数据处理领域。遥感探测领域下，接收装置、遥感平台、遥感器类型技术分支专利申请量相当。在数据处理领域下，GIS数据处理技术分支专利申请量占比较高。

此外，园区结合实践探索，逐步走出了一条产业合作、互利共赢的发展之路。至今，园区内相关企业合作专利申请共55件，占专利总量的15.35%。排名前列的合作申请人中，有企业5家、科研院所3家、学校2家，四维远见信息技术有限公司、南方测绘仪器有限公司、航天恒星科技有限公司合作专利申请量和企业专利申请量均位居前列。

建议

（1）园区产业发展方向导航规划。

园区内企业专利技术布局主要集中在遥感探测和数据处理领域，其中遥感探测领域下的接收装置、遥感平台和遥感器类型子分支专利技术发展均衡，数据处理领域下的GIS数据处理子分支的专利技术发展领先于图像数据处理子分支。基本面上，园区目前对于地理信息产业的发展和部署与国内外地理信息产业专利布局和发展的整体态势基本相匹配。为促进园区产业更快更好发展，结合专利导航分析成果，进一步提出以下发展方向导航规划建议：

一是补齐短板，逐步加强对产业热点领域的关注和规划投入。目前，园区内地理信息系统GIS、工程测量等领域相对遥感探测和数据处理领域专利布局和技术产出尚显薄弱。其中，近年来地理信息系统GIS技术发展较为活跃，已成为国内外共同关注的热点方向。工程测量技术发展较为稳定并具有可预期的市场应用前景，亦可在园区打通全产业链发展方面发挥重要作用。因此，建议重视引导地理信息系统GIS及工程测量方向的技术革新，紧跟产业发展趋势，通过积极引进或引导合作等方式，加大相关产业节点的区域内外优势企业入驻产业园区力度。

二是打造园区地理信息产业全产业链集群优势，促进产业上、中、下游专利布局协调均衡发展。遥感探测领域涉及产业上游，部分技术方向与国防领域、国家安全密不可分，建议加强统筹管理，紧随国家军民融合发展战略推动契机，引导优势民营企业积极参与国防装备建设。数据处理领域涉及产业中游，是链接上游探测与下游应用的关键性节点，建议进一步加大科技创新与研发引导，推动园区企业与区域内外研究性机构、高校等高层次人才团队的对接与合作。地理信息系统GIS、工程测量等领域位于产业下游，直接关联市场用户终端和最终经济价值，建议进一步加大引导外围应用型企业入驻配套园区的力度。

（2）园区优势企业培育扶持规划。

优势企业规模大，带动能力强，是园区产业发展的核心主导力量。目前园区内已汇集了一批地理信息产业优势企业并初步建立了自身专利布局体系。中海达集团专注于遥感探测领域并具有一定专利布局优势；航天恒星、中测新图和威创视讯在遥感探测、数据处理和地理信息系统GIS等产业节点均具有专利布局；此外，四维远见、乐享科技、南方测绘和苍穹科技专注于遥感探测领域，地拓科技和四维图新专注于数据处理领域。

建议园区以优势企业为抓手，加大培育扶持力度，构建园区内部带动型发展路径。一是重点围绕区内优势企业发力地理信息产业中上游，促其产生"裂变"，并利用裂变效应，促进中小企业配套中下游产品级应用，有效延伸产业链，迅速形成产业化，进而通过产业链的补位、延长、做粗、增高，最终走出一条由"点"（优势企业）到"线"（产业链）再到"面"（产业群）的产业发展之路。二是支持骨干企业重组兼并，推动3~4家地理信息研发生产及软件服务型企业上市融资。三是集聚龙头项目，紧密依托国家军民融合发展战略、国家知识产权发展战略和浙江省"八大万亿"中信息、高端装备制造等产业发展战略，引进一批国家级、省级重大项目。四是实施"优势企业培育工程"，重点对10~20家具有高成长性、创新能力强、特色突出的中小企业给予倾斜支持。

（3）技术创新引进提升路径规划

一是优势企业技术引进提升路径。专利导航分析工作初步梳理出国内外地理信息产业技术创新优势单位，国内方面以北京航空航天大学、国家电网公司、武汉大学、西安电子科技大学和中科院电子学研究所为代表；国外方面以德国莱卡地球系统、德国博世、韩国三星、美国微软、日本拓普康为代表。建议园区后续持续关注上述技术创新优势企业技术发展和市场布局情况，建立一定的联系和交流，为后续可能的合作打下基础。

二是产学研技术创新合作发展路径。以企业为技术需求方与以科研院所或高等学校为技术供给方开展紧密合作，促进技术创新所需各种生产要素的有效组合。武汉大学的产学研合作模式较其他申请人成熟，且是德清地理信息企业的主要合作对象。武汉大学发明人专利申请排名第一的张良培研发团队，在2013年之前重点研究基于DNA选择的遥感影像分类方法；在2013年之后研究热点偏向图像数据处理的提取方法，主要技术分为从影像中提取出损毁建筑或者道路信息的方法、建筑物或者建筑物轮廓线的提取方法、城市建成区边界的提取方法。该研发团队的研究工作几乎覆盖图像数据处理技术的所有下位细分，且已经具有较系统的研究成果。因此，建议一方面由政府牵头组织园区内优质需求企业，拜访以武汉大学为代表的国内优势高校，接洽合作意向；二是搭建平台或定期组织地理信息产业产学研合作洽谈会议、论坛，促进企业与高校双方的信息发布和需求对接。

（4）创新人才引进培养路径规划

对园区企业而言，优秀的创新人才的引进可以有效地帮助企业开拓研发思路、突破技术难关甚至拓宽市场渠道。

考虑到人才均有一定的地域性，熟悉的教育、工作环境使其可以更快的融入新的工作，因此建议优先考虑德清当地及周边（浙江省内）的创新人才引进。例如：浙江大学的张丰、高云君以及陈华钧和吴朝晖等人，在GIS数据采集领域已初步产生一定研究成果：张丰团队的研发方向包括图像读取技术、时空数据检索技术、空间实体增量提取等方向的分析，其团队成员还包括房佳、徐聪等；高云君团队的主要研发方向在于空间数据库的查询技术，其团队成员还包括赵靖文、柳晴等；吴朝晖与陈华钧重点研究路径查询方面，但研发周期相对不够延续，2013年以后开始与柳云超、郑国轴等人合作图片检索方向的技术研发，提出加快空间图片在坐标空间中搜索效率的图片检索方法。

此外，建议按技术领域考虑国内创新人才引进。通过专利导航研究分析，在遥感探测领域可供建议引进的创新发明人才如：张德馨（天津中科智能识别）、赵国成（中国人民解放军信息工程大学）、刘立人（中科院上光所）、邢孟道（西安电子科技大学）、洪文（中科院电子学研究所）、吉青（农科院农业环境与可持续发展研究所）、徐文华（哈尔滨工程大学）等。在工程测量仪器领域：刘雁春（大连圣博尔测绘仪器）、孟强（华中科技大学）、范真（中科院光电技术研究所）等。在数据处理领域：刘仁义（浙江大学）、李霖（武汉大学）、杜震洪（浙江大学）。

综上，建议进一步引导企业根据实际需要跟踪相关人才，尤其是科研机构创新人才的科研、技术优势和方向，结合企业发展的需要，建立联系、适时引进。

后　记

我国地理信息产业萌芽于20世纪90年代，随着中国经济的持续增长，中国的地理信息产业也取得了较快的发展，地理信息产业产值迅速增长。通过地理信息产业专利导航分析，本文在梳理地理信息产业相关专利、标准的基础上，具体包括遥感探测技术、工程测量技术、数据处理技术与地理信息系统技术以及地理信息产业相关行业标准，汇总了以下关于产业发展导航方面的重要建议：

（1）重视技术活跃度高的产业方向，抓紧发展自身实力。

遥感探测、数据处理和地理信息系统技术分支的专利申请近年来均较为活跃，相较而言，工程测量技术发展较为稳定，应重视引导数据遥感探测、数据处理以及地理信息系统方向的技术革新，跟上产业发展大浪潮，开拓创新，不断提高企业创新能力，构建全面的专利布局。其中，遥感探测更多涉及产业上游，部分技术方向与国防专利、保密协议密不可分，因此，对于产业下游的再开发，包括通用数据处理技术的专利壁垒构建、地理信息系统新应用领域的开拓创新，对于企业来说，均是值得关注的重点与热点方向。

（2）关注发达国家、龙头企业/院校的专利布局方向，把握研究方向。

以西安电子科技大学、武汉大学、浙江大学等为首的国内一流大学在图像数据处理领域均有较大技术优势，对于发展中的企业，应当结合自身优势有选择性的开展产学研合作，在切实提高大专院校专利成果转化效率的基础上，节约资源，利用优势，壮大自身实力。

（3）关注重点领域的技术发展方向，把握研究趋势。

近年来，越来越多的企业为了避免技术过早公开，开始选择使用子公司或者专用公司等其他名称申请专利，或者收购一些新近出现的优质技术专利。为了避免在搜寻龙头企业/院校专利时缺失这一部分技术专利信息，企业应当结合自身研发方向，定时关注本领域技术发展趋势，关注新公开专利的布局方向，提早发现关键专利，收为己用，有效节约研发成本。

（4）科学引进研发团队/科研人才，为企业发展保驾护航。

不同的技术领域、龙头企业/院校都有自己延续下来的一个固有研发方向或新近拓展的研发领域。如浙江大学在GIS数据采集领域发明人团队主要有三个，分别为由张丰、高云君以及陈华钧和吴朝晖代领，各有特点：以张丰为首的发明人团队，刘仁义与杜震洪是其团队的固定班底，研发方向包括图像读取技术、时空数据检索技术、空间实体增量提取等方向的分析，其他成员如房佳、徐聪主要参与从事关于最短路径搜索方法方向的研究；以高云君为首的发明人团队的主要研发方向就在于空间数据库的查询技术，赵靖文与柳晴分别为其团队的主要班底成员，参与多数专利技术的研发工作；吴朝晖与陈华钧团队则主攻路径查询方面，但研发周期相对不够延续，2013年以后，开始与柳云超、郑国轴合作主攻图片检索方向的技术研发，提出加快空间图片在坐标空间中搜索效率的图片检索方法。根据不同发明人/申请人团队的技术发展方向特点，科学引进研发团队人才，才能更好地将外购技术/人才科学的应用于后续开拓、创新服务中。

（5）重视利用失效专利技术，为企业转型提供技术支撑。

近年来，外国申请人在中国布局遥感器技术、数据处理技术、地理信息系统技术等领域专利的节奏有所放缓，很多专利都是往期申请，其中不乏有诸多失效专利。企业应该重视失效专利库，借鉴学习这些可免费使用的"失效专利"技术，节约自己的研发投入，但是要注意对其从属专利的侵权风险。

（6）综合考虑下游企业的专利申请情况，发现潜在客户。

除了传统相关领域内的主要下游企业之外，我们通过对领域内专利申请人的专利申请量、申请活跃度以及专利保护力度三方面的综合分析，发现了领域内一批专利申请量不大的新晋企业。这些新晋企业虽然专利申请量不引人注意，但是专利申请活跃度高，专利保护力度大，发展前景良好，具有发展成为领域内重要生产企业的势头，例如百度在线，等等。企业应重视领域内还未崭露头角的新晋企业，抢占先机发展其成为自己未来的重要客户。